Gerhard Bachler

Der Einsatz alternativer Streumittel zur Reduktion von Feinstaub

Gerhard Bachler

Der Einsatz alternativer Streumittel zur Reduktion von Feinstaub

Maßnahmen für den Straßenverkehr

Südwestdeutscher Verlag für Hochschulschriften

Impressum / Imprint
Bibliografische Information der Deutschen Nationalbibliothek: Die Deutsche Nationalbibliothek verzeichnet diese Publikation in der Deutschen Nationalbibliografie; detaillierte bibliografische Daten sind im Internet über http://dnb.d-nb.de abrufbar.
Alle in diesem Buch genannten Marken und Produktnamen unterliegen warenzeichen-, marken- oder patentrechtlichem Schutz bzw. sind Warenzeichen oder eingetragene Warenzeichen der jeweiligen Inhaber. Die Wiedergabe von Marken, Produktnamen, Gebrauchsnamen, Handelsnamen, Warenbezeichnungen u.s.w. in diesem Werk berechtigt auch ohne besondere Kennzeichnung nicht zu der Annahme, dass solche Namen im Sinne der Warenzeichen- und Markenschutzgesetzgebung als frei zu betrachten wären und daher von jedermann benutzt werden dürften.

Bibliographic information published by the Deutsche Nationalbibliothek: The Deutsche Nationalbibliothek lists this publication in the Deutsche Nationalbibliografie; detailed bibliographic data are available in the Internet at http://dnb.d-nb.de.
Any brand names and product names mentioned in this book are subject to trademark, brand or patent protection and are trademarks or registered trademarks of their respective holders. The use of brand names, product names, common names, trade names, product descriptions etc. even without a particular marking in this work is in no way to be construed to mean that such names may be regarded as unrestricted in respect of trademark and brand protection legislation and could thus be used by anyone.

Coverbild / Cover image: www.ingimage.com

Verlag / Publisher:
Südwestdeutscher Verlag für Hochschulschriften
ist ein Imprint der / is a trademark of
OmniScriptum GmbH & Co. KG
Heinrich-Böcking-Str. 6-8, 66121 Saarbrücken, Deutschland / Germany
Email: info@svh-verlag.de

Herstellung: siehe letzte Seite /
Printed at: see last page
ISBN: 978-3-8381-3567-0

Zugl. / Approved by: Graz, KFU, Diss., 2014

Copyright © 2015 OmniScriptum GmbH & Co. KG
Alle Rechte vorbehalten. / All rights reserved. Saarbrücken 2015

Vorwort

Fast täglich erreichen uns Medienberichte, die über die Umweltproblematik im Allgemeinen bzw. einzelne Teilbereiche, im Speziellen die Gruppe von Emissionen und deren Auswirkungen auf die menschliche Gesundheit, berichten. In der europäischen Union wurde die Notwendigkeit einer Schaffung von Instrumenten zur aktiven Mitgestaltung in den Belangen der Umweltpolitik und des Umweltrechtes früh erkannt. Bereits 1992 wurden, mit dem Start des Förderprogrammes Life, die Rahmenbedingungen zur Einbeziehung von Umweltaspekten in andere Politikfelder geschaffen, um zu einer insgesamt nachhaltigen Entwicklung der Union beizutragen. Die Abteilung Umwelt und Verkehr, des Instituts für Verbrennungskraftmaschinen und Thermodynamik der Technischen Universität Graz (TU Graz) besteht aus einer ExpertInnengruppe, die sich sowohl im Bereich der Lehre als auch der Forschung um innovative Lösungen und Konzepte auf den Gebieten Energie, Transport und Umwelt bemüht. Die Hauptaufgaben umfassen Motorenforschung, Thermodynamik, Emissionen (Messung und Modelle) und Luftqualitätsmanagement im Rahmen von Messkampagnen und Berechnungen mittels atmosphärischer Ausbreitungsmodelle. Die Forschungsaktivitäten im Bereich Emissionen und Luftschadstoffmodellierung sind in über 100 wissenschaftlichen Veröffentlichungen (Internationale Wissenschaftsjournale und Konferenzen) dokumentiert und machen die Abteilung Verkehr und Umwelt, des Instituts für Verbrennungskraftmaschinen und Thermodynamik der TU Graz, zu einem kompetenten Partner im Rahmen von Forschungsprojekten. Neben nationalen Forschungsprojekten (zB: FWF- oder FFG-Projekte) war das Institut in zahlreichen europäischen Forschungsprojekten (zB: ARTEMIS, COST 346, PARTICULATES, ISHTAR, BIOSTAB, PHARE, KAPA-GS, ALPNAP, SPAS) wissenschaftlicher Projektpartner. In den letzten Jahren wurde u.a. zur Erforschung von nicht abgasbedingten (non-exhaust) PM_{10} Verkehrsemissionen, wie Reifen-/Bremsenabrieb und Aufwirbelung, eine akkreditierte Prüf- und Messstelle zur Erfassung von Luftschadstoffen etabliert. Zahlreiche Luftgütemesskampagnen sowohl im Freiland als auch in Straßentunnel wurden seither durchgeführt, um einen besseren Kenntnisstand über die PM_{10} non-exhaust Emissionen zu gewinnen. Der Verfasser dieser Arbeit war, im Rahmen seiner mehr als 7-jährigen Tätigkeit, an zahlreichen Messkampagnen und Forschungsprojekten beteiligt. Vor allem mit der Stadt Klagenfurt konnte ein engagierter Partner gefunden werden, der stets für Innovationen zur Reduktion der Luftschadstoffbelastung, vor allem in Bezug auf Feinstaub (PM_{10}), offen ist. Aus der gemeinsamen Idee etwas gegen die nicht abgasbedingten (non-exhaust) PM_{10} Emissionen des Verkehrs zu unternehmen, wurde schließlich ein weiteres EU-Life Forschungsprojekt namens CMA+. CMA steht für <u>C</u>alcium-<u>M</u>agnesium-<u>A</u>cetat, einer Substanz die ursprünglich als Enteisungmittel entwickelt wurde. Eine weitere positive Eigenschaft liegt im staubbindenden Effekt auf Oberflächen. Diese Eigenschaften machten sich die Projektpartner zur lokalen Reduktion des verkehrsbedingten Anteils von PM_{10} (v.a. nicht abgasbedingt) zunutze. Das zu 50% von der EU kofinanzierte Projekt begleitete der Verfasser dieser Arbeit von der Antragsstellung bis zum offiziellen Projektende im September 2012, als Projektleiter. In dieser Zeit stand die Planung und Durchführung von Luftgütemesskampagnen und die Datenauswertung im Vordergrund, um die Auswirkungen von CMA, als alternatives Streumittel, auf die lokale Luftgütesituation zu beurteilen. Neben der Ausbringung von CMA im Rahmen des Winterdienstes wurden auch Untersuchungen entlang von unbefestigten Straßen während der Sommermonate durchgeführt. Die Erkenntnisse im Rahmen dieser Forschungstätigkeit, ergänzt durch umfassende Ausbreitungsmodellierungen für die Stadt Klagenfurt, sollen durch diese Arbeit einen weiteren Beitrag zur Erforschung von PM_{10} non-exhaust Emissionen des Straßenverkehrs leisten.

Danksagung

An dieser Stelle möchte ich jenen Menschen meinen besonderen Dank aussprechen, die durch ihre fachliche, liebevolle, direkte oder indirekte Unterstützung zu dieser Dissertation beigetragen haben.

Mein besonderer Dank gilt:

Dem Institut für Verbrennungskraftmaschinen und Thermodynamik, vor allen Herrn Univ.-Prof. Dipl.-Ing. Dr. Helmut Eichlseder, der als Institutsvorstand die Rahmenbedingungen für die Durchführung der Forschungstätigkeiten geschaffen hat.

Herrn Ao. Univ.-Prof. Dr.phil. Reinhold Lazar und Herrn Ao. Univ.-Prof. Dipl.-Ing. Dr.techn. Peter Sturm für die fachliche und wissenschaftliche Betreuung dieser Dissertation.

Allen PartnerInnen im Rahmen des EU-Life Projektes CMA+, allen voran Dr. Wolfgang Hafner mit seinen MitarbeiterInnen, die als Leadpartner die Basis für eine befruchtende Zusammenarbeit in den letzten Jahren gelegt haben.

Den Städten Lienz und Bruneck sowie Nordisk Aluminat und dem VTI (Swedish National Road and Transport Research Institute), für ihren Einsatz und den positiven Abschluss des EU-Life Projektes CMA+.

Allen MitarbeiterInnen des Instituts für die fachlich interessanten Diskussionen.

Meiner Familie für die aufbauenden Worte und die Bestärkung zur Durchführung dieser Dissertation.

Meiner Frau Eva, für die Geduld, ihre konstruktive Kritik und die immerwährende Unterstützung.

INHALT

VORWORT I
ABKÜRZUNGEN, FORMELZEICHEN UND INDIZES VIII
ZUSAMMENFASSUNG XI
ABSTRACT XIII

1 EINLEITUNG **15**
   1.1 IST-SITUATION 16
   1.2 FORSCHUNGSFRAGEN 17
   1.3 EU LIFE PROJEKT CMA+ 18

2 THEORETISCHE GRUNDLAGEN **21**
   2.1 GRÖßENVERTEILUNG VON PARTIKELN 21
   2.2 QUELLEN VON PARTIKELN 22
   2.3 DEPOSITION VON PARTIKELN 22
   2.4 GESUNDHEITLICHE RELEVANZ VON PARTIKELN 22
   2.5 RECHTLICHE GRUNDLAGEN 24

3 UNTERSUCHUNGSRÄUME **26**
   3.1 KLAGENFURT 26
      3.1.1 Befestigte Straßen (Winter) 26
      3.1.2 Unbefestigte Straßen (Sommer) 27
   3.2 LIENZ 30
   3.3 BRUNECK 31

4 METHODIK ZUR BERECHNUNG VON STRAßENVERKEHRSEMISSIONEN **32**
   4.1 EXHAUST EMISSIONEN 32
   4.2 NON-EXHAUST EMISSIONEN 34
      4.2.1 Stand der Wissenschaft 34
      4.2.2 Methode dieser Arbeit 37

5 METHODIK IMMISSIONSMESSUNGEN **41**
   5.1 EINGESETZTE MESSTECHNIK 41
      5.1.1 Klagenfurt 41
      5.1.2 Lienz 45
      5.1.3 Bruneck 45
   5.2 STATISTISCHE AUSWERTUNGEN UND ZEITREIHEN 46
      5.2.1 Klagenfurt 46
      5.2.2 Lienz 47
      5.2.3 Bruneck 48
   5.3 VERFÜGBARKEIT DER DATEN 48
      5.3.1 Klagenfurt 48
      5.3.2 Lienz 50
      5.3.3 Bruneck 50

6 BEWERTUNG DER GRUNDLAGENDATEN **52**
   6.1 METEOROLOGISCHE SITUATION 52
      6.1.1 Klagenfurt 52
      6.1.2 Lienz 56
      6.1.3 Bruneck 58
   6.2 VERKEHR 59
      6.2.1 Klagenfurt 59

	6.2.2	Lienz	62
	6.2.3	Bruneck	62
6.3	LUFTGÜTE		63
	6.3.1	Klagenfurt	63
	6.3.2	Lienz	74
	6.3.3	Bruneck	76

7 ERGEBNISSE FLOTTENGEMITTELTER EMISSIONSFAKTOREN ... 78

7.1	KLAGENFURT		78
	7.1.1	Jahresmesskampagnen	78
	7.1.2	Wintermesskampagnen	84
	7.1.3	Sommermesskampagnen	99
7.2	LIENZ		121
	7.2.1	Minderung durch Niederschlag	121
	7.2.2	Minderungspotenzial durch CMA	126
7.3	BRUNECK		131
	7.3.1	Minderung durch Niederschlag	131
	7.3.2	Minderungspotenzial durch CMA	136
7.4	CONCLUSIO		141
	7.4.1	Minderung durch Niederschlag	141
	7.4.2	Minderungspotenzial von CMA	143
	7.4.3	Einfluss der Fahrzeuganzahl auf den flottengemittelten PM_{10} und PM_{10} non-exhaust Emissionsfaktor an unbefestigten Straßen	146
	7.4.4	Zusammenfassende Darstellung	149

8 ERGEBNISSE SPEZIFISCHER EMISSIONSFAKTOREN ... 154

8.1	UNBEFESTIGTE STRABE - DRUCKERWEG (2009)	154
8.2	UNBEFESTIGTE STRABE - GRENZWEG (2011)	158

9 VALIDIERUNG DER MESSERGEBNISSE ANHAND VON PM_{10} UND NO_X SIMULATIONEN IN KLAGENFURT ... 160

9.1	EMISSIONEN		160
	9.1.1	PM_{10} exhaust	160
	9.1.2	PM_{10} non-exhaust	161
	9.1.3	$PM_{2,5}$	162
	9.1.4	PM_{10} gesamt	163
	9.1.5	Jahres- und Tagesgang der Emissionsstärke	164
9.2	METEOROLOGIE		166
9.3	WINDFELDMODELLIERUNG		170
9.4	FEINSTAUB (PM_{10}) – IMMISSIONEN		170
	9.4.1	PM_{10} exhaust	171
	9.4.2	PM_{10} non-exhaust	172
	9.4.3	PM_{10} gesamt	173
	9.4.4	Messung versus Modellierung	174
	9.4.5	Adaptierte PM_{10} Emissionsfaktoren	181

10 ZUSAMMENFASSUNG & AUSBLICK ... 184

10.1	LUFTGÜTE	184
10.2	EMISSIONEN DES STRABENVERKEHRS	184
10.3	IMMISSIONEN DES STRABENVERKEHRS	185
10.4	AUSBLICK	187

11 ANHANG ... 189

11.1	STATISTIK DER MESSDATEN	189

11.2	VERFÜGBARKEIT DER MESSDATEN	193
11.3	GRUNDLAGENDATEN - METEOROLOGIE	197
11.4	GRUNDLAGENDATEN - VERKEHR	212
11.5	GRUNDLAGENDATEN - LUFTGÜTE	217
11.6	STATISTIK DER SPEZIFISCHEN EMISSIONSFAKTOREN	234
11.7	PARAMETER FÜR DIE AUSBREITUNGSMODELLIERUNG MIT GRAMM/GRAL	244
12	**LITERATUR**	**245**

Abkürzungen, Formelzeichen und Indizes

Abkürzungen	Einheit	Beschreibung
Background		Begriff im Zusammenhang mit einer von Quellen (Hausbrand, Industrie, Verkehr,...) möglichst unbeeinflussten Messstation
CMA		Calcium Magnesium Acetat: wird als wässrige Lösung mit 25 Gewichtsprozent CMA auf befestigte und unbefestigte Straßenoberflächen aufgebracht
ΔPM_{10}	$\mu g/m^3$	Differenz der Schadstoffbelastung an PM_{10} zwischen 2 Messstationen
ΔNO_x	$\mu g/m^3$	Differenz der Schadstoffbelastung an NO_x zwischen 2 Messstationen
$\Delta PM_{10}/\Delta NO_x$		Verhältnis aus der Differenz der Schadstoffbelastung an PM_{10} und NO_x, um den lokalen Einfluss des Verkehrs auf die Luftgütesituation zu beschreiben
EF	g/km*Fzg.	Emissionsfaktor
EMPA		Eidgenössische Materialprüfungs- und Forschungsanstalt
Exh.		Exhaust bzw. abgasbedingt
Fzg.		Fahrzeug
GRAL		Graz Langrangian Model: Schadstoffausbreitungsmodell, das an der TU Graz entwickelt wurde
GRAMM		Graz Mesoscale Model: Prognostisches Windfeldmodell, das an der TU Graz entwickelt wurde
HBEFA		Handbuch für Emissionsfaktoren
HMW		Halbstundenmittelwert
HMWmax		Maximaler Halbstundenmittelwert für einen definierten Beobachtungszeitraum
Hot Spot		Begriff im Zusammenhang mit einer

	Messstation, die hauptsächlich von einer Quelle (im gegenständlichen Fall Verkehr) beeinflusst wird
IO	Innerorts
IO_Kern	Innerortsstraße im Stadtkern (Durchschnittsgeschwindigkeit PKW=21 km/h)
IO_HVS1	Innerorts Hauptverkehrsstraße, vorfahrtberechtigt, geringe Störung (Durchschnittsgeschwindigkeit PKW=53 km/h)
IO_HVS2	Innerorts Hauptverkehrsstraße, vorfahrtberechtigt, mittlere Störung (Durchschnittsgeschwindigkeit PKW=42 km/h)
IG-L	Immissionsschutzgesetz Luft
JMW	Jahresmittelwert
JDTV	Jahresdurchschnittlicher Tagesverkehr
KAPA-GS	Klagenfurts Anti-PM_{10}-Aktionsprogramm mit Graz und Südtirol (EU-Life Projekt)
Lkw	Lastkraftwagen
Lnf	Leichte Nutzfahrzeuge
MMW	Monatsmittelwert
MP1/MP2/MP3	Messpunkt 1/Messpunkt 2/Messpunkt 3: Mobile Luftgütemessstation
NEMO	Network Emission Model: Emissionsmodell, das an der TU Graz entwickelt wurde
NH_3	Ammoniak
Non exh.	Non-exhaust bzw. nicht abgasbedingt
NO_x	Stickoxide (Summe aus NO und NO_2)
ÖV	Öffentlicher Verkehr
Pkw	Personenkraftwagen
PM_{10}	Teilchen, deren aerodynamischer Durchmesser weniger als 10 Mikrometer (10 µm) beträgt
$PM_{2,5}$	Teilchen, deren aerodynamischer

		Durchmesser weniger als 2,5 Mikrometer (2,5 µm) beträgt
P&R		Park and Ride bzw. Auffangparkplatz
P97,5/P98/P99,8		97,5-/98-/99,8-Perzentil
REVIHAAP		Review of Evidence on Health Aspects of Air Pollution: ein mit europäischen Mittel finanziertes Projekt zur Erforschung der gesundheitlichen Aspekte von PM_{10} und $PM_{2,5}$
RiFa1/RiFa2		Richtungsfahrbahn 1/Richtungsfahrbahn 2
σ		Standardfehler: ist ein Streuungsmaß für eine Schätzfunktion für einen unbekannten Parameter der Grundgesamtheit. Der Standardfehler ist definiert als die Standardabweichung der Schätzfunktion, das heißt als die Wurzel aus der Varianz.
SMW		Stundenmittelwert
Snf		Schwere Nutzfahrzeuge
SO_2		Schwefeldioxid
Temp.	[°C]	Temperatur
TMW		Tagesmittelwert
TMWmax		Maximaler Tagesmittelwert für einen definierten Beobachtungszeitraum
TSP		Total Suspended Particles: Sammelbegriff für (Grob-) Staub bzw. Schwebestaub
TU Graz		Technische Universität Graz
VOCs		Volatile Organic Compounds: flüchtige organische Verbindungen
WHO		World Health Organization bzw. Weltgesundheitsorganisation
WiGe	[m/s]	Windgeschwindigkeit
WMW		Wintermittelwert, im ggs. Fall gebildet für die Monate Dezember, Jänner und Februar

Zusammenfassung

Der Verkehr liefert neben Hausbrand und Industrie einen der wesentlichen Beiträge zur PM_{10} Problematik in europäischen Städten. Die abgeschirmte Lage von städtischen Agglomerationen in inneralpinen Beckenlagen führt, vor allem in den Wintermonaten durch austauscharme Wetterlagen, zu einem markanten Anstieg in der PM_{10} Belastung. In dieser Hinsicht kommt auch dem Winterdienst mit Salz- und teilweise Splittstreuung eine besondere Bedeutung zu. Diese Streumittel werden durch den Straßenverkehr aufgewirbelt und können zu einem wesentlichen Anteil der nicht abgasbedingten Emissionen beitragen. Vor dem gesetzlichen Hintergrund zur Einhaltung von europäischen und nationalen Grenzwerten für PM_{10} kommt dieser Tatsache eine zunehmend große Bedeutung zu. Im Rahmen des EU-Life Projektes CMA+ (PM_{10} reduction by the application of liquid Calcium-Magnesium-Acetate (CMA) in the Austrian and Italian cities Klagenfurt, Bruneck and Lienz) [39] wurden Methoden zur Erfassung und Berechnung von nicht abgasbedingten PM_{10} Emissionen des Straßenverkehrs entwickelt, um die Auswirkungen von alternativen Streumitteln des Winterdienstes auf die Luftgütesituation beurteilen zu können. Die Ergebnisse werden in der vorliegenden Arbeit diskutiert.

Mithilfe des Emissionsmodells NEMO (Network Emission Model) wurden die PM_{10} und NO_x Emissionen des Straßenverkehrs in Klagenfurt, Lienz und Bruneck berechnet. Messkonzepte zur Durchführung von Luftgütemesskampagnen in den Untersuchungsgebieten wurden erarbeitet, um den immissionsseitigen Verkehrsanteil von PM_{10} und NO_x bestmöglich zu erfassen. Dieser Anteil lieferte die Grundlage zur Berechnung von PM_{10} non-exhaust Emissionsfaktoren auf befestigten und unbefestigten Straßen. Durch die Gegenüberstellung von Tagen mit CMA Ausbringung bzw. Tagen ohne CMA Ausbringung konnten Reduktionspotenziale dieses alternativen Streumittels von 1-4 $\mu g/m^3$ auf befestigten und 19-25 $\mu g/m^3$ auf unbefestigten Straßen in Bezug auf den PM_{10} TMW berechnet werden. Der Einfluss des Niederschlages auf den non-exhaust Anteil wurde ebenfalls untersucht. Die Reduktionen betragen 2-5 $\mu g/m^3$ auf befestigten Straßen. Mithilfe statistischer Anlayseverfahren hat sich gezeigt, dass eine weitere Differenzierung der flottengemittelten PM_{10} Emissionsfaktoren in Fahrzeugkategorien (unabhängig von CMA und Niederschlag) nur für unbefestigte Straßenabschnitte sinnvoll ist. Für diese Messungen wurden spezifische PM_{10} non-exhaust Emissionsfaktoren getrennt für Pkw/leichte Nutzfahrzeuge und schwere Nutzfahrzeuge berechnet. Die Kombination aus ausreichend hoher Quellstärke durch den Verkehr, vergleichbaren meteorologischen Bedingungen sowie einer optimalen Standortwahl der Messgeräte waren dabei notwendige Voraussetzung und stellten zugleich die größten Herausforderungen im Rahmen dieser Arbeit dar. Da der Bereich von Klagenfurt bereits Gegenstand von zahlreichen Forschungsprojekten rund um das Thema Luftqualität gewesen ist, die auch vom Institut für Verbrennungskraftmaschinen und Thermodynamik der TU Graz wissenschaftlich begleitet wurden, konnte auf eine erprobte Modellkette zur Durchführung von Schadstoffausbreitungssimulationen zurückgegriffen werden. Auf der Basis von meteorologischen Messreihen wurden Strömungsfelder mit dem prognostischen Windfeldmodell GRAMM und anschließender Ausbreitungsmodellierung mit dem Partikelmodell GRAL durchgeführt. Durch die Anwendung des Modellsystems konnte die flächenhafte PM_{10} Belastung des Verkehrs getrennt für exhaust und non-exhaust berechnet und mittels eines geographischen Informationssystems (ArcGIS) dargestellt werden. Die Modellkette wurde auf Basis der Ergebnisse aus den Luftgütemessungen validiert, um die Auswirkungen des Verkehrs auf die PM_{10} Luftgütesituation bestmöglich berücksichtigen zu können. Auf dieser Grundlage wurden adaptierte flottengemittelten PM_{10} Emissionsfaktoren berechnet, die 20-90% von den mittels Emissionsmodell berechneten Werten abweichen. Neben der jahresdurchschnittlichen PM_{10} Belastung ist vor allem auch der Belastung während der Wintermonate (Dez., Jän., Feb.) ein thematischer Schwerpunkt gewidmet.

Abstract

Traffic is, next to domestic heating and industry, one of the most essential contributors to PM_{10} difficulties in European cities. Especially the isolated location of urban agglomerations within inneralpine basins leads, due to stable weather conditions, to a significant increase of PM_{10} levels during winter time. In this respect, winter service with salt and grit spread is of great importance. These substances are being resuspended by traffic and can contribute significantly to the amount of PM_{10} non-exhaust emissions. Against the legal background of meeting European and national PM_{10} threshold values, this fact is of great relevance. Within the framework of the EU-Life project CMA+ (PM_{10} reduction by the application of liquid Calcium-Magnesium-Acetate (CMA) [39] in the Austrian an Italian cities Klagenfurt, Bruneck and Lienz) several methods were developed in order to detect and calculate PM_{10} non-exhaust emissions of traffic to evaluate the impact of CMA, as an alternative winter service substance, on air quality. These results are discussed within this work.

By the use of the emission model NEMO (Network Emission Model), PM_{10} and NO_x emissions of traffic have been calculated for Klagenfurt, Lienz and Bruneck. Furthermore, concepts for the implementation of air quality measurement campaigns in the investigation areas have been worked out in order to optimally detect the traffic burden of PM_{10} and NO_x. These results served as a basis for calculations of PM_{10} non-exhaust emission factors on paved and unpaved roads. By the comparison of days with CMA to days without CMA application reduction potentials of 1-4 $\mu g/m^3$ on paved and 19-25 $\mu g/m^3$ on unpaved roads could be identified for PM_{10} daily mean values. In addition to this, the influence of precipitation on the PM_{10} non-exhaust part has been surveyed too. The reduction potentials range between 2 and 5 $\mu g/m^3$ on paved roads. Statistical analysis methods also show that further differentiation of fleet averaged PM_{10} non-exhaust emission factors into vehicle categories (independent of CMA and precipitation) only make sense for unpaved roads. For these measurements, specific PM_{10} non-exhaust emission factors have been calculated separately for passenger cars/light duty vehicles and heavy duty vehicles. The combination of sufficiently source strength of traffic, comparable meteorological situations as well as optimal site selections for the measurement equipment proved to be the biggest challenges within this framework of thesis.

Due to the fact that Klagenfurt has already been object of several research projects concerning air quality (in which the Institute of Thermal Combustion Engines and Thermodynamics of Graz University of Technology attended as a partner), an approved model range for developing air quality dispersion simulations could be provided. On the basis of meteorological time series, flow fields could be calculated applying the prognostic wind field model GRAMM, followed by dispersion modelling with the particle model GRAL. By the use of the whole model range an extensive PM_{10} traffic burden could be calculated separately for exhaust and non-exhaust. The results were illustrated using the geographic information system ArcGis. The model range has been validated against air quality measurements in order to take the effects of traffic on the PM_{10} air quality situation into consideration as well as possible. On this basis adapted fleet averaged PM_{10} emission factors which differ from 20 to 90% to results calculated with the emission model have been calculated. An additional focus was put on the PM_{10} concentration levels during winter time (Dec.-Feb.).

1 Einleitung

Die folgenden Unterkapitel beschreiben zunächst die Besonderheiten inneralpiner Beckenlagen, in denen es trotz zahlreicher Maßnahmen bisher nur unzureichend gelungen ist, die hohen Feinstaubbelastungen in Städten während der Wintermonate zu reduzieren. In diesem Zusammenhang ist der Winterdienst, mit konventionellen Streumitteln (Salz-/Splittstreuung) und den durch den Verkehr resultierenden hohen PM_{10} non-exhaust Emissionen [23], [37], zu nennen. Chemische Filteranalysen der TU Wien von Staubproben des Klagenfurter Beckens und Graz haben mittels Makrotracer-Modell ergeben, dass der Beitrag der PM_{10} non-exhaust Emissionen des Verkehrs während Überschreitungstagen ca. 20% der PM_{10} Konzentration an straßennahen Messstandorten betragen kann [12], [13] und [15]. Bei einer Betrachtung des „Urban Impact", also der Emissionsquellen in der Stadt, erhöht sich der Anteil von PM_{10} non-exhaust Emissionen sogar auf 30%. Weiterführende, chemische Analysen haben ergeben, dass die Größenfraktion PM_{10} - $PM_{2,5}$ (coarse mode) hauptsächlich aus Karbonaten, Silikaten und Salz besteht [14]. Diese Anteile sind Hauptbestandteile von Straßenstaub. Die Problematik der damit einhergehenden gesundheitlichen Beeinträchtigungen (s. Kapitel 2.4) und die Tatsache von hohen PM_{10} non-exhaust Emissionen des Verkehrs führte letztlich zur Realisierung des EU-Life Projektes CMA+. Neben einer näheren Analyse der Entstehung verkehrsbedingten Feinstaubes unter unterschiedlichen Bedingungen war damit auch das Ziel verbunden einen weiteren Beitrag zur PM_{10} Reduktion in Städten zu leisten. Die Herausforderungen im Rahmen des Forschungsprojektes, gepaart mit den speziellen, meteorologischen Voraussetzungen in den jeweiligen Untersuchungsräumen, gaben schließlich den Anstoß zur Verfassung dieser Arbeit. Neben theoretischen Grundlagen im Zusammenhang von Partikeln werden die Untersuchungsräume und die angewandten Methodiken zur Berechnung von Straßenverkehrsemissionen und den messtechnisch erfassten Immissionen des Verkehrs vorgestellt. Den Grundlagendaten von Meteorologie, Verkehr und Luftgüte ist, aufgrund der zentralen Bedeutung für die Umsetzung der Arbeit, ebenfalls ein Kapitel gewidmet. Sie bildeten die Basis zur Berechnung von flottengemittelten und spezifischen PM_{10} Emissionsfaktoren an den betrachteten Straßenabschnitten. Das Reduktionspotenzial von CMA als alternatives Streumittel sowie Minderungen von Niederschlag auf den PM_{10} non-exhaust Emissionsfaktor stellt einen weiteren Schwerpunkt der Arbeit dar. Die aus den Messungen abgeleiteten Erkenntnisse wurden in weiterer Folge anhand des Modellsystems GRAMM/GRAL mittels Ausbreitungssimulationen für Klagenfurt validiert. Die Schlussfolgerungen und ein Ausblick über weitere Vorgehensweisen und Forschungstätigkeiten in diesem Bereich komplettieren diese Arbeit.

1.1 Ist-Situation

Die abgeschirmte Lage von Städten südlich des Alpenhauptkammes, wie z.B. Klagenfurt, Lienz und Bruneck, führt zu äußerst ungünstigen Ausbreitungsbedingungen während der Wintermonate. Neben der Notwendigkeit von strengen Grenzwerten für PM_{10} zum Schutz der menschlichen Gesundheit sehen sich sowohl auf europäischer wie auch auf nationaler Ebene diese Städte mit der Realität konfrontiert, dass die Einhaltung eben dieser nur schwer zu bewältigen ist. Dies gilt im Speziellen für die höchstzulässige Anzahl von Tagen mit einem Tagesmittelwert >50 µg/m³ an PM_{10} (Details s. Kapitel 2.5). Als Hauptquellen gelten Hausbrand und Verkehr, wobei Letzterem aufgrund der bodennahen Freisetzung von Emissionen eine besondere Bedeutung in gesundheitlicher Sicht zukommt. Der vom Verkehr verursachte Anteil an PM_{10} setzt sich aus einem abgasbedingten (exhaust) und einem nicht abgasbedingten (non-exhaust) Anteil zusammen. Der non-exhaust Anteil setzt sich im Wesentlichen aus Reifen-/Bremsenabrieb und der Wiederaufwirbelung von Straßenstaub zusammen.

Die motorische Weiterentwicklung und die strengeren Emissionsstandards für Kraftfahrzeuge (Kfz) haben in den letzten Jahrzehnten dazu beigetragen, dass sich der abgasbedingte (exhaust) Anteil von ca. 50 % auf ca. 25 % verringert hat. Dies bedeutet im Gegenzug, dass der non-exhaust Anteil einen erheblichen Beitrag zur Feinstaubbelastung an verkehrsnahen (Mess-) Standorten leistet. Aus diesem Grund werden im Rahmen dieser Arbeit Methodiken vorgestellt, um den Beitrag des Verkehrs an der lokalen Feinstaubbelastung bestmöglich zu erfassen. Der thematische Schwerpunkt ist den Auswirkungen von CMA, als alternatives Streumittel, auf die straßennahen PM_{10} Konzentrationen gewidmet. CMA wurde ursprünglich als Enteisungsmittel verwendet, da es korrosionsfrei [31], [48] und im Gegensatz zu chlorhaltigen Substanzen umweltfreundlich ist. Aus diesen Gründen wurde es vor allem in den Vereinigten Staaten von Amerika in ökologisch sensiblen Gebieten eingesetzt, um die Auswirkungen auf den (Grund-) Wasserhaushalt zu reduzieren [17]. Darüber hinaus ist CMA biologisch abbaubar und harmlos gegenüber Pflanzen und Boden, weshalb es in Skandinavien auch ökozertifiziert ist. Eine detaillierte Untersuchung zu den Umweltrisiken ist in [50] zusammengefasst. Die Verwendung von CMA als wässrige Lösung wurde in Europa erstmals in Skandinavien durchgeführt. Wissenschaftliche Untersuchungen haben im Jahr 2006 durch die Ausbringung von CMA messbare Reduktionen auf die verkehrsbedingten PM_{10} Konzentrationen ergeben [36]. Eine Pilotstudie von 2006 über den Einsatz von CMA im Rahmen des Winterdienstes in Klagenfurt zeigte ein durchschnittliches Reduktionspotenzial in Bezug auf den verkehrsbedingten PM_{10} non-exhaust Anteil von bis zu 50% [16]. Obwohl diese Untersuchungen, aufgrund der begrenzten Anzahl an Messungen, einen rein indikativen Charakter aufweisen, dienten sie als Basis zur Durchführung von Messkampagnen in einem größeren Maßstab, wie in dieser Arbeit noch näher beschrieben wird. In den Jahren 2009-2012 wurde CMA als alternatives Streumittel auf befestigten und unbefestigten Straßen ausgebracht, um das Reduktionpotenzial in Bezug auf PM_{10} non-exhaust zu untersuchen. Die Auswertungen beziehen sich auf die Städte Klagenfurt, Lienz und Bruneck, die im Rahmen des EU Life Projektes CMA+ durch begleitende Luftgütemesskampagnen erhoben wurden. Neben der Berechnung von flottengemittelten PM_{10} Emissionsfaktoren (exhaust und non-exhaust) an den betreffenden Staßenabschnitten stehen die Auswirkungen von Niederschlagsereignissen und vor allem die Verwendung von alternativen Streumitteln (CMA) im Rahmen des Winterdienstes auf die lokale Luftgütesituation im Fokus der Analysen. Das Reduktionspotenzial von Niederschlägen und von CMA wird dabei getrennt für die Untersuchungsräume erläutert und diskutiert. Durch die vorliegende Arbeit soll ein Beitrag zur Bestimmung von flottengemittelten und spezifischen PM_{10} non-exhaust Emissionsfaktoren geleistet werden, der auf die speziellen lokalklimatischen Verhältnisse in inneralpinen Beckenlagen Rücksicht nimmt.

1.2 Forschungsfragen

Die Variation und Auswahl geeigneter (Mess-) Standorte erfordert meteorologische und immissionsklimatologische Detailanalysen, um die Ergebnisse der Untersuchungsgebiete konkret berechnen zu können. Mittels statistischer Methoden wird in der vorliegenden Arbeit ein mögliches Reduktionspotenzial von CMA auf den verkehrsbedingten Anteil von PM_{10} analysiert. Der Fokus richtet sich dabei sowohl auf die staubmindernde Wirksamkeit entlang von befestigten Straßen im Winter als auch auf unbefestigten Wegen während des Sommers. Da konventionelle Streumittel (Straßensalz, Sole, Splitt) maßgeblich zur PM_{10} Belastung an straßennahen Standorten beitragen [23], [37], soll mithilfe von CMA ein alternatives Streumittel vorgestellt werden für das man, neben der Wirkung als Enteisungsmittel, davon ausgehen kann, dass es einen wertvollen Beitrag zur Reduktion der PM_{10} Luftschadstoffbelastung leistet. Ein weiterer Forschungsschwerpunkt ist der Validierung von PM_{10} non-exhaust Standardemissionsfaktoren für die Fahrzeugflotte in Klagenfurt gewidmet. Anhand von Ausbreitungsmodellierungen werden die verkehrsbedingten PM_{10} Anteile an der lokalen

Luftgütebelastung berechnet und punktuell anhand der aus den Luftgütemessungen abgeleiteten PM_{10} non-exhaust Emissionsfaktoren validiert. Mit den im Rahmen dieser Arbeit berechneten Abweichungen zwischen Messung und Modell soll ein Hinweis auf die quantitativen Auswirkungen einzelner Fahrzeuge in Abhängigkeit der jeweiligen Verkehrsstärke an Straßenabschnitten und der lokalklimatischen Verhältnisse in inneralpinen Becken geliefert werden. Neben den originären Forschungsfragen haben sich im Zuge der Bearbeitung des Themas weitere Fragestellungen ergeben. Unter anderem wird untersucht in welchem Ausmaß, der Niederschlag eine mindernde Wirkung auf den verkehrsbedingten (non-exhaust) Anteil von PM_{10} sowohl auf befestigten als auch auf unbefestigten Straßen hat. Diese Herangehensweise dient primär dem Nachweis der Notwendigkeit, dass eine mögliche staubmindernde Wirkung von CMA ohne Niederschlagstage zu erfolgen hat. Des Weiteren wird der Fragestellung nachgegangen, ob es einen Zusammenhang zwischen der Fahrzeuganzahl und des jeweiligen Anteils an gemessenen PM_{10} non-exhaust Immissionen an unbefestigten Wegen/Straßen gibt. Dadurch soll ein spezifischer PM_{10} non-exhaust Emissionsfaktor pro Fahrzeug in Abhängigkeit der detektierten Fahrzeuganzahl berechnet werden.

1.3 EU Life Projekt CMA+

Die Städte Klagenfurt, Lienz und Bruneck sind aufgrund der inneralpinen Beckenlage mit ähnlichen Herausforderungen in puncto Feinstaubbelastung konfrontiert. Vor allem die ungünstigen Ausbreitungsbedingungen in den Wintermonaten mit niedrigen Windgeschwindigkeiten und Inversionen sorgen dafür, dass der gesetzlich vorgeschriebene PM_{10} Tagesmittelwert von 50 µg/m³ teilweise öfter als erlaubt im Jahr überschritten wird (Details s. Kapitel 2.5). Mit der bilateralen Zusammenarbeit im Rahmen des EU Life Projektes KAPA-GS (Klagenfurter Anti PM_{10} Aktionsprogramm mit Graz und Südtirol) wurden unterschiedliche Maßnahmen zur Reduktion der Feinstaubbelastung getestet und simuliert. Neben technologischen Maßnahmen, wie dem Einbau von Partikelkatalysator-Systemen in Bussen des ÖV (öffentlichen Verkehrs) und den Einsatz moderner Kehrmaschinen im Winterdienst, wurde mit organisatorischen Maßnahmen (Verkehrsleitsysteme, P&R Systeme, Adaptierung des Winterdienstes in Abhängigkeit der Feinstaubbelastung, Förderung von Gas-/Fernwärmeanschlüssen) und der Bewusstseinsbildung mithilfe aktiver BürgerInnenbeteiligung (Informationskampagnen, Beteiligungsprozesse in Wohnsiedlungen, elektronische Anzeigetafeln) versucht, ein breitgefächertes und funktionierendes Maßnahmenbündel zu schnüren. Beflügelt durch den Erfolg des Forschungsprojektes und der gewonnen Erkenntnisse, wurde das EU Life Projekt CMA+ (PM_{10} reduction by the application of liquid Calcium-Magnesium-Acetate (CMA) in the Austrian an Italian cities Klagenfurt, Bruneck and Lienz) in Angriff genommen. Im Rahmen dieses Projektes wurden Maßnahmenpakete entwickelt, um mithilfe von CMA den nicht abgasbedingten (non-exhaust) PM_{10} Anteil des Verkehrs zu reduzieren. Das Projekt dauerte von Jänner 2009 bis September 2012 und umfasste ein Projektbudget von ca. 2,7 Mio. €, wobei knapp 50% von der EU kofinanziert wurden. Das Projektteam bestand neben den Behörden (Magistrat, Landesregierung) der Partnerstädte auch aus Partnern der Wissenschaft und Privatwirtschaft:

- Stadt Klagenfurt
- Stadt Bruneck
- Stadt Lienz
- Nordisk Aluminat
- Technische Universität Graz (Institut für Verbrennungskraftmaschinen und Thermodynamik)
- Swedish National Road and Transport Research Institute (VTI)

Darüber hinaus wurden im Rahmen von Arbeitspaketen auch mit dem ÖAMTC, dem Austrian Center of Competence for Tribology und der Zentralanstalt für Meteorologie und Geodynamik (ZAMG) Fragen zur Verkehrssicherheit, der Reibung sowie zur Bereitstellung von meteorologischen Prognosedaten erarbeitet.

Die Stadt Klagenfurt trug als Lead-Partner die Gesamtverantwortung für das Projekt und war vor allem für das Projektmanagement und die Gesamtkoordination verantwortlich. Nordisk Aluminat ist der dänische Erzeuger von CMA. Sie beschäftigte sich vor allem mit Fragen zur Produktentwicklung (Griffigkeit, Enteisung, veränderte Mischungsverhältnisse) sowie zum ökologischen Fußabdruck von CMA im Rahmen einer Ökobilanz. Das Institut für Verbrennungskraftmaschinen und Thermodynamik war als Partner für die Erstellung von Messkonzepten und die Durchführung von Luftgütemesskampagnen in den Partnerstädten verantwortlich. In Abhängigkeit von der Verkehrsstärke, der Straßenbeschaffenheit und den meteorologischen Bedingungen wurden die Auswirkungen von CMA auf die Luftgütesituation untersucht. Darüber hinaus wurde das im Rahmen von KAPA-GS entwickelte Nowcastingmodell der Luftgüte im Raum von Klagenfurt zu einem Forecastingmodell weiterentwickelt.

Das schwedische Straßenforschungsinstitut (VTI) führte Laboruntersuchungen mit dem sogenannten Roadsimulator durch. In zahlreichen Tests wurden, durch den Wechsel von Straßenbelägen, Fahrgeschwindigkeiten und Bindemitteln (CMA, KF, Wasser, Zuckerlösung,…), die Auswirkungen auf den non-exhaust Anteil von PM_{10} unter standardisierten Bedingungen untersucht.

Die Partnerstädte waren, neben der Durchführung von Workshops und internationalen Konferenzen, für Tests von unterschiedlichen Streufahrzeugen, entsprechende Mitarbeiterschulung und umfangreiche Öffentlichkeitsarbeit verantwortlich. Neben Foldern, Newslettern, Pressekonferenzen und Exkursionen wurde auch mittels Radio- und Fernsehbeiträgen, Infotagen und Kongressen eine Sensibilisierung der Bevölkerung für die Feinstaubproblematik in Städten erreicht.

2 Theoretische Grundlagen

In diesem Kapitel werden die, dem Stand der Wissenschaft entsprechenden, einzelnen Begrifflichkeiten zum Sammelbegriff Partikel näher erläutert. Neben der Größenverteilung und der Deposition wird auch auf die natürlichen und anthropogenen Quellen, die gesundheitliche Relevanz und die rechtlichen Rahmenbedingungen auf europäischer und nationaler Ebene kurz eingegangen. Die Inhalte in diesem Kapitel beziehen sich, falls nicht dezidiert erwähnt, im Wesentlichen auf [49].

2.1 Größenverteilung von Partikeln

Der früher gängig verwendete Ausdruck von Schwebstaub, im englischen Sprachgebrauch unter TSP (total suspended particles) bekannt, umfasst luftgetragene Partikel bis zu einem aerodynamischen Durchmesser von 30 µm. Da aus gesundheitlicher Sicht vor allem kleinere Partikel lungengängig und auch gesetzlich limitiert sind, wird die Fraktion Feinstaub, oder PM_{10} (particulate matter 10 µm) messtechnisch erfasst. PM_{10} umfasst jene Gruppe von Partikeln, die einen aerodynamischen Äquivalentdurchmesser kleiner 10 µm aufweisen. Der aerodynamische Äquivalentdurchmesser entspricht dem Durchmesser einer Kugel mit der Dichte von 1 g/cm³, die in ruhender oder laminar strömender Luft die gleiche Sinkgeschwindigkeit wie das jeweilige Partikel besitzt. Diese Definition wird analog für $PM_{2,5}$ und PM_1 verwendet. In Abhängigkeit ihrer Größe werden die Partikel in Größenklassen unterteilt, die einen Hinweis auf ihre Entstehung und die Verweilzeiten in der Atmosphäre ermöglichen.

- Nukleationsklasse (Ø $\leq$ 100 nm)

  Diese sehr kleinen Partikel entstehen vorrangig bei Verbrennungsprozessen oder bei der Kondensation von gasförmigen Substanzen. Sie dominieren in der Partikelanzahl und zeichnen sich durch geringe Verweilzeiten in der Atmosphäre aus, da sie zur Koagulation neigen.

- Akkumulationsklasse (100 nm < Ø $\leq$ 1 µm)

  Diese Partikel entstehen durch Akkumulation und Koagulation kleinerer Partikel. Die Verweilzeit in der Atmosphäre ist aufgrund der geringen Sinkgeschwindigkeiten groß (mehrere Wochen bis Monate). Durch Auswaschung werden die Partikel aus der Atmosphäre entfernt.

- Grobstaubklasse (1 µm < Ø)

  Diese Partikel sind größten Teils durch mechanische Erzeugung wie Abrieb und Aufwirbelung von Straßenstaub oder Winderosion entstanden. Die Sedimentationsgeschwindigkeiten sind aufgrund der Größe der Partikel größer und führen zu kürzeren Verweilzeiten (einige Tage bis wenige Stunden) in der Atmosphäre.

2.2 Quellen von Partikeln

Bei der Betrachtung von Partikel ist zunächst die Unterscheidung in natürliche und anthropogene Quellen von Bedeutung. Unter natürlichen Quellen sind Winderosion (Saharastaub), Meersalz, Waldbrände, Vulkanausbrüche, Pollen usw. zu verstehen. Die anthropogenen Quellen von Partikeln umfassen die durch Verbrennungsprozesse verursachte Gruppe, die sich vor allem aus Industrie, Hausbrand, Gewerbe und dem Verkehr zusammensetzt. Die mengenmäßig größere Gruppe bei den anthropogenen Quellen bilden diffuse Quellen. Darunter sind Partikelemissionen auf Straßen, Baustellen und in der Landwirtschaft zu verstehen, die infolge mechanischer Prozesse entstehen. Darüber hinaus gibt es die Gruppe der Aerosole, die infolge der sog. Sekundärbildung entstehen können. Darunter versteht man die Bildung von Partikeln in der Atmosphäre aufgrund von gasförmigen Vorläufersubstanzen, wie Stickoxide (NO_x), Schwefeldioxid (SO_2), Ammoniak (NH_3) sowie VOCs (volatile organic compounds).

2.3 Deposition von Partikeln

Der Kreislauf von Partikeln in der Atmosphäre ist durch Quellen und Senken bestimmt. Die unterschiedlichen Möglichkeiten zur Entfernung von Partikeln werden unter dem Begriff Deposition zusammengefasst. Partikel die infolge der Schwerkraft oder durch turbulente Strömungen auf Oberflächen (Impaktion) abgelagert werden, werden mittels trockener Deposition sedimentiert. Die Sedimentation mittels Niederschlägen (Regen, Schnee, Hagel,...) wird als nasse Deposition bezeichnet. Eine Zwischenstellung nimmt die sogenannte feuchte Deposition ein. Unter diesem Begriff wird der Austrag von Partikeln mittels Nebel, Tau oder Reif verstanden.

2.4 Gesundheitliche Relevanz von Partikeln

Seit der Herausgabe der Luftqualitätsrichtlinie durch die Weltgesundheitsorganisation (WHO – World Health Organization) im Jahr 2005 sind zahlreiche wissenschaftliche Arbeiten veröffentlicht worden, die sich dem Thema der Gesundheitseffekte von PM_{10} und $PM_{2,5}$ widmen. Die wichtigsten Erkenntnisse der letzten Jahre wurden, im Rahmen eines von der Europäischen Union kofinanzierten Projektes namens REVIHAAP (Review of evidence on health aspects of air pollution) [8], mithilfe einer wissenschaftlichen Expertengruppe in 22 Fragen mit den entsprechenden Antworten zusammengefasst.

Auf der Basis von epidemiologischen Studien und Kohortenstudien konnten zusätzliche Nachweise für die Erkrankung und Sterblichkeit aufgrund der Exposition (sowohl kurzzeitig als auch langzeitig) von $PM_{2,5}$ gefunden werden. Die Langzeitexposition von $PM_{2,5}$ führt darüber hinaus auch zu einer erhöhten kardiovaskulären Sterblichkeit und Erkrankung sowie mitunter zu Arteriosklerose, Atemwegserkrankungen im Kindesalter und nachteiligen Geburtenraten. Es konnten sogar Zusammenhänge zwischen Langzeitexposition und Sterblichkeit unter dem von der WHO empfohlenen $PM_{2,5}$ Jahresmittelwert von 10 $\mu g/m^3$ nachgewiesen werden. Drei Komponenten sind in Zusammenhang von PM_{10} und $PM_{2,5}$ besonders hervorzuheben:

- Ruß(-partikel)
- Sekundär gebildete organische Aerosole
- Sekundär gebildete anorganische Aerosole

Sie alle sind bedeutende Kennzahlen in Bezug auf die Exposition und auf gesundheitliche Auswirkungen. Epidemiologische und toxikologische Studien haben darüber hinaus gezeigt, dass die Masse von Feinstaub eine unterschiedliche Anzahl an Fraktionen mit unterschiedlichen Typen enthalten kann, die sich wiederum unterschiedlich stark auf die gesundheitlichen Aspekte auswirken. Dabei ist anzunehmen, dass sowohl die chemische Zusammensetzung als auch die physikalischen Eigenschaften (Größe, Partikelanzahl und Partikeloberfläche) eine gewisse Rolle spielen. In Bezug auf den Verkehr konnte in einzelnen Studien auch gezeigt werden, dass neben den abgasbedingten Partikeln auch nicht abgasbedingte Partikel, die durch den Verkehr verursacht werden (Abrieb von Straße, Reifen und Bremsen), zu nachteiligen Gesundheitseffekten beitragen können. Epidemiologische Studien zur Langzeitexposition zeigen die stärksten Zusammenhänge bei $PM_{2,5}$ für Sterblichkeit und Erkrankungen. Bei PM_{10} ist die Beweisgrundlage schwächer und in Bezug auf die Größenfraktion PM_{10}-$PM_{2,5}$ (coarse mode) gibt es kaum wissenschaftliche Langzeituntersuchungen. Obwohl es auch einen starken Zusammenhang von Sterblichkeit und Erkrankungen bei Kurzzeitexpositionen gibt, sind die gesundheitlichen Auswirkungen bei einer Langzeitexposition wesentlich größer als bei hohen Kurzzeitbelastungen. Da die Größenfraktionen PM_{10}-$PM_{2,5}$ und $PM_{2,5}$ in unterschiedliche Bereiche der Atemwege eindringen, werden von Seiten der WHO unterschiedliche Kurzzeit- und Langzeitgrenzwerte für PM_{10} und $PM_{2,5}$ gefordert, um die gesundheitlichen Auswirkungen auf den Menschen so gering als möglich zu halten. Diese Forderungen liegen zum Teil deutlich unter den rechtswirksamen Grenzwerten auf europäischer bzw. nationaler Ebene (s. Kapitel 2.5).

2.5 Rechtliche Grundlagen

Die Europäische Kommission hat im Rahmen der Luftqualitätsrahmenrichtlinie 1996/62/EG [5] ein Instrument entwickelt, dass die Einhaltung von Grenz- und Zielwerten für bestimmte Luftschadstoffe festschreibt. Die entsprechenden Tochterrichtlinien komplettieren dieses Regelwerk, das neben der Beurteilung und Kontrolle der Luftqualität auch beispielsweise die Informationspflichten gegenüber der Bevölkerung und die Erstellung von Messkonzepten sowie die Einhaltung von Messvorschriften dokumentiert.

Die Grenzwerte für PM_{10} wurden in der ersten Tochterrichtlinie 1999/30/EG [6] definiert. Das Europäische Parlament und der Rat verabschiedeten das sechste Umweltaktionsprogramm der Europäischen Gemeinschaft mit dem Ziel, die Verschmutzung auf ein Maß zu reduzieren, bei der die Auswirkungen auf die menschliche Gesundheit möglichst gering sind. Aufgrund der neuesten wissenschaftlichen Erkenntnisse und Entwicklungen im Bereich der Gesundheit wurde am 11.06.2008 die Richtlinie 2008/50/EG [7] erlassen und Ziel-/Grenzwerte für einzelne Schadstoffe neu definiert. In dieser Richtlinie wird unter anderem erstmalig ein Grenzwert für den Jahresmittelwert (JMW) an $PM_{2,5}$ definiert, um eine generelle Senkung der städtischen Hintergrundbelastung zu erreichen. Darüber hinaus wurde ein Indikator für die durchschnittliche Exposition (AEI - Average Exposure Indicator) an $PM_{2,5}$ als gleitender Jahresmittelwert festgelegt, um das nationale Ziel der Reduzierung der Exposition überprüfen zu können. Ab dem Jahr 2015 ist die Expositionskonzentration an $PM_{2,5}$ verpflichtend einzuhalten. Die entsprechenden Kurzzeit- und Langzeitgrenzwerte für PM_{10} und $PM_{2,5}$ sind Tabelle 2-1 zu entnehmen.

Tabelle 2-1: Immissionsgrenzwerte nach 2008/50/EG [7] für PM_{10} und $PM_{2,5}$ in [µg/m³]

Luftschadstoff	TMW	JMW	AEI
PM_{10}	50[1]	40	
$PM_{2,5}$		25[2]	20[3]

[1] Darf seit 01.01.2005 nur mehr 35-mal pro Jahr überschritten werden.

[2] Gültig ab 01.01.2015. Die Toleranzmarge von 20% für diesen Grenzwert wird ausgehend vom 11.Juni 2008 am folgenden 1. Jänner und danach alle 12 Monate um einen jährlich gleichen Prozentsatz bis auf 0% am 1. Jänner 2015 reduziert.

[3] Die Ausweisung der Überschreitung hat für einen bestimmten Zeitraum zu erfolgen und ist auf das jeweils letzte Jahr des Beurteilungszeitraumes zu beziehen. Die Ausweisung ist für die folgenden Jahre zu prüfen:

1. 2009, 2010

2. 2009, 2010, 2011

3. 2010, 2011, 2012

4. 2011, 2012, 2013

5. 2012, 2013, 2014

6. 2013, 2014, 2015

Die Umsetzung in österreichisches Recht erfolgte mit dem sogenannten Immissionsschutzgesetz Luft (IG-L, BGBl. Nr. I 115/1997) und den entsprechenden Novellierungen (BGBl. Nr. I 77/2010) [1]. Das IG-L unterscheidet sich von der Richtlinie (2008/50/EG) in Bezug auf den Feinstaub im Wesentlichen bei der höchstzulässigen Anzahl an Überschreitungen des PM_{10} Tagesmittelwertes >50 µg/m³. Im Gegensatz zu der nach europäischen Recht erlaubten Anzahl von 35 Tagen sind gemäß [1] seit 2010 nur mehr 25 Tage mit Überschreitungen des PM_{10} Tagesmittelwertes erlaubt (s. Tabelle 2-2).

Tabelle 2-2: Immissionsgrenzwerte nach IG-L [1] für PM_{10} und $PM_{2,5}$ in [µg/m³]

Luftschadstoff	TMW	JMW	AEI
PM_{10}	50[1)]	40	
$PM_{2,5}$		25[2)]	20[3)]

[1)]Darf ab 01.01.2010 nur mehr 25-mal pro Jahr überschritten werden.

[2)]Gültig ab 01.01.2015. Details s. Tabelle 2-1.

[3)]Die Ausweisung der Überschreitung des AEI erfolgt analog zu Tabelle 2-1. Anmerkung: Der AEI ist für eine bestimmte Kombination von Luftgütemessstellen in Österreich anzuwenden.

3 Untersuchungsräume

Im Rahmen des EU Life Projektes CMA+ wurden in den Städten Klagenfurt, Lienz und Bruneck Luftgütemesskampagnen im Winterhalbjahr durchgeführt. In Ergänzung zu den Wintermesskampagnen fanden auch Sommermesskampagnen in Klagenfurt statt, um die Auswirkungen von CMA auf unbefestigten Straßen zu untersuchen. In den folgenden Kapiteln werden die Untersuchungsgebiete mit den betreffenden Luftgütemessstationen vorgestellt, die für diese Arbeit wesentlich sind.

3.1 Klagenfurt

3.1.1 Befestigte Straßen (Winter)

In Klagenfurt wurde die Luftgütesituation an insgesamt 5 Standorten detektiert (Details s. Abbildung 3-1). Die Luftgütemessstellen wurden sowohl vom Land Kärnten (Völkermarkter Straße, Koschat-/Sterneckstraße) als auch vom Magistrat Klagenfurt (Rudolfsbahngürtel) und der TU Graz (P&R Minimundus) betrieben. Die Messstelle an der Koschatstraße musste aufgrund eines Bauvorhabens an einen alternativen Standort verlegt werden, der mit der Sterneckstraße am 18.01.2011 in Betrieb ging. Diese Station wird vom Verkehr nur geringfügig beeinflusst und repräsentiert die städtische Hintergrundbelastung in Klagenfurt. Die Messstellen Völkermarkter Straße und Rudolfsbahngürtel befinden sich in unmittelbarer Straßennähe und sind stark vom Verkehr beeinflusst. Durch die Erweiterung des mit CMA behandelten Straßennetzes auf das gesamte Stadtgebiet von Klagenfurt (>160 km Streckenlänge), wurde als Referenzort ein Streckenabschnitt entlang der Villacher Straße ausgewählt, der im Winter 2012 nicht mit CMA behandelt wurde. Auf Höhe des Park & Ride Minimundus wurde von Seiten der Technischen Universität Graz eine Messstation errichtet, um die PM_{10} Konzentrationen ohne CMA zu erfassen.

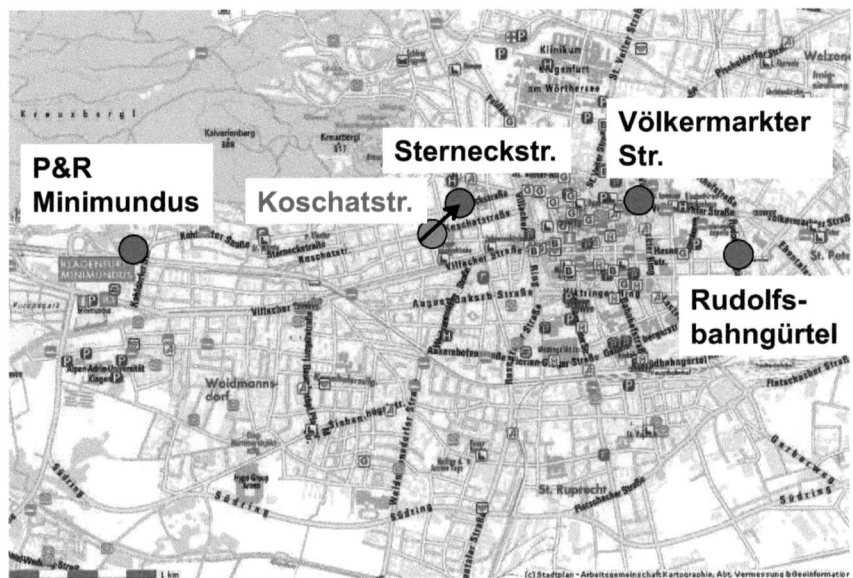

Abbildung 3-1: Lage der Luftgütemessstationen im Zentrum von Klagenfurt im Rahmen der Wintermesskampagnen (2009 – 2012)

3.1.2 Unbefestigte Straßen (Sommer)

In Zusammenarbeit zwischen der Technischen Universität Graz und der Umweltabteilung des Magistrats der Landeshauptstadt Klagenfurt wurden Messkonzepte erstellt, um das Aufwirbelungs- und Abriebspotenzial von PM_{10} durch Kraftfahrzeuge auf unbefestigten Straßen zu untersuchen. Durch die Ausbringung von CMA soll auch das Reduktionspotenzial auf die sogenannten PM_{10} non-exhaust Emissionen untersucht werden. Zu diesem Zweck wurden im Sommer 2009 entlang des Druckerweges zwei Messstandorte der TU Graz in einem Abstand von ca. 300 m errichtet. Die lokale Hintergrundmessstation der Umweltabteilung wurde ca. 150 m östlich des nord-süd verlaufenden Straßenabschnittes installiert (s. Abbildung 3-2).

Abbildung 3-2: Lage der Luftgütemessstationen im Norden von Klagenfurt im Rahmen der Sommermesskampagne 2009

Im Sommer 2011 wurde eine weitere Messkampagne in Klagenfurt am sogenannten Grenzweg durchgeführt. Die Verlegung der Messkampagne an diese ebenfalls unbefestigte Straße war mit der Intention verbunden, aufgrund einer Sommerveranstaltung im August wesentlich höhere Fahrzeugfrequenzen zu messen und einen höheren Anteil des verkehrsbedingten Feinstaubes zu detektieren. Durch die Ausbringung von CMA soll auch das Reduktionspotenzial auf die lokale PM_{10} Luftgütesituation bestimmt und die Auswirkungen auf die sogenannten PM_{10} non-exhaust Emissionen untersucht werden. Zu diesem Zweck wurde beim Andrähofweg eine lokale Hintergrundmessstation installiert (s. Abbildung 3-3).

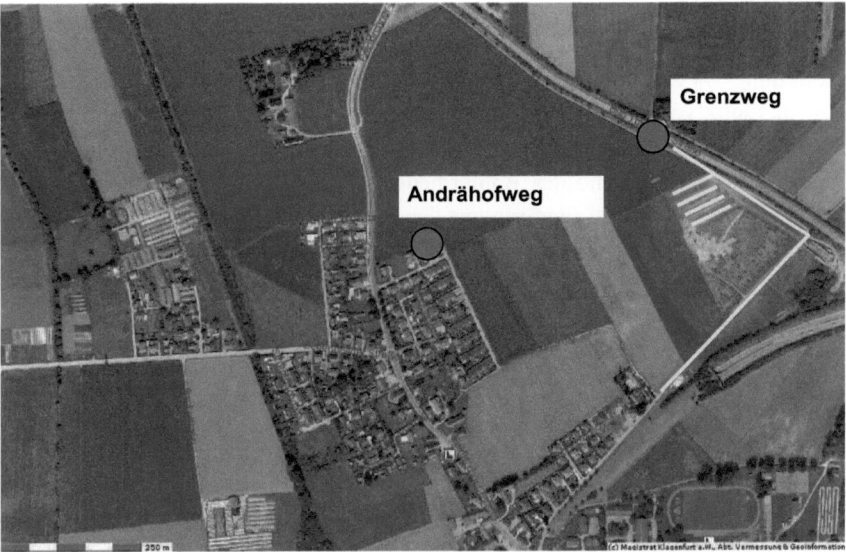

Abbildung 3-3: Lage der Luftgütemessstationen im Norden von Klagenfurt im Rahmen der Sommermesskampagne 2011

3.2 Lienz

Abbildung 3-4 zeigt die Messstationen, die im Rahmen der Wintermesskampagnen in Lienz verwendet wurden. Die Station Amlacherkreuzung befindet sich straßennah an der B100 und erfasst den Einfluss des Verkehrs. Dieser Straßenabschnitt wurde während des Winterdienstes (2009-2012) mit CMA behandelt. Die Station Tiefbrunnen repräsentiert den ländlichen Hintergrund und wurde als Referenzstation herangezogen.

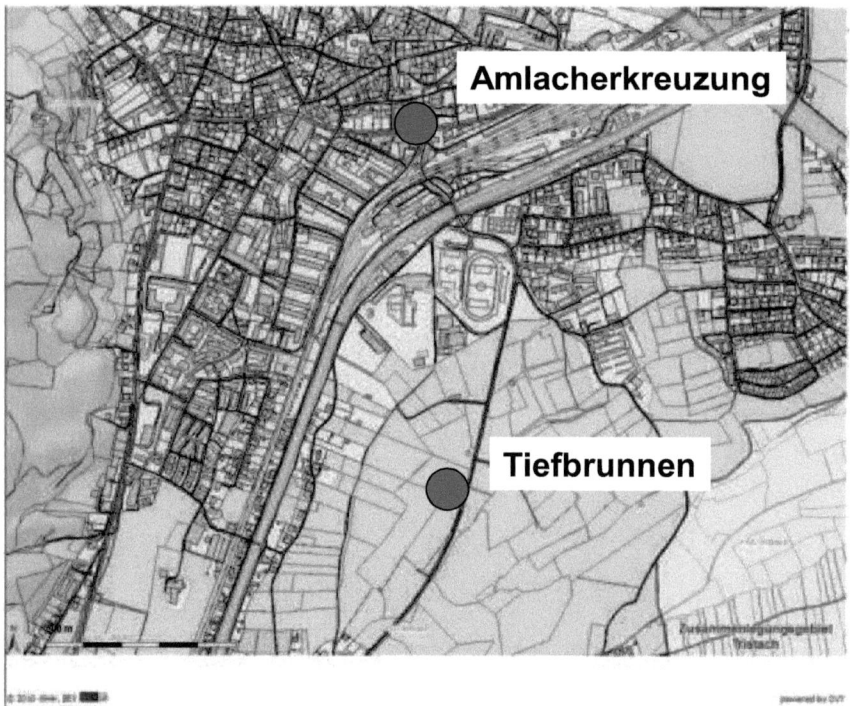

Abbildung 3-4: Lage der Luftgütemessstationen in Lienz im Rahmen der Wintermesskampagnen (2009 – 2012)

3.3 Bruneck

Abbildung 3-5 zeigt die Messstationen, die im Rahmen der Wintermesskampagnen in Bruneck verwendet wurden. Die Station Dantestraße befindet sich straßennah an dieser wichtigen Hauptverkehrsstraße und erfasst den Einfluss des Verkehrs. Dieser Straßenabschnitt wurde während des Winterdienstes 2010 und 2012 mit CMA behandelt. Die Station Goetheparkplatz repräsentiert den lokalen Hintergrund und wurde als Referenzstation herangezogen.

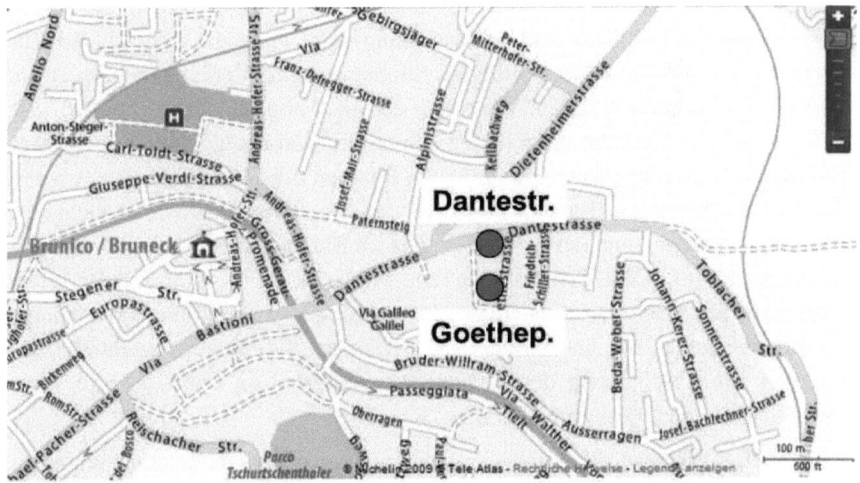

Abbildung 3-5: Lage der Luftgütemessstellen im Zentrum von Bruneck im Rahmen der Wintermesskampagnen 2010 und 2012

4 Methodik zur Berechnung von Straßenverkehrsemissionen

Bei der Berechnung von PM$_{10}$ Emissionen aus dem Verkehrssektor sind prinzipiell die zwei Emissionskategorien exhaust und non-exhaust zu berücksichtigen. Also Emissionen, die aufgrund des Verbrennungsprozesses entstehen, bzw. Emissionen, die durch Abrieb und Aufwirbelung generiert werden. Für erstere Gruppe gibt es bereits zahlreiche Modelle, die je nach Fragestellung (globale Emissionsinventuren [24], nationale Emissionsinventuren [21], [30], Emissionen für ein Stadtgebiet [24],...) und Detailliertheitsgrad gute Ergebnisse liefern. Emissionen durch Abrieb und Aufwirbelung sind von einer Vielzahl an Einflussfaktoren abhängig (Meteorologie, Straßenzustand, Verkehrsdichte,...) und sehr schwer zu quantifizieren. Vor allem der nicht abgasbedingte (non-exhaust) PM$_{10}$ Anteil des Verkehrs trägt in den Wintermonaten maßgeblich zur verkehrsbedingten Feinstaubbelastung bei [33]. Im Rahmen des EU-Life Projektes wurde durch den optimierten Einsatz von CMA in den Partnerstädten versucht, den PM$_{10}$ non-exhaust Anteil zu reduzieren. Die im Rahmen dieser Arbeit entwickelte und für das EU-LIFE Projekt adaptierte Methodik zur Berechnung der beiden Emissionskategorien des Straßenverkehrs mithilfe von Luftgüteuntersuchungen wird in den folgenden Abschnitten näher erläutert. Sie bildet den zentralen Bestandteil zur Abschätzung des Reduktionspotenzials von CMA auf die lokale Luftgütesituation (PM$_{10}$ Konzentration).

Schadstoffemissionen des Straßenverkehrs werden prinzipiell nach einem multiplikativen Ansatz berechnet (Emissionsfaktor x Aktivität). Der Emissionsfaktor ergibt sich in Abhängigkeit von der Verkehrssituation (Abhängig vom Straßentyp), der Steigung des betrachteten Straßenstücks und der Zusammensetzung der Fahrzeugflotte (Kat-, Diesel-, Ottomotoren) im Bezugsjahr sowie deren Emissionsstandards im Zulassungsjahr. Um eine Berechnung der Emissionen entsprechend dem Stand der Wissenschaft durchzuführen bzw. um auf Änderungen in der Datenlage bezüglich KFZ-Emissionen rasch reagieren zu können, wurde am Institut für Verbrennungskraftmaschinen und Thermodynamik der TU Graz das Emissionsmodell NEMO [41] entwickelt.

4.1 Exhaust Emissionen

Das Modell NEMO (Network Emission Model) ist ein multimodales Programm, welches speziell für die Emissionsberechnung von Straßennetzwerken entwickelt wurde. Es verknüpft eine detaillierte Berechnung der Flottenzusammensetzung mit fahrzeugfeiner Emissionssimulation. NEMO gliedert die Flotte in sog.

Fahrzeugschichten, die durch folgende Merkmale charakterisiert sind:
- Fahrzeugkategorie (z.B. PKW, leichte Nutzfahrzeuge, Solo LKW, ...)
- Antriebsart (Benzin, Diesel sowie optional zusätzlich alternative Antriebe wie z.b. Erdgas)
- Größenklasse (Unterscheidungsmerkmal: Hubraum oder höchstzulässiges Gesamtgewicht)
- Emissionsklasse (Gesetzgebung, nach der das Fahrzeug erstzugelassen wurde, z.B. EURO 1, EURO 2, ...)
- Zusätzliche (nachgerüstete) Abgasnachbehandlungssysteme (z.B. Partikel-Katalysator)

Für die Berechnung des Emissionsausstoßes auf Straßennetzwerken sind die Fahrleistungsanteile der einzelnen Fahrzeugschichten relevant. Die Ermittlung dieser Anteile erfolgt in Abhängigkeit von Bezugsjahr und Straßenkategorie nach folgendem Schema:

(1) Hochrechnung des Kfz-Bestandes nach Jahrgang der Erstzulassung, Motortyp und sonstigen Unterscheidungsmerkmalen (Hubraum oder zulässiges Gesamtgewicht) aus der Bestandsstruktur mittels alters- und fahrzeuggrößeabhängigen Ausfallwahrscheinlichkeiten.

(2) Abschätzung der spezifischen Jahresfahrleistungen der Kfz nach Zulassungsjahrgängen und sonstigen Unterscheidungsmerkmalen mittels alters- und hubraum- bzw. masseabhängigen Fahrleistungsfunktionen.

Für sämtliche Fahrzeugschichten werden von NEMO für die auf den einzelnen Streckenabschnitten gegebenen Fahrzyklen und Fahrbahnlängsneigungen die entsprechenden Emissionsfaktoren simuliert. Grundlage ist dabei die Ermittlung der zyklusdurchschnittlichen normierten Motorleistung aus Fahrzeugdaten sowie Kinematik-Parametern, die die Dynamik des Fahrzyklus beschreiben. Die Abbildung des spezifischen Emissionsverhaltens der verschiedenen Motorkonzepte erfolgt mithilfe des ebenfalls am Institut für Verbrennungskraftmaschinen und Thermodynamik entwickelten Modells PHEM (Passenger car and Heavy duty vehicle Emission Model; detaillierte Simulation von Energieverbrauch und Emissionen von PKW und Nutzfahrzeugen ([24]-[28], [41]-[43]), mit dem auch die Emissionsfaktoren für das Handbuch Emissionsfaktoren des Straßenverkehrs (HBEFA3.1) [24] berechnet werden. Die gesamten Emissionen auf einem in NEMO spezifiziertem Streckenstück berechnen sich dann aus den Fahrleistungen der einzelnen Fahrzeugschichten multipliziert mit deren Emissionsfaktoren.

Datenstand NEMO 2.0

Der Datenstand von NEMO 2.0 (Details s. [18]) ist im Wesentlichen kompatibel zum HBEFA3.1, welches im Januar 2010 herausgegeben wurde. Darüber hinaus wurden in NEMO 2.0 zusätzlich verfügbare aktuellere Daten zur Flottenzusammensetzung sowie aus Fahrzeugmessungen eingearbeitet. In der Parametrierung der Flottenzusammensetzung wurden aktuelle statistische Daten berücksichtigt, die im Rahmen von [24] erhoben wurden. Der wesentlichste Unterschied zum HBEFA3.1 zeigt sich hier in geringeren Anteilen der Diesel-PKW an den Neuzulassungen in den Jahren 2008 bis 2010. Diese Werte stammen im HBEFA3.1 noch aus einer Prognose. Durch den aktuell beobachteten rückläufigen Trend bei den Dieselneuzulassungen wurde in NEMO 2.0 auch die Prognose dieses Wertes für die kommenden Jahre überarbeitet. Es wird jetzt davon ausgegangen dass sich die Anteile der Otto- und Diesel-PKW an den Neuzulassungen bei rund 50% einpendeln. Zusätzlich wurden in NEMO 2.0 Ergebnisse aus aktuellen Untersuchungen zum Leistungsbedarf von Nebenverbrauchern im Fahrzeug (wie z.B. Klimaanlage) berücksichtigt. Dadurch erhöht sich im Vergleich zum HBEFA3.1 der Motorleistungsbedarf, was sich v.a. in Fahrsituationen im Innerortsbereich in geringfügig höherem Kraftstoffverbrauch und Emissionsausstoß äußert.

4.2 Non-exhaust Emissionen

Zur Berechnung der gesamten Partikelemissionen müssen zusätzlich zu den erwähnten Auspuffemissionen, noch die Emissionen aus Reifen-, Bremsen- und Straßenabrieb sowie Aufwirbelung berücksichtigt werden. Neben Straßentyp und Fahrzeugkategorie haben auch die Fahrzeugfrequenzen, der allgemeine Straßenzustand sowie die lokalklimatischen Verhältnisse einen entscheidenden Einfluss auf diesen Anteil der fahrzeugbedingten PM_{10} Emissionen. Im folgenden Kapitel wird eine Auswahl an Emissionsfaktoren zur Berechnung von PM_{10} non-exhaust Emissionen des Straßenverkehrs, getrennt für befestigte und unbefestigte Straßen, vorgestellt.

4.2.1 Stand der Wissenschaft

Befestigte Straßen

In Europa wurden zahlreiche Publikationen zu PM_{10} non-exhaust Emissionsfaktoren veröffentlicht. Aufgrund der zahlreichen Einflussgrößen (Straßenzustand, Flottenzusammensetzung, Fahrgeschwindigkeit,...) auf diesen bedeutenden Teil der PM_{10} gesamt Emissionen des Verkehrs werden nur einige in Tabelle 4-1 angeführt, die mit den im Rahmen dieser Arbeit berechneten PM_{10} non-exhaust

Emissionsfaktoren verglichen werden. Da die Messkampagnen auf den befestigten Straßen im städtischen Bereich durchgeführt wurden, sind die angeführten Emissionsfaktoren auf die Kategorie „Innerorts" beschränkt. Besonderes Augenmerk gilt im gegenständlichen Fall den PM_{10} non-exhaust Emissionsfaktoren gemäß [20] und [34], die in NEMO standardmäßig verwendet werden können. Die mit Abstand höchsten PM_{10} non-exhaust Emissionen pro Pkw ergeben sich gemäß der US EPA [52] mit 0,809-1,213 [g/km*Fzg.], wobei die Berechnung mithilfe eines definierten Wertes für die Staubbeladung (im gegenständlichen Fall 1,4 g/m², bei max. 400 g/m² wäre der Wert um ein Vielfaches höher als bei $EPA_{mod(hoch)}$) der Straßenoberfläche erfolgt. Daraus lässt sich ableiten, dass die Staubbeladung neben dem spezifischen Fahrzeuggewicht (Pkw in Ö: ~1,3 t und Lkw in Ö: ~20 t) einen entscheidenden Anteil auf die gesamten PM_{10} non-exhaust Emissionen hat. Diese für europäische Verhältnisse konservativen Emissionsfaktoren wurden nach [20] sowohl für einen guten Straßenzustand ($EPA_{mod(niedrig)}$) als auch für einen schlechten Straßenzustand ($EPA_{mod(hoch)}$) adaptiert und sind bereits deutlich niedriger. Die übrigen Emissionsfaktoren nach Gehrig [22], Düring [20] und Lohmeyer [34] liegen zwischen 0,042 – 0,022 [g/km*Fzg.] und unterscheiden sich im Wesentlichen aufgrund der Aufsplittung in definierte Innerortsverkehrssituationen (IO, IO_HVS1, IO_HVS2 und IO_Kern). Jene nach Lükewille [35] sind mit 0,007 [g/km*Fzg.] für Pkw sehr niedrig, da sie nur den Abriebsanteil (Reifen, Bremsen und Straße) abdecken und die Aufwirbelung nicht berücksichtigen. In Bezug auf Lnf werden häufig dieselben Emissionsfaktoren, wie für Pkw verwendet, oder sie sind geringfügig höher. Bei den PM_{10} non-exhaust Emissionsfaktoren für Lkw ergeben sich erwartungsgemäß die höchsten Werte gemäß [52] und [20] mit 13,139-19,708 bzw. 45,585 [g/km*Fzg.], wobei bei einer maximalen Staubbeladung von 400 g/m² nach [52], die Werte >3.000 [g/km*Fzg.] erreichen würden. Diese Werte sind jedoch für befestigte Straßen in Europa zu konservativ. Bei den übrigen Quellen liegen die Emissionsfaktoren zwischen 0,100 und 0,300 [g/km*Fzg.] und sind nur für die Verkehrssituation IO_Kern mit 0,800 [g/km*Fzg.] nach Düring [20] und 0,900 [g/km*Fzg.] nach Lohmeyer [34] deutlich höher.

Tabelle 4-1: Vergleich unterschiedlicher Modelle zur Berechnung von Emissionsfaktoren für Abrieb und Aufwirbelung (PM_{10} non-exhaust)

PM_{10} non-exhaust Emissionsfaktoren	Verkehrs-situation	Pkw [g/km*Fzg.]	Lnf [g/km*Fzg.]	Lkw [g/km*Fzg.]
*US EPA [52]	IO	0,809-1,213		13,139-19,708

PM$_{10}$ non-exhaust Emissionsfaktoren	Verkehrs-situation	Pkw [g/km*Fzg.]	Lnf [g/km*Fzg.]	Lkw [g/km*Fzg.]
EPA$_{mod(hoch)}$ [20]	IO	0,274		45,585
Düring [20]	IO_Kern	0,090	0,090	0,800
EPA$_{mod(niedrig)}$ [20]	IO	0,076		12,716
Lohmeyer [34]	IO_Kern	0,042	0,042	0,900
Gehrig [22]	IO	0,039		0,383
Düring [20]	IO_HVS2	0,030	0,030	0,300
Lohmeyer [34]	IO_HVS2	0,026	0,026	0,100
Lohmeyer [34]	IO_HVS1	0,026	0,026	0,100
Düring [20]	IO_HVS1	0,022	0,022	0,200
*Lükewille [35]	IO	0,007	0,018	0,101

*berücksichtigt nur den Abriebsanteil (Reifen, Bremsen und Straße)

Unbefestigte Straßen

Bei den unbefestigten Straßen ist aufgrund der rauen Oberflächenbeschaffenheit und einem höheren Anteil an losem Material mit deutlich höheren spezifischen PM$_{10}$ non-exhaust Emissionsfaktoren, als auf befestigten Straßen zu rechnen. Die US EPA hat hier ebenfalls ein Emissionsmodell entwickelt [53], das den Feuchtegrad, die Fahrgeschwindigkeit und weitere Faktoren berücksichtigt. Die Emissionsfaktoren betragen, in Abhängigkeit der Eingangsparameter und einer Staubbeladung von 5,2% gemäß Technischer Richtlinie [1], für eine öffentlich befahrene Schotterstraße 90 – 135 [g/km*Fzg.] und werden gemäß Handlungsanleitung auf die Flotte bezogen (s. Tabelle 4-2). Erkenntnisse in den letzten Jahren haben allerdings gezeigt, dass diese PM$_{10}$ non-exhaust Emissionsfaktoren zu einer teilweise deutlichen Überschätzung der Situation führen (s. [46]). Selbst eine Studie im Rahmen von Bautätigkeiten, die gemäß [53] der Charakteristik einer industriell genutzten Schotterstraße zuzuordnen wäre, hat niedrigere PM$_{10}$ non-exhaust Emissionsfaktoren ergeben [29].

Tabelle 4-2: PM$_{10}$ non-exhaust Emissionsfaktoren für eine öffentlich befahrenen Schotterstraße in Abhängigkeit der Eingangsparameter nach [53]

PM$_{10}$ non-exhaust Emissionsfaktoren	Pkw [g/km*Fzg.]	Lnf [g/km*Fzg.]	Lkw [g/km*Fzg.]
US EPA [53]	90–135	90–135	90–135

4.2.2 Methode dieser Arbeit

Vor allem die speziellen meteorologischen Bedingungen in den Wintermonaten (Inversionswetterlagen, niedrige Windgeschwindigkeiten,...) erfordern eine Adaption des Messkonzeptes, um daraus PM_{10} Emissionsfaktoren (exhaust & non-exhaust) mithilfe der Luftgütemessstationen in den einzelnen Untersuchungsgebieten ermitteln zu können. Ebenfalls anzumerken ist, dass geändertes Emissionsverhalten aufgrund anderer Streumittel mit diesen Faktoren nicht abbildbar ist.

Das in gut durchlüfteten Gebieten häufig verwendete Luv-Lee-Konzept, bei dem in Abhängigkeit von Windrichtung und –geschwindigkeit zur Straße die Auswirkungen des Verkehrs auf die Luftgütesituation bestimmt werden, kann im Rahmen dieser Arbeit nur teilweise verwendet werden. Die adaptierte Methode des Messkonzeptes zur Berechnung von Schadstoffdifferenzen ist in Abbildung 4-1 dargestellt.

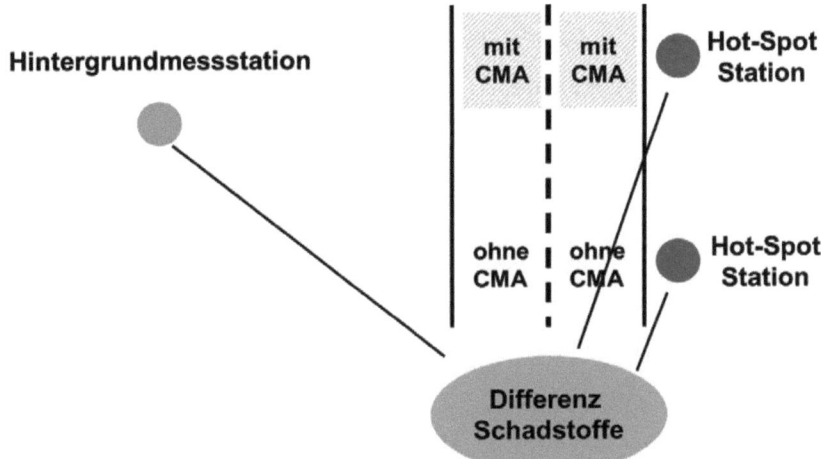

Abbildung 4-1: Darstellung des Messkonzeptes zur Berechnung von Schadstoffdifferenzen

Der Grundgedanke zur Erfassung des Straßeneintrags von PM_{10} und NO_x ist jedoch bei beiden Messkonzepten unverändert. Im gegenständlichen Fall kommt der Auswahl geeigneter straßennaher Messstationen (Hot Spot Station) und einer weiter entfernt befindlichen Messstation (sog. Hintergrundmessstation) große Bedeutung zu. Sie dienen als Basis zur Bildung von Differenzen der Schadstoffbelastung von PM_{10} (ΔPM_{10}) und NO_x (ΔNO_x). Da im Gegensatz zu PM_{10}, die gemessene NO_x Immission fast ausschließlich dem Verkehr zuzuordnen und auch rechnerisch sehr gut prognostizierbar ist, wird aus der NO_x Differenz

(ΔNO_x) die Verdünnung errechnet und diese in einem nächsten Schritt auf das ΔPM_{10} angewendet. Mit dem Verhältnis von $\Delta PM_{10}/\Delta NO_x$ wird für den betrachteten Straßenabschnitt, die lokal verursachte Immission des Verkehrs bestmöglich repräsentiert. Zum besseren Verständnis ist dieser Ansatz in Abbildung 4-2 nochmals dargestellt.

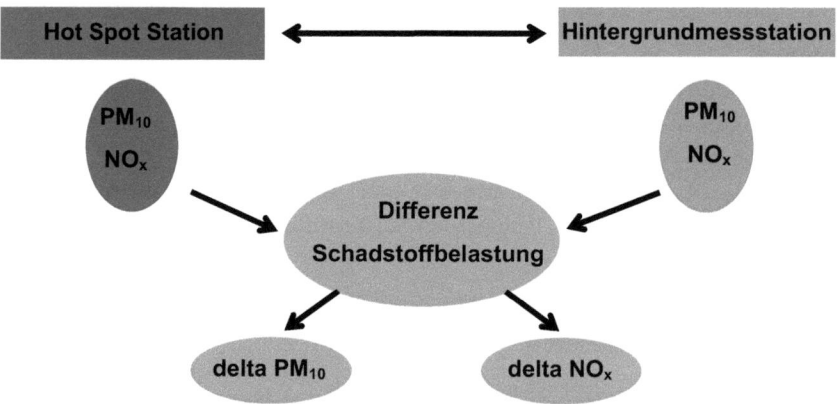

Abbildung 4-2: Berechnung von ΔPM_{10} bzw. ΔNO_x

Vereinfacht ausgedrückt kann somit über die Verdünnung die Immission, der Emission des flottengemittelten Verkehrs für den betrachteten Straßenabschnitt gleichgesetzt werden (s. Formel 1).

$$\frac{EF\ PM_{10\ (Flotte)}}{EF\ NO_{x\ (Flotte)}} = \frac{\Delta PM_{10}}{\Delta NO_x} \quad \quad \text{Formel 1}$$

EF PM$_{10}$ (Flotte)	*flottengemittelter PM$_{10}$ Emissionsfaktor in [g/km*Fzg.]*
EF NO$_x$ (Flotte)	*flottengemittelter NO$_x$ Emissionsfaktor in [g/km*Fzg.]*
ΔPM_{10}	*Differenz der Schadstoffbelastung an PM$_{10}$ zwischen 2 Messstationen in [µg/m³]*
ΔNO_x	*Differenz der Schadstoffbelastung an NO$_x$ zwischen 2 Messstationen in [µg/m³]*

Die berechneten straßeninduzierten Immissionsbeiträge (ΔPM_{10}, ΔNO_x bzw. $\Delta PM_{10}/\Delta NO_x$) und eine Verkehrszählstelle, zur genauen Erfassung des Verkehrsaufkommens inkl. des Pkw- bzw. Lkw- Anteils, bilden die Grundlage für den nächsten Berechnungsschritt. Mithilfe der einzelnen Verkehrsanteile und der Emissionsfaktoren für NO$_x$, die mit dem Modell NEMO berechnet werden,

Methodik Berechnung

kann der flottengemittelte Emissionsfaktor für NO_x in [g/km*Fzg.] bestimmt werden (s. Formel 2). Dieser wird nun mit dem Verhältnis von $\Delta PM_{10}/\Delta NO_x$ multipliziert. Als Ergebnis bekommt man den flottengemittelten Emissionsfaktor für PM_{10} in [g/km*Fzg.] (s. Formel 1).

$$EF\ NO_{x\ (Flotte)} = (1 - Lkw) * EF\ NO_{x\ (Pkw)} + Lkw * EF\ NO_{x\ (Lkw)} \quad\quad \text{Formel 2}$$

$EF\ NO_x$ (Flotte)	flottengemittelter NO_x Emissionsfaktor in [g/km*Fzg.]
$EF\ NO_x$ (Pkw)	mit NEMO berechneter NO_x Emissionsfaktor für einen Pkw in [g/km*Fzg.]
$EF\ NO_x$ (Lkw)	mit NEMO berechneter NO_x Emissionsfaktor für einen Lkw in [g/km*Fzg.]

Die Grundannahme dabei ist, dass sowohl für die Hintergrundmessstation als auch für die straßennahen Stationen gleiche Ausbreitungsbedingungen vorherrschen (weshalb die Standortwahl von großer Bedeutung ist) und dass auch die NO_x Emissionsmenge korrekt berechnet werden kann. Somit kann von den Immissionen auf die Emissionen des Verkehrs (exhaust & non-exhaust) rückgeschlossen werden. Wichtig ist zudem die Kenntnis der Verkehrszusammensetzung, da in Abhängigkeit des Schwerverkehrsanteils das Verhältnis von PM_{10}-Emissionen zu NO_x- Emissionen stark variiert. Unter der Annahme, dass die abgasbedingten PM10 Emissionen vom Emissionsmodell NEMO mit hinreichender Genauigkeit wiedergegeben werden können, wird dieser Anteil vom flottengemittelten PM10-Emissionsfaktor subtrahiert (s. Formel 3). Auf diese Weise erhält man den nichtabgasbedingten (non-exhaust) Anteil von PM_{10}, der sich zu einem überwiegenden Teil aus Reifen- und Bremsenabrieb sowie Aufwirbelung durch Straßenstaub zusammensetzt.

$$EF\ PM_{10\ non\ exh.\ (Flotte)} = EF\ PM_{10\ ges.\ (Flotte)} - EF\ PM_{10\ exh.\ (Flotte)} \quad\quad \text{Formel 3}$$

$EF\ PM_{10\ non\ exh.}$ (Flotte)	flottengemittelter PM10 non-exhaust Emissionsfaktor in [g/km*Fzg.]
$EF\ PM_{10\ ges.}$ (Flotte) [g/km*Fzg.]	flottengemittelter PM10 (exhaust &non-exhaust) Emissionsfaktor in
$EF\ PM_{10\ exh.}$ (Flotte) [g/km*Fzg.]	mit NEMO berechneter, flottengemittelter PM10 exhaust Emissionsfaktor in

Eine Applikation von CMA kann sich ausschließlich auf die Emissionen des Abrieb-/Aufwirbelungsanteils (non-exhaust Anteil) auswirken. Zu diesem Zweck werden die Messwerte der Immissionskonzentrationen von PM_{10} und NO_x auf Basis von Tagesmittelwerten (TMW) analysiert, daraus die flottengemittelten PM_{10} Emissionsfaktoren an den betreffenden Straßenabschnitten ermittelt und die Tage mit CMA Ausbringung den restlichen Tagen (ohne CMA Ausbringung und Niederschlag) gegenübergestellt. Tage mit Niederschlagsereignissen werden separat ausgewertet, um die Auswirkungen des Niederschlags gegenüber den restlichen Tagen (ohne CMA Ausbringung) auf die flottengemittelten PM_{10} non-exhaust Emissionen zu bestimmen.

5 Methodik Immissionsmessungen

Im folgenden Abschnitt werden die zur Beurteilung der Luftgütesituation herangezogenen Messstationen (Luftgütemessstellen Land, Magistrat und TU Graz), die gemessenen Luftschadstoffkomponenten und die verwendete Messtechnik vorgestellt. Diese Angaben werden um die erfassten meteorologischen Parameter ergänzt. Die statistischen Auswertungen und die Angaben zur Verfügbarkeit des Datenkollektivs befinden sich aus Gründen der Übersichtlichkeit im Anhang (s. Kapitel 5.2 und 5.2.2).

5.1 Eingesetzte Messtechnik

5.1.1 Klagenfurt

Für die Jahres- und Wintermesskampagnen 2009 bis 2012 wurden die Stationen Koschatstraße, Sterneckstraße und Völkermarkter Straße vom Amt der Kärntner Landesregierung zur Beurteilung herangezogen (s. Abbildung 3-1). Die Stationen Koschat- und Sterneckstraße repräsentieren dabei die städtische Hintergrundbelastung. Die Station Völkermarkterstraße befindet sich hingegen an einer vom Verkehr stark beeinflussten Stelle und stellt im Stadtgebiet von Klagenfurt einen sogenannten „Hot Spot" dar. Hier werden die höchsten Schadstoffbelastungen in Klagenfurt gemessen. Vom Magistrat Klagenfurt wurde die straßennahe Messstation beim Rudolfsbahngürtel betrieben. Die Station P&R Minimundus wurde von der TU Graz betrieben (s. Tabelle 5-1). Letztere wurde 2012, aufgrund der Ausdehnung des CMA Streugebietes auf das gesamte Stadtgebiet, als Referenzstation errichtet, da in diesem Bereich kein CMA ausgebracht wurde. Da eine Bestimmung von Emissionsfaktoren für 2012 aufgrund der Datenlage nicht möglich war, wird diese Messstation im Rahmen der Arbeit nicht weiter betrachtet.

Die Sommermesskampagnen fanden 2009 beim Druckerweg und 2011 beim Grenzweg statt. Die Messung beim Druckerweg bestand aus 2 straßennahen Messstationen (Messpunkt 1 und 2), die von der TU Graz betrieben wurden. Die Hintergrundmessstation wurde vom Magistrat Klagenfurt betreut. Die straßennahe Messstation beim Grenzweg wurde ebenfalls vom Magistrat Klagenfurt betreut, während die Hintergrundmessstation (Andrähofweg) von der TU Graz betrieben wurde. Eine Übersicht der betreffenden Luftgütemessstationen während der Sommermesskampagnen findet sich in

Tabelle 5-2.

Tabelle 5-1: Übersicht der relevanten Luftgütemessstellen während der Jahres- und Wintermesskampagnen und der gemessenen Komponenten in Klagenfurt

Messstation	Messkomponente	Messprinzip	Datenübertragung
P&R Minimundus	PM_{10} mg/m³ NO mg/m³ NO_2 mg/m³ Temp. °C Luftfeuchte % WiRi Grad WiGe m/s	ß- Strahler (Fa. Sharp) Chemiluminiszenz Ultraschall-anemometer	Übermittlung der Daten via Modem an die TUG
Koschatstraße (Hintergrund)	PM_{10} mg/m³ NO mg/m³ NO_2 mg/m³	ß- Strahler (Fa. Sharp) Chemiluminiszenz	Übermittlung der Daten via Modem an die Abt.15 Kärntner Landesregierung
Sterneckstraße (Hintergrund)	PM_{10} mg/m³ NO mg/m³ NO_2 mg/m³	ß- Strahler (Fa. Sharp) Chemiluminiszenz	Übermittlung der Daten via Modem an die Abt.15 Kärntner Landesregierung
Völkermarkter Straße (straßennah)	PM_{10} mg/m³ NO mg/m³ NO_2 mg/m³ Temp. °C Luftfeuchte % WiRi Grad WiGe m/s	ß- Strahler (Fa. Sharp) Chemiluminiszenz Windfahne Rotationsanemometer	Übermittlung der Daten via Modem an die Abt.15 Kärntner Landesregierung
Rudolfsbahngürtel (straßennah)	PM_{10} µg/m³ $PM_{2,5}$ µg/m³ $PM_{1,0}$ µg/m³ NO_x µg/m³ NO µg/m³ NO_2 µg/m³ O_3 µg/m³ CO µg/m³ Temp. °C Luftfeuchte % WiRi Grad WiGe m/s	optisch (Fa. Grimm) Chemilumeneszenz UV- Absorption IR- Absorption Windfahne Rotationsanemometer	Übermittlung der Daten via Modem an den Rechner in der Umweltabteilung Klagenfurt

Tabelle 5-2: Übersicht der relevanten Luftgütemessstellen während der Sommermesskampagnen und der gemessenen Komponenten in Klagenfurt

Messstation	Messkomponente	Messprinzip	Datenübertragung
Messpunkt 1 (Druckerweg)	PM_{10} mg/m³ NO mg/m³ NO_2 mg/m³	ß- Strahler (Fa. Sharp) Chemilumineszenz	Übermittlung der Daten via Modem an die TUG
Messpunkt 2 (Druckerweg)	PM_{10} mg/m³ Temp.°C Luftfeuchte % WiRi Grad WiGe m/s	ß- Strahler (Fa. Sharp) Ultraschall-anemometer	Übermittlung der Daten via Modem an die TUG
Hintergrundmessstation (Druckerweg)	PM_{10} µg/m³ $PM_{2,5}$ µg/m³ $PM_{1,0}$ µg/m³ NO_x µg/m³ NO µg/m³ NO_2 µg/m³ O_3 µg/m³ Temp.°C Luftfeuchte % WiRi Grad WiGe m/s	optisch (Fa. Grimm) Chemilumeneszenz UV- Absorption Windfahne Rotationsanemometer	Übermittlung der Daten via Modem an den Rechner in der Umweltabteilung Klagenfurt
Straßennahe Messstation (Grenzweg)	PM_{10} µg/m³ $PM_{2,5}$ µg/m³ $PM_{1,0}$ µg/m³ NO_x µg/m³ NO µg/m³ NO_2 µg/m³ O_3 µg/m³ Temp.°C Luftfeuchte % WiRi Grad WiGe m/s	optisch (Fa. Grimm) Chemilumeneszenz UV- Absorption Windfahne Rotationsanemometer	Übermittlung der Daten via Modem an den Rechner in der Umweltabteilung Klagenfurt
Hintergrundmessstation (Andrähofweg)	PM_{10} µg/m³ $PM_{2,5}$ µg/m³ $PM_{1,0}$ µg/m³ NO_x µg/m³ NO µg/m³ NO_2 µg/m³ Temp.°C Luftfeuchte % WiRi Grad WiGe m/s	optisch (Fa. Grimm) Chemilumeneszenz Windfahne Rotationsanemometer	Übermittlung der Daten via Modem an die Umweltabteilung Klagenfurt bzw. TU Graz Übermittlung der Daten via Modem an die TUG

5.1.2 Lienz

Für die Wintermesskampagnen 2009 bis 2012 wurden die Stationen Tiefbrunnen und Amlacherkreuzung vom Amt der Tiroler Landesregierung zur Beurteilung herangezogen (s. Tabelle 5-3). Die Station Tiefbrunnen repräsentiert dabei die Hintergrundbelastung. Die Station Amlacherkreuzung befindet sich hingegen an der vom Verkehr stark beeinflussten B100 Drautalbundesstraße und stellt im Stadtgebiet von Lienz einen straßennahen Messstandort dar.

Tabelle 5-3: Übersicht der relevanten Luftgütemessstellen und der gemessenen Komponenten in Lienz

Messstation	Messkomponente	Messprinzip	Datenübertragung
Amlacherkreuzung (straßennah)	PM_{10} mg/m³ NO mg/m³ NO_2 mg/m³ Temp. °C Luftfeuchte % WiRi Grad WiGe m/s	ß- Strahler bzw. grav. (Fa. Sharp) Chemilumineszenz Windfahne Rotationsanemometer	Übermittlung der Daten via Modem an das Amt der Tiroler Landesregierung
Tiefbrunnen (Hintergrund)	PM_{10} mg/m³ NO mg/m³ NO_2 mg/m³ Temp. °C Luftfeuchte % WiRi Grad WiGe m/s	gravimetrisch (Fa. Sharp) Chemilumineszenz Windfahne Rotationsanemometer	Übermittlung der Daten via Modem an das Amt der Tiroler Landesregierung

5.1.3 Bruneck

Für die Wintermesskampagnen 2010 und 2012 wurde die Station Goetheparkplatz des Landesumweltamtes Südtirol herangezogen (s. Tabelle 5-4). Es handelt sich dabei um eine lokale Hintergrundmessstation. Zur Erfassung des straßennahen Verkehrseinflusses bei der Dantestraße wurde eine Messstation der TU Graz auf Höhe des Goetheparkplatzes installiert. Die Messstation bestand aus einem NO_x-Messgerät und erfasste die meteorologischen Komponenten Windrichtung und -geschwindigkeit. Der straßennahe Messaufbau wurde durch ein optisches PM_{10} Messgerät des Magistrat Klagenfurt ergänzt.

Tabelle 5-4: Übersicht der relevanten Luftgütemessstellen und der gemessenen Komponenten in Bruneck

Messstation	Messkomponente	Messprinzip	Datenübertragung
Goetheparkplatz (Hintergrund)	PM$_{10}$ mg/m³ NO mg/m³ NO$_2$ mg/m³ Temp.°C Luftfeuchte % WiRi Grad WiGe m/s	ß- Strahler (Fa. Sharp) Chemilumineszenz Windfahne Rotationsanemometer	Übermittlung der Daten via Modem an das Umweltamt Südtirol
Dantestraße (straßennah)	PM$_{10}$ mg/m³ NO mg/m³ NO$_2$ mg/m³ WiRi Grad WiGe m/s	optisch (Fa. Grimm) Chemilumineszenz Ultraschall-anemometer	Manuelles Auslesen der Daten durch TU Graz

5.2 Statistische Auswertungen und Zeitreihen

Aus den Rohdaten der jeweiligen Messkampagnen (ganzjährig, Winter, Sommer) wurden sowohl Messperiodenmittelwerte als auch maximale Halbstunden- und Tagesmittelwerte für die gemessenen Komponenten gebildet. Die Auswertungen umfassen auch das 97,5-, 98- und 99,8-Perzentil des jeweiligen Datenkollektivs. Die Auswertungen für die einzelnen Untersuchungsräume können dem Anhang in Kapitel 11.1 entnommen werden.

5.2.1 Klagenfurt

Die statistische Auswertung für die Jahresmesskampagnen (2009 bis 2012) zeigt für den Luftschadstoff PM$_{10}$, dass an der Völkermarkter Straße die Konzentrationen im Durchschnitt um ca. 6 µg/m³ höher sind als an der Koschat-/Sterneckstraße. Bei NO$_x$ erhöht sich dieser Unterschied auf knapp 40 µg/m³, der zur Gänze dem höheren Verkehrsaufkommen zugeschrieben werden kann. Die durchschnittliche Temperatur beträgt an der Völkermarkter Straße ca. 10°C und ist um knapp 1°C höher als an der Messstelle Koschat-/Sterneckstraße. Die mittlere Windgeschwindigkeit ist mit 0,2 m/s an der Koschat-/Sterneckstraße bzw. 0,3 m/s an der Völkermarkter Straße, aufgrund der hohen Bebauungsdichte, sehr gering. Die Maximal- und Perzentilwerte sind in Tabelle 11-1 ebenfalls angeführt.

Die Auswertung für die Wintermesskampagnen (2009 - 2012) zeigt aufgrund der ungünstigen Ausbreitungsbedingungen (niedrige Durchschnittstemperatur, stabile Schichtung, geringe Windgeschwindigkeit,...) eine Erhöhung der gemessenen Konzentrationen für PM_{10} und NO_x. Der absolute Unterschied zwischen Völkermarkter Straße und Koschat-/Sterneckstraße erhöht sich auf 7,5 µg/m³ bei PM_{10} bzw. knapp 53 µg/m³ bei NO_x. Die Durchschnittstemperatur während des Winterhalbjahres (Oktober bis März) sinkt auf knapp 3°C an der Völkermarkter Straße bzw. ca. 2°C an der Koschat-/Sterneckstraße. Die mittlere Windgeschwindigkeit bleibt unverändert, während HMWmax und TMWmax niedriger sind. Die entsprechenden Werte können Tabelle 11-2 entnommen werden. Ein Vergleich der gemessenen Konzentrationen beim Rudolfsbahngürtel mit jenen der Koschat-/Sterneckstraße für die Wintermesskampagnen (2009 - 2012) zeigt einen absoluten Unterschied bei PM_{10} von 7,5 µg/m³ und bei NO_x von 17,9 µg/m³. Die durchschnittliche Temperatur beträgt 1,9°C beim Rudolfsbahngürtel und 1,3°C in der Koschat-/Sterneckstraße. Die mittlere Windgeschwindigkeit ist beim Rudolfsbahngürtel mit 0,7 m/s deutlich höher als in der Koschat-/Sterneckstraße mit 0,2 m/s (s. Tabelle 11-3).

Die Auswertung der Sommermesskampagne 2009 beim Druckerweg hat, aufgrund der unterschiedlichen Beschaffenheit der Straßenoberfläche (Schotter und tlw. Asphaltreste), unterschiedliche mittlere PM_{10} Konzentrationen an MP1 und MP2 zur Folge. Dies resultiert in einen absoluten Unterschied von 26,6 µg/m³ an PM_{10} zwischen MP1 und der Hintergrundmessstation bzw. 16,2 µg/m³ zwischen MP2 und der Hintergrundmessstation. In Bezug auf NO_x beträgt der Unterschied zwischen MP1/2 und der Hintergrundmessstation 17,5 µg/m³. Die durchschnittliche Temperatur beträgt 20,5°C bei MP1 und 19,4°C bei der Hintergrundmessstation. Die mittlere Windgeschwindigkeit beträgt zwischen 0,7 und 0,9 m/s (s. Tabelle 11-4). Die Auswertung der Sommermesskampagne 2011 beim Grenzweg hat einen absoluten Unterschied von 18,1 µg/m³ bei PM_{10} und von 9,8 µg/m³ bei NO_x zwischen der straßennahen Messstation und der Hintergrundmessstation (Andrähofweg) ergeben. Die durchschnittliche Temperatur beträgt 19,2°C beim Grenzweg und 19,9 C beim Andrähofweg. Die niedrigeren Temperaturen beim Grenzweg dürften dabei auch auf die besseren Durchlüftungsverhältnisse zurückzuführen sein, da die mittlere Windgeschwindigkeit bei 0,8 m/s liegt, während beim Andrähofweg 0,4 m/s gemessen wurden (s. Tabelle 11-5).

5.2.2 Lienz

Die Auswertung für die Wintermesskampagnen (2009 bis 2012) zeigt, wie auch in Klagenfurt, einen deutlichen Unterschied zwischen der straßennahen Messstation Amlacherkreuzung und der Hintergrundmessstation Tiefbrunnen. Der absolute Unterschied zwischen Amlacherkreuzung und Tiefbrunnen ist mit mehr als

10 µg/m³ bei PM_{10} bzw. knapp 130 µg/m³ bei NO_x merklich höher. Dieser Umstand ist der Tatsache geschuldet, dass die Station Tiefbrunnen als ländliche Hintergrundmessstation ohne nennenswertes Verkehrsaufkommen zu charakterisieren ist. Die durchschnittliche Temperatur während des Winterhalbjahres (Oktober bis März) beträgt 1°C beim Tiefbrunnen. Die mittlere Windgeschwindigkeit ist mit 1,4 m/s deutlich höher als im Stadtgebiet von Klagenfurt. An der Messstation Dolomitenplatz (gegenüber der Amlacherkreuzung) wurde in der Zeit von 01.10.-31.05.2009 und 01.10.-03.11.2010 auf dem Gebäudedach sogar eine mittlere Windgeschwindigkeit von 3,6 m/s gemessen. HMWmax, TMWmax und die Perzentilwerte können ebenfalls Tabelle 11-6 entnommen werden.

5.2.3 Bruneck

Aufgrund der begrenzten Anzahl an verfügbaren Messgeräten, fanden die Messkampagnen in Bruneck erst im späten Frühjahr statt. Die Auswertung für die Wintermesskampagnen (2010 und 2012) zeigt, trotz der geringen Distanz von ca. 100 m zwischen den beiden Messstationen, einen deutlichen Unterschied zwischen der straßennahen Station Dantestraße und der Hintergrundmessstation Goetheparkplatz. Der absolute Unterschied zwischen den Messstationen beträgt ca. 9 µg/m³ bei PM_{10} bzw. 22 µg/m³ bei NO_x. Die durchschnittliche Temperatur während des Messzeitraumes (Jänner bis Juni) beträgt knapp 7°C. Die mittleren Windgeschwindigkeiten sind mit bis zu 1,7 m/s beim Goetheparkplatz, höher als in Lienz. HMWmax, TMWmax und die Perzentilwerte können ebenfalls Tabelle 11-7 entnommen werden.

5.3 Verfügbarkeit der Daten

In den folgenden Kapiteln ist die Verfügbarkeit der Daten für die verwendeten Luftgütemessstellen, getrennt nach Messzeitraum (ganzjährig, Winter, Sommer) und Untersuchungsgebiet, angeführt. Die Auswertungen erfolgen für Halbstunden-, Stunden- und Tagesmittelwerte getrennt nach den Luftschadstoffen PM_{10} und NO_x und können im Detail dem Anhang in Kapitel 11.2 entnommen werden.

5.3.1 Klagenfurt

Die Verfügbarkeit der Messdaten an den Dauermessstellen Koschat-/Sterneckstraße und Völkermarkter Straße für den Zeitraum 2009-2012 ist mit jeweils 99% für HMW und TMW bei PM_{10} sehr hoch (s. Tabelle 11-8). Bei NO_x sind zwischen 95% und 99% des möglichen Datenkollektivs verfügbar (s. Tabelle 11-9). In Bezug auf die Wintermesskampagnen 2009-2012 (Zeitraum 01.10-31.03.) unterscheidet sich die Verfügbarkeit der Daten nur geringfügig für

PM$_{10}$ (s. Tabelle 11-10) und NO$_x$ (s. Tabelle 11-11). Bei den Wintermesskampagnen mit der mobilen Messstation beim Rudolfsbahngürtel zeigt sich für den Beobachtungszeitraum bei PM$_{10}$ für HMW mit 91% und TMW mit 90% eine etwas geringere Datenverfügbarkeit (s.

Tabelle 11-12). Bei NO_x sind 98% des Datenkollektivs verfügbar (s. Tabelle 11-13). Bei der Sommermesskampagne 2009 ist die Datenverfügbarkeit sowohl bei PM_{10} als auch bei NO_x für HMW zwischen 87% und 100%. Für TMW sind aufgrund von Messausfällen 63-100% der Daten verfügbar. Bei der Sommermesskampagne 2011 ist die Verfügbarkeit der Daten mit 95-100% bei HMW und 91-100% bei TMW sehr hoch. In Bezug auf NO_x sind aufgrund von Messausfällen 67-100% der Daten verfügbar.

5.3.2 Lienz

Die Verfügbarkeit der Messdaten an den Messstellen Tiefbrunnen und Amlacherkreuzung ist mit 99% für HMW und 100% für TMW bei PM_{10} sehr hoch. HMWs wurden beim Tiefbrunnen aufgrund der gravimetrischen Messung nicht erfasst (s. Tabelle 11-18). Bei NO_x sind zwischen 97% und 99% des möglichen Datenkollektivs verfügbar (s. Tabelle 11-19).

5.3.3 Bruneck

Die Verfügbarkeit der Messdaten an den Messstellen Goetheparkplatz und Dantestraße ist mit 96 % bzw. 89 % für SMW und 95 % bzw. 89 % für TMW bei PM_{10} recht hoch (s.

Tabelle 11-20). Bei NO_x sind zwischen 87 % und 99 % bei SMW und zwischen 77 % und 99 % bei TMW des möglichen Datenkollektivs verfügbar (s. Tabelle 11-21). Die höhere Anzahl an Ausfällen bei der Dantestraße ist dabei vor allem auf die aus Zeit-und Kostengründen erweiterten Wartungsabstände der TU Graz begründet.

6 Bewertung der Grundlagendaten

Die für diese Arbeit notwendigen Grundlagen basieren auf Meteorologie-, Verkehr- und Luftgütedaten. Die Ergebnisse werden getrennt für jedes Untersuchungsgebiet bzw. für jede Messstation ausgewertet und diskutiert. Die einzelnen Abbildungen und Diagramme zu den folgenden Kapiteln sind aus Gründen der Übersichtlichkeit nur für die Station Völkermarkter Straße angeführt und für die übrigen Stationen dem Anhang (s. Kapitel 11.3-11.5) zu entnehmen.

6.1 Meteorologische Situation

Neben den meteorologischen Parametern Temperatur und relative Feuchte ist vor allem die Analyse von Windrichtung und Windgeschwindigkeit an den jeweiligen Messstandorten von besonderem Interesse. Diese beiden Parameter sind zur Bestimmung des verkehrsinduzierten Immissionsanteiles entscheidend bzw. bestätigen die in Kapitel 0 erwähnte Methode zur Berechnung von flottengemittelten und spezifischen PM_{10} Emissionsfaktoren.

6.1.1 Klagenfurt

Völkermarkter Straße

Die Auswertung der Häufigkeitsverteilung für die Windrichtungen ergab an der Völkermarkter Straße eine Dominanz aus den Sektoren WSW-SSW und NE-E (s. Abbildung 6-1).

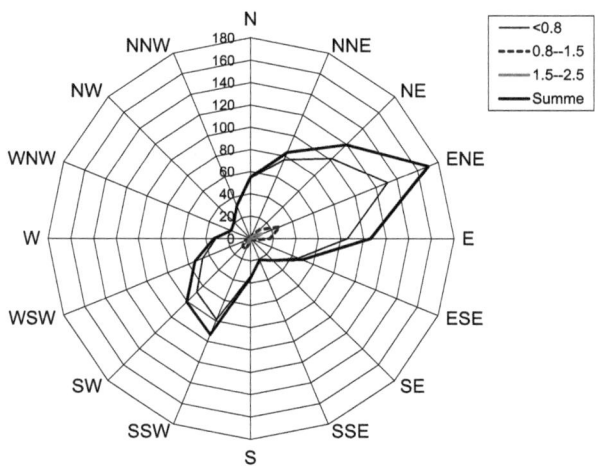

Abbildung 6-1: Windrichtungsverteilung in Promille an der Völkermarkter Straße

Während des Beobachtungszeitraumes vom 01.01.2009 bis 31.12.2012 war das tageszeitliche Windsystem tagsüber dominiert von Winden aus dem NNE-E-Sektor. In den Abend- bis Morgenstunden stieg die Häufigkeit von Winden aus dem WSW-SSW-Sektor an (s. Abbildung 6-2). Betrachtet man das tageszeitliche Windsystem für Windgeschwindigkeiten <0,8 m/s (Kalmen) in Abbildung 6-3 so ist ersichtlich, dass ein Großteil dieser Winde dem W-SSW-Sektor in den Morgen- bis Mittagsstunden zuzuordnen ist. Am Vormittag und in den Abendstunden nimmt die Bedeutung von Schwachwinden aus dem NE-E-Sektor zu. Höhere Windgeschwindigkeiten treten erwartungsgemäß in den Nachmittagsstunden auf und kommen aus dem NNE-E-Sektor, aber auch aus dem WSW-SSW-Sektor (s. Abbildung 6-4).

Abbildung 6-2: Tagesgang der Windrichtung an der Völkermarkter Straße in [%]

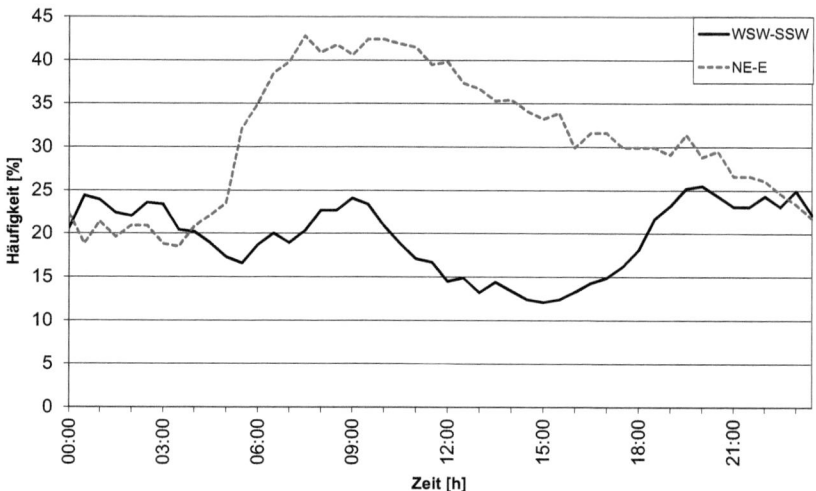

Abbildung 6-3: Tagesgang der Windrichtung an der Völkermarkter Straße für Windgeschwindigkeiten <0.8 m/s

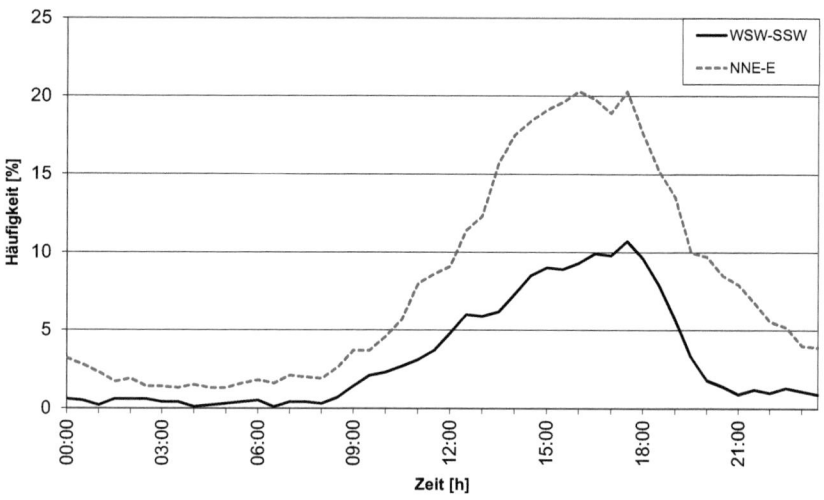

Abbildung 6-4: Tagesgang der Windrichtung an der Völkermarkter Straße für Windgeschwindigkeiten >0.8 m/s

In Abbildung 6-5 sind die Häufigkeiten nach Windgeschwindigkeitsklassen zugeordnet. Es ist ersichtlich, dass im Beobachtungszeitraum knapp 90% aller Windgeschwindigkeiten Kalmen sind. Der Rest entfällt zu ~10% auf Windgeschwindigkeiten zwischen 0,8 und 1,5 m/s. Höhere Windgeschwindigkeiten spielen eine untergeordnete Rolle.

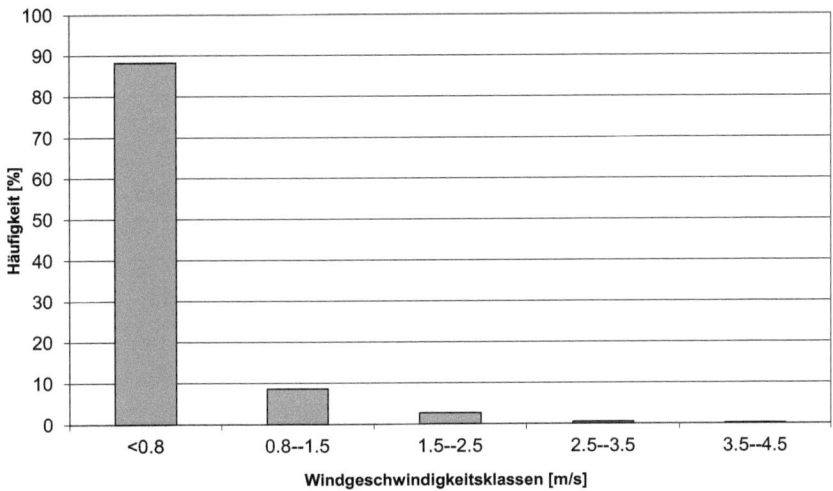

Abbildung 6-5: Mittlere Häufigkeitsverteilung nach Windgeschwindigkeitsklassen an der Völkermarkter Straße

Koschatstraße

Die Auswertung der Häufigkeitsverteilung für die Windrichtungen ergab für die Koschatstraße eine deutliche Dominanz aus dem NNE-Sektor gefolgt von den Sektoren W und E (s. Abbildung 11-1).

Während des Beobachtungszeitraumes vom 01.01.2009 bis 17.01.2011 (meteorologische Messung wurde mit der Verlegung der Luftgütemessstation in die Sterneckstraße beendet) war das tageszeitliche Windsystem in den Morgen-, Abend und Nachtstunden dominiert von Winden aus dem N-NE-Sektor. Vor allem bis zum Morgen stieg die Häufigkeit von diesen Winden auf knapp 50% an. Ein weiteres Maximum entfällt in den Vormittagsstunden auf Winde aus dem WNW-WSW-Sektor (s. Abbildung 11-2). Betrachtet man das tageszeitliche Windsystem für Windgeschwindigkeiten <0,8 m/s (Kalmen) in Abbildung 11-3 so ist ersichtlich, dass ein Großteil dieser Winde dem N-NE-Sektor in den Morgen-, Abend und Nachtstunden zuzuordnen ist. Der Sektor NNW-W zeigt ein sehr ähnliches Bild. Diese starke Nordkomponente von Schwachwinden dürfte vor allem auf den lokalen Einfluss des nahe gelegenen Kreuzbergls zurück zu führen sein. Höhere Windgeschwindigkeiten treten erwartungsgemäß in den Nachmittagsstunden auf und kommen vor allem aus dem NNE-ESE- als auch aus dem W-WSW-Sektor (s. Abbildung 11-4).

In Abbildung 11-5 sind die Häufigkeiten nach Windgeschwindigkeitsklassen zugeordnet. Es ist ersichtlich, dass während des Beobachtungszeitraumes knapp 90% aller Windgeschwindigkeiten Kalmen sind. Der Rest entfällt zu 10% auf Windgeschwindigkeiten zwischen 0,8 und 1,5 m/s bzw. ~3% auf Windgeschwindigkeiten zwischen 1,5 und 2,5 m/s.

Rudolfsbahngürtel

Die Auswertung der Häufigkeitsverteilung für die Windrichtungen ergab für den Rudolfsbahngürtel, dass Winde aus den Sektoren N-NE, SW-SSE, und ENE-ESE (s. Abbildung 11-6) überwiegen. Der westliche Windrichtungssektor dürfte aufgrund von Bebauung westlich der Messstation beeinflusst sein.

Während des Beobachtungszeitraumes vom 18.11.2009 bis 08.04.2010, 08.10.2010 bis 10.05.2011 und 01.11.2011 bis 30.04.2012 war das tageszeitliche Windsystem in den Morgen-, Abend und Nachtstunden dominiert von Winden aus dem N-NE- und SW-SSE-Sektor. Ein weiteres Maximum entfällt in den Nachmittagsstunden auf Winde aus dem ESE-ENE-Sektor (s. Abbildung 11-7). Betrachtet man das tageszeitliche Windsystem für Windgeschwindigkeiten <0,8 m/s (Kalmen) in Abbildung 11-8 so zeigt sich ein ähnliches Bild. Höhere Windgeschwindigkeiten treten erwartungsgemäß in den Nachmittagsstunden auf und kommen vorwiegend aus dem ENE-ESE-Sektor (s. Abbildung 11-9).

In Abbildung 11-10 sind die Häufigkeiten nach Windgeschwindigkeitsklassen zugeordnet. Es ist ersichtlich, dass während des Beobachtungszeitraumes ca. 50% aller Windgeschwindigkeiten Kalmen sind. Der Rest entfällt zu ~40% auf Windgeschwindigkeiten zwischen 0,8 und 1,5 m/s bzw. ~7% auf Windgeschwindigkeiten zwischen 1,5 und 2,5 m/s.

6.1.2 Lienz

Tiefbrunnen

Die Auswertung der Häufigkeitsverteilung für die Windrichtungen ergab an der Station Tiefbrunnen eine Dominanz aus den Sektoren WSW-SW und ENE-ESE (s. Abbildung 11-11).

Während des Beobachtungszeitraumes vom 01.10.2009 bis 31.05.2010, 01.10.2010 bis 31.05.2011 und 01.10.2011 bis 31.03.2012 war das tageszeitliche Windsystem tagsüber dominiert von Winden aus dem ENE-ESE-Sektor. In den Abend- bis Morgenstunden stieg die Häufigkeit von Winden aus dem W-SW-Sektor an (s. Abbildung 11-12). Betrachtet man das tageszeitliche Windsystem für Windgeschwindigkeiten <0,8 m/s (Kalmen) in Abbildung 11-13 so ist ersichtlich, dass ein Großteil dieser Winde dem W-SSW-Sektor in den Morgen-, Abend und Nachtstunden zuzuordnen ist. Am Vormittag dominieren ebenfalls Schwachwinde aus dem NE-ESE-Sektor. Höhere Windgeschwindigkeiten treten erwartungsgemäß in den Nachmittagsstunden auf und kommen aus dem ENE-ESE-Sektor aber auch aus dem WSW-SSW-Sektor sind in den Abend-und Nachtstunden stärkere Winde zu erwarten (s. Abbildung 11-14).

In Abbildung 11-15 sind die Häufigkeiten nach Windgeschwindigkeitsklassen zugeordnet. Es ist ersichtlich, dass im Beobachtungszeitraum knapp 30% aller Windgeschwindigkeiten Kalmen sind. Der Rest entfällt zu ~35% auf Windgeschwindigkeiten zwischen 0,8 und 1,5 m/s bzw. ~15% auf Windgeschwindigkeiten zwischen 1,5 und 2,5 m/s. Lienz ist im Vergleich zu Klagenfurt damit wesentlich besser durchlüftet.

Dolomitenplatz

Die Auswertung der Häufigkeitsverteilung für die Windrichtungen ergab an der Station Dolomitenplatz (Gebäude gegenüber der Amlacherkreuzung) eine deutliche Dominanz aus den Sektoren NW-WNW und NE-E (s. Abbildung 11-16).

Während des Beobachtungszeitraumes vom 01.10.2009 bis 31.05.2010, 01.10.2010 bis 03.11.2010 war das tageszeitliche Windsystem tagsüber dominiert von Winden aus dem NE-E-Sektor. In den Abend- bis Morgenstunden stieg die Häufigkeit von Winden aus dem NW-WNW-Sektor auf über 50% an (s. Abbildung 11-17). Betrachtet man das tageszeitliche Windsystem für Windgeschwindigkeiten <0,8 m/s (Kalmen) in Abbildung 11-18 so ist ersichtlich, dass ein Großteil dieser Winde dem WNW-WSW-Sektor in den Morgen-, Abend und Nachtstunden zuzuordnen ist. Zu Mittag dominieren Schwachwinde aus dem S-E-Sektor. Höhere Windgeschwindigkeiten treten erwartungsgemäß in den Nachmittagsstunden auf und kommen aus demNE-E-Sektor, aber auch aus dem NW-WNW-Sektor in den Abend- bis Morgenstunden (s. Abbildung 11-19).

In Abbildung 11-20 sind die Häufigkeiten nach Windgeschwindigkeitsklassen zugeordnet. Es ist ersichtlich, dass im Beobachtungszeitraum 20% aller Windgeschwindigkeiten Kalmen sind. Der Rest entfällt zu ~35% auf Windgeschwindigkeiten zwischen 0,8 und 1,5 m/s bzw. ~15% auf Windgeschwindigkeiten zwischen 1,5 und 2,5 m/s. Da sich die betreffende Station am Dach des Gebäudes befindet erklären sich die deutlich höheren Windgeschwindigkeiten gegenüber der Station Tiefbrunnen.

6.1.3 Bruneck

Dantestraße

Die Auswertung der Häufigkeitsverteilung für die Windrichtungen ergab für die Dantestraße, dass Winde aus den Sektoren SSW-SSE, und NNE-ESE (s. Abbildung 11-21) überwiegen. Der westliche Windrichtungssektor dürfte aufgrund von Bebauung westlich der Messstation beeinflusst sein.

Während des Beobachtungszeitraumes vom 20.01. bis 30.04.2010 und 21.03. bis 11.06.2010 war das tageszeitliche Windsystem in den Morgen-, Abend- und Nachtstunden dominiert von Winden aus dem SSW-ESE-Sektor. Ein weiteres Maximum entfällt in den Nachmittagsstunden auf Winde aus dem NNE-NE - Sektor (s. Abbildung 11-22). Betrachtet man das tageszeitliche Windsystem für Windgeschwindigkeiten <0,8 m/s (Kalmen) in Abbildung 11-23, so zeigt sich ein Maximum in den frühen Morgen- bis Vormittagsstunden aus S-ESE. Höhere Windgeschwindigkeiten treten erwartungsgemäß in den Mittags- bis Nachmittagsstunden auf und kommen vorwiegend aus dem NNE-NE-Sektor und von S-SE (s. Abbildung 11-24).

In Abbildung 11-25 sind die Häufigkeiten nach Windgeschwindigkeitsklassen zugeordnet. Es ist ersichtlich, dass während des Beobachtungszeitraumes mehr als 50% aller Windgeschwindigkeiten Kalmen sind. Der Rest entfällt zu ~20% auf Windgeschwindigkeiten zwischen 0,8 und 1,5 m/s bzw. zu ~10% auf Windgeschwindigkeiten zwischen 1,5 und 2,5 m/s. Die restlichen Windgeschwindigkeiten spielen eine untergeordnete Rolle.

Goetheparkplatz

Die Auswertung der Häufigkeitsverteilung für die Windrichtungen ergab für den Goetheparkplatz, dass Winde aus den Sektoren SSW-ESE, und NNW-NNE (s. Abbildung 11-26) überwiegen. Der westliche Windrichtungssektor dürfte aufgrund von Bebauung westlich der Messstation beeinflusst sein.

Während des Beobachtungszeitraumes vom 01.01. bis 30.04.2010 und 21.03. bis 11.06.2012 war das tageszeitliche Windsystem in den Morgen-, Abend- und Nachtstunden dominiert von Winden aus dem SSW-ESE-Sektor. Ein weiteres Maximum entfällt in den Nachmittagsstunden auf Winde aus dem NNW-NNE-Sektor (s. Abbildung 11-27). Betrachtet man das tageszeitliche Windsystem für Windgeschwindigkeiten <0,8 m/s (Kalmen) in Abbildung 11-28 so zeigt sich ein Maximum in den frühen Morgenstunden aus S-SE. Höhere Windgeschwindigkeiten treten erwartungsgemäß in den Nachmittagsstunden auf und kommen vorwiegend aus dem N-NNE-Sektor (s. Abbildung 11-29).

In Abbildung 11-30 sind die Häufigkeiten nach Windgeschwindigkeitsklassen zugeordnet. Es ist ersichtlich, dass während des Beobachtungszeitraumes ca. 30% aller Windgeschwindigkeiten Kalmen sind. Der Rest entfällt zu ~25% auf Windgeschwindigkeiten zwischen 0,8 und 1,5 m/s bzw. zu ~20% auf Windgeschwindigkeiten zwischen 1,5 und 2,5 m/s und zu ~10% auf Windgeschwindigkeiten zwischen 2,5 und 3,5 m/s.

6.2 Verkehr

Zur Beurteilung der Auswirkungen des Verkehrs auf die Luftgütesituation bzw. zur Berechnung von flottengemittelten und spezifischen PM_{10} Emissionsfaktoren ist die genaue Kenntnis über das lokale Verkehrsaufkommen entlang der betrachteten Straßenabschnitte notwendige Voraussetzung. Neben permanenten Verkehrszähldetektoren wurden vor allem mobile Seitenradarmessgeräte an den betreffend Messstandorten betrieben, um das tägliche Verkehrsaufkommen getrennt nach Fahrzeugkategorien aufzuzeichnen.

6.2.1 Klagenfurt

6.2.1.1 Wintermesskampagnen

Die Verkehrsmessungen in Klagenfurt wurden mit Seitenradarmessgeräten durchgeführt. Die Verkehrsdaten standen getrennt nach den Fahrzeugkategorien Motorräder, Pkw, leichte Nutzfahrzeuge und schwere Nutzfahrzeuge zur Verfügung.

Völkermarkter Straße

Der durchschnittliche Tagesverkehr an diesem Straßenabschnitt beträgt ca. 16.700 Fahrzeuge (ohne Motorräder). Die Auswertung des mittleren Wochengangs für den Zeitraum 30.01.2010 bis 03.05.2012 hat gezeigt, dass das durchschnittliche tägliche Verkehrsaufkommen von Mittwoch bis Freitag von 18.000 auf knapp 20.000 Fahrzeuge steigt. An einem durchschnittlichen Sonntag halbiert sich das Verkehrsaufkommen auf etwa 8.000 Fahrzeuge am Tag (s. Abbildung 6-6). In Abbildung 6-7 ist der mittlere Tagesgang des Verkehrsaufkommens dargestellt. Es zeigt, dass der durchschnittliche Verkehr während der sogenannten Morgenspitze zwischen 7h und 8h mit ca. 690 Fahrzeugen am höchsten ist. Das zweite Maximum erreicht am Vormittag gegen 10h ca. 590 Fahrzeuge. Die Abendspitze zwischen 17h und 18h fällt mit 550 Fahrzeugen deutlich geringer aus.

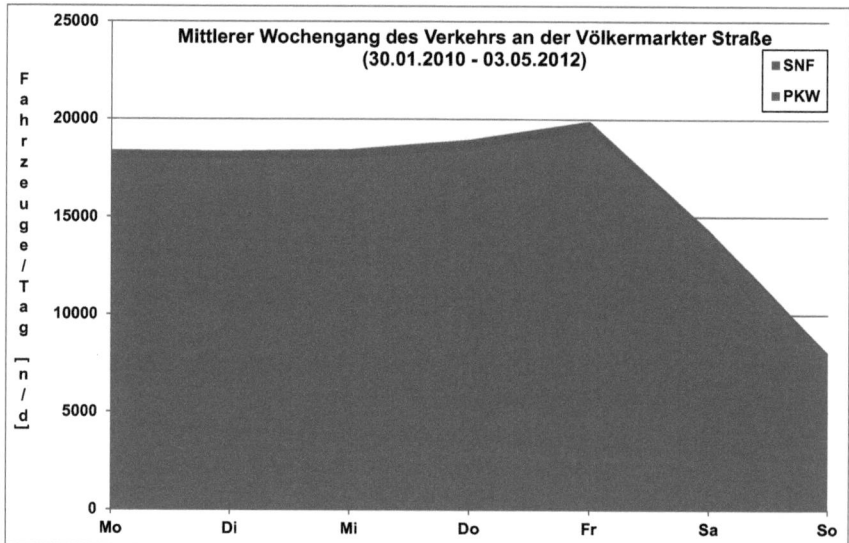

Abbildung 6-6: Mittlerer Wochengang des täglichen Verkehrsaufkommens an der Völkermarkter Straße für den Zeitraum 30.01.2010 – 03.05.2012

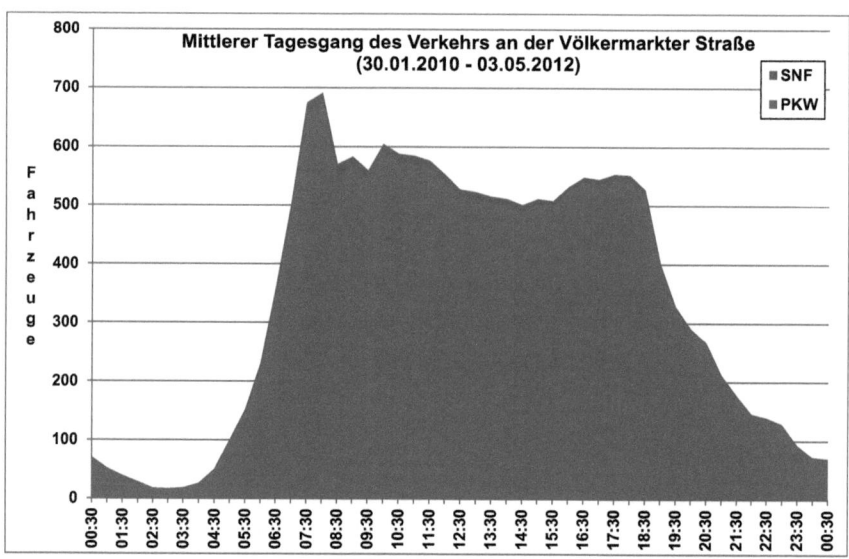

Abbildung 6-7: Mittlerer Tagesgang des Verkehrsaufkommens an der Völkermarkter Straße für den Zeitraum 30.01.2010 – 03.05.2012

Rudolfsbahngürtel

Der durchschnittliche Tagesverkehr an diesem Straßenabschnitt beträgt ca. 11.200 Fahrzeuge ohne Motorräder. Die Auswertung des mittleren Wochengangs für den Zeitraum 18.11.2009 bis 24.04.2012 hat gezeigt, dass das durchschnittliche tägliche Verkehrsaufkommen von Montag bis Freitag weitgehend unverändert ist, wobei der Montag mit 13.300 Fahrzeugen die höchsten Belastungen aufweist. An einem durchschnittlichen Sonntag sinkt das Verkehrsaufkommen auf unter 5.200 Fahrzeuge am Tag ab (s. Abbildung 11-31). In Abbildung 11-32 ist der mittlere Tagesgang des Verkehrsaufkommens dargestellt. Es zeigt, dass der durchschnittliche Verkehr während der sogenannten Morgenspitze zwischen 7h30 und 8h30 auf ca. 420 Fahrzeuge ansteigt. Das Zwischenmaximum fällt auf die Mittagszeit zwischen 11h30 und 12h30 und erreicht 400 Fahrzeuge. Die Abendspitze zwischen 16h30 und 17h30 ist mit bis zu 440 Fahrzeugen am höchsten. Der Rudolfsbahngürtel unterscheidet sich somit in Bezug auf den mittleren Tagesgang von der Völkermarkter Straße, da das Hauptverkehrsaufkommen auf die Abendspitze fällt und diese auch um eine halbe Stunde früher eintritt. Darüber hinaus ist auch der Schwerverkehrsanteil mit 7%, gegenüber der Völkermarkter Straße mit 2%, deutlich höher.

6.2.1.2 Sommermesskampagnen

Druckerweg (2009)

Der durchschnittliche Tagesverkehr an diesem Straßenabschnitt beträgt ca. 330 Fahrzeuge ohne Motorräder. Die Auswertung des mittleren Wochengangs für den Zeitraum 30.07. – 25.08.2009 gezeigt, dass das durchschnittliche tägliche Verkehrsaufkommen von Montag bis Freitag variiert, wobei der Montag mit 400 Fahrzeugen die höchsten Belastungen aufweist. An einem durchschnittlichen Wochenende sinkt das Verkehrsaufkommen auf unter 260 Fahrzeuge am Tag ab (s. Abbildung 11-33). In Abbildung 11-34 ist der mittlere Tagesgang des Verkehrsaufkommens dargestellt. Es zeigt, dass der durchschnittliche Verkehr erstmalig um 3h30 eine kleine Spitze mit überwiegend SNF aufweist und während der sogenannten Morgenspitze zwischen 5h00 und 6h00 auf bis zu 12 Fahrzeuge ansteigt. Von 12h00 weg bis zum Abend ist das Verkehrsaufkommen bei ca. 10 Fahrzeugen. Das Zwischenmaximum fällt auf die Mittagszeit von 14h00 bis 14h30 und erreicht 13 Fahrzeuge. Die Abendspitze zwischen 20h30 und 21h00 beträgt ebenfalls 13 Fahrzeuge. Der Druckerweg unterscheidet sich somit in Bezug auf den mittleren Tagesgang von den Messstellen im Stadtzentrum, da das Hauptverkehrsaufkommen zur Morgenspitze früher und zur Abendspitze später eintritt. Der Schwerverkehrsanteil liegt bei 2%.

Grenzweg (2011)

Der durchschnittliche Tagesverkehr an diesem Straßenabschnitt beträgt ca. 570 Fahrzeuge ohne Motorräder. Die Auswertung des mittleren Wochengangs für den Zeitraum 10.08. – 06.09.2011 gezeigt, dass das durchschnittliche tägliche Verkehrsaufkommen aufgrund der Veranstaltung von Montag bis Freitag stark variiert. Die meisten Besucher kommen demnach am Mittwoch und sorgen für ein mittleres Verkehrsaufkommen von 700 Fahrzeugen. Auch der Sonntag sorgt mit knapp 670 Fahrzeugen für ein hohes Verkehrsaufkommen (s. Abbildung 11-35). In Abbildung 11-36 ist der mittlere Tagesgang des Verkehrsaufkommens getrennt nach Richtungsfahrbahn (RiFa1/RiFa2) dargestellt. Erwartungsgemäß steigt der Verkehr erst nach 17h00 steil an und erreicht um 18h30 das erste Maximum mit 40 Fahrzeugen. Das zweite Maximum wird um 19h30 mit knapp 50 Fahrzeugen erreicht. Nach 22h00 gehen die Verkehrsbewegungen deutlich zurück. Der Grenzweg unterscheidet sich somit in Bezug auf den mittleren Tagesgang von allen übrigen Messstellen in Klagenfurt, da das Hauptverkehrsaufkommen auf die Abendspitze fällt. Untertags sind kaum Fahrbewegungen zu verzeichnen. Der Schwerverkehrsanteil für diesen Abschnitt beträgt 8%.

6.2.2 Lienz

Amlacherkreuzung

Der durchschnittliche Tagesverkehr an diesem Straßenabschnitt beträgt knapp 16.000 Fahrzeuge ohne Motorräder. Die Auswertung des mittleren Wochengangs für den Zeitraum 22.02.2010 bis 24.05.2012 hat gezeigt, dass das durchschnittliche tägliche Verkehrsaufkommen von Dienstag bis Freitag kontinuierlich ansteigt. An einem durchschnittlichen Sonntag sinkt das Verkehrsaufkommen auf 11.700 Fahrzeuge am Tag ab (s. Abbildung 11-37). In Abbildung 11-38 ist der mittlere Tagesgang des Verkehrsaufkommens dargestellt. Es zeigt, dass der durchschnittliche Verkehr erst zwischen 11h00 und 12h00 das erste Maximum mit ca. 1.100 Fahrzeugen erreicht. Das zweite Maximum fällt auf die Abendspitze zwischen 16h00 und 18h00 und ist mit knapp 1.200 Fahrzeugen geringfügig höher.

6.2.3 Bruneck

Dantestraße

Das durchschnittliche tägliche Verkehrsaufkommen an der Dantestraße beträgt für den Zeitraum 17.03. bis 24.03.2010 und 21.03. bis 26.04.2012 ca. 9.300 Fahrzeuge ohne Motorräder. Die Auswertung des mittleren Wochengangs für diesen Zeitraum zeigt, dass das durchschnittliche tägliche Verkehrsaufkommen von Montag bis Donnerstag von 10.000 auf 11.000 Fahrzeuge ansteigt. An einem durchschnittlichen Sonntag sinkt das Verkehrsaufkommen auf 6.400 Fahrzeuge am Tag ab (s. Abbildung 11-39). In Abbildung 11-40 ist der mittlere Tagesgang des Verkehrsaufkommens dargestellt. Es zeigt, dass der durchschnittliche Verkehr nach einer Morgenspitze um 07h00 erst zwischen 11h00 und 12h00 das erste Maximum mit ca. 700 Fahrzeugen erreicht. Das zweite Maximum fällt auf die Abendspitze zwischen 17h00 und 18h00 und ist mit mehr als 800 Fahrzeugen auch höher.

6.3 Luftgüte

Die in den folgenden Abschnitten diskutierten Ergebnisse beziehen sich auf Luftgütemesskampagnen, die in den Städten Klagenfurt, Lienz und Bruneck durchgeführt wurden. In Abhängigkeit der zur Verfügung stehenden Messzeiträume bzw. auch zur Unterscheidung der jeweiligen Fragestellungen (Messungen entlang von befestigten/unbefestigten Straßen) werden Winter- und Sommermesskampagnen getrennt betrachtet. In Klagenfurt konnte aufgrund der Dichte des Messnetzes auch eine ganzjährige Datenanalyse erfolgen. Die Auswertungen wurden für die Schadstoffe PM_{10} und NO_x auf Basis von Tagesmittelwerten (TMW) und Monatsmittelwerten (MMW) durchgeführt. Zusätzlich wurden die gemittelten Wochen- und Tagesgänge für die jeweiligen Standorte und Messzeiträume berechnet.

6.3.1 Klagenfurt

6.3.1.1 Jahresmesskampagnen

Tages-/Monatsmittelwerte

Die Ergebnisse der Jahresmesskampagnen beziehen sich auf den Zeitraum von Jänner 2009 bis Dezember 2012. Betrachtet wurden die Luftgütemessstationen Völkermarkter Straße und Koschat-/Sterneckstraße des Amtes der Kärntner Landesregierung. Um die Auswirkungen des Verkehrs auf die straßennahe Messstation an der Völkermarkter Straße berechnen zu können wurden die Daten mit der Hintergrundmessstation an der Koschatstraße bzw. ab 18.01.2011 fortlaufend mit der Station Sterneckstraße verglichen. Diese Herangehensweise war aufgrund der Verlegung des Messstandortes von der Koschatstraße (bedingt durch ein Bauvorhaben) in die nahe gelegene Sterneckstraße erforderlich.

Vergleicht man die NO_x-Immissionskonzentrationen der Völkermarkter Straße mit jenen der Koschat-/Sterneckstraße in Abbildung 6-8, so zeigt sich aufgrund der Verkehrsstärke ein um knapp 60 % höheres Konzentrationsniveau an der

Völkermarkter Straße. Das Bestimmtheitsmaß der Regression für NO_x ist mit $R^2=0{,}88$ sehr hoch. Ein Vergleich der PM_{10} Immissionskonzentrationen in Abbildung 6-9 zeigt ebenfalls für die Völkermarkter Straße deutlich höhere Konzentrationen als für die Hintergrundmessstation. Aufgrund der Vielzahl an PM_{10} Quellen sind die gemessenen PM_{10} Konzentrationen an der Völkermarkter Straße um 26 % höher. Das Bestimmtheitsmaß der Regression ist mit $R^2=0{,}92$ sehr hoch. Betrachtet man die vom Verkehr in der Völkermarkter Straße verursachten Immissionen im Vergleich zur Hintergrundmessstation durch das Verhältnis $\Delta PM_{10}/\Delta NO_x$ für den Beobachtungszeitraum, so ist ein Jahresgang der Belastungen deutlich zu erkennen (s. Abbildung 6-10). Das Verhältnis steigt von Jänner bis März/April an, um dann über den Sommer und Herbst kontinuierlich abzunehmen. Vor allem die ungünstigen Ausbreitungsbedingungen während des Winterhalbjahres sowie der Winterdienst und die schmutzigeren Fahrbahnbeläge sorgen dafür, dass das Verhältnis März zu September in etwa 2:1 beträgt. Das bedeutet mit anderen Worten, dass der vom Verkehr induzierte PM_{10} Immissionsbeitrag (ΔPM_{10}) an der Völkermarkter Straße im März bis zu 30% im Vergleich zum NO_x Immissionsbeitrag (ΔNOx) beträgt und im September auf 15% sinkt.

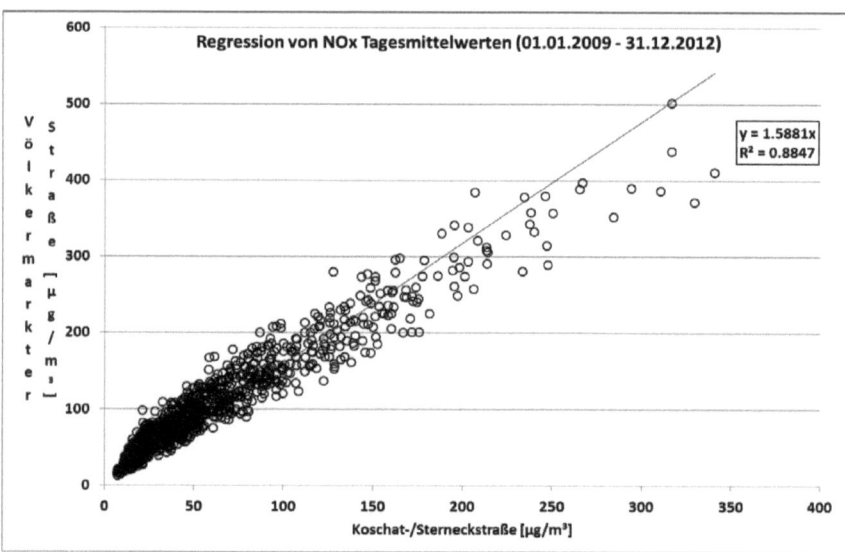

Abbildung 6-8: Regression der NO_x TMW zwischen Völkermarkter Straße und Koschat-/Sterneckstraße für den Zeitraum 01.01.2009 - 31.12.2012

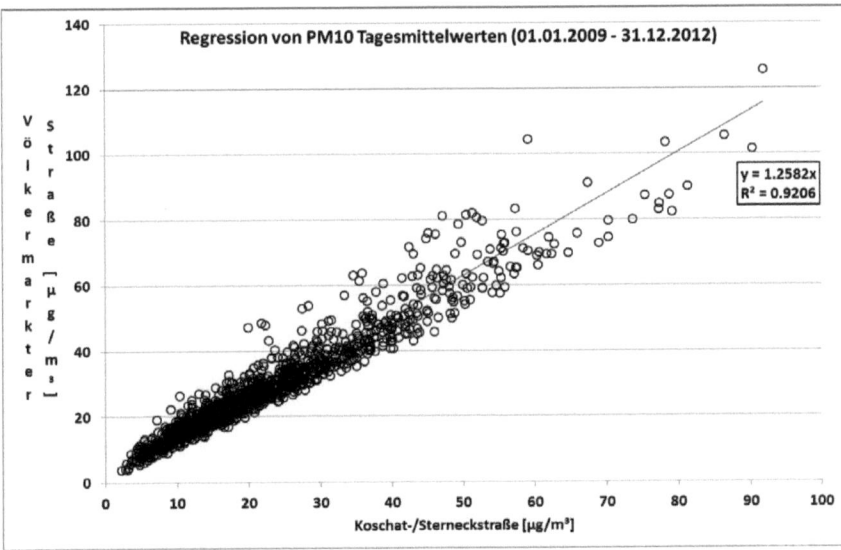

Abbildung 6-9: Regression der PM_{10} TMW zwischen Völkermarkter Straße und Koschat-/Sterneckstraße für den Zeitraum 01.01.2009 - 31.12.2012

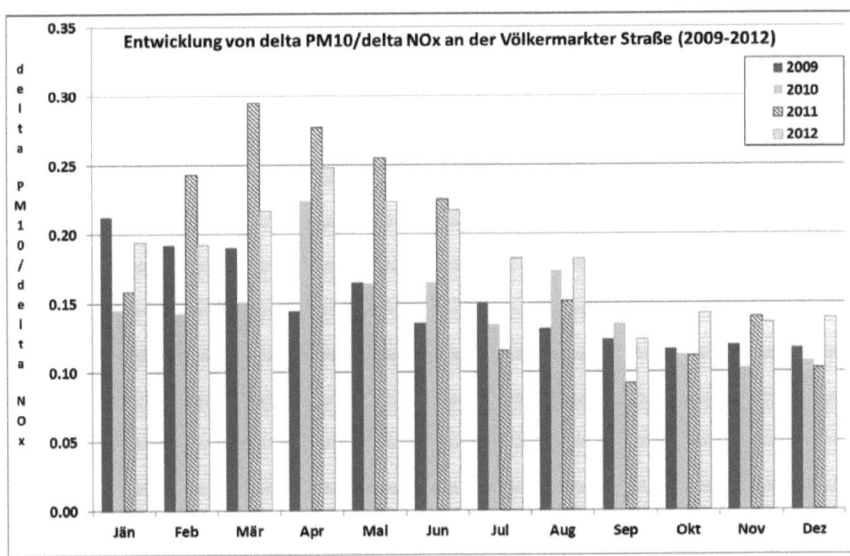

Abbildung 6-10: Entwicklung des Verhältnisses von $\Delta PM_{10}/\Delta NO_x$ an der Völkermarkter Straße (2009 – 2012)

Wochengänge

Vergleicht man die gemessenen Immissionskonzentrationen von NO_x an der Völkermarkter Straße und der Koschat-/Sterneckstraße für den Beobachtungszeitraum auf Basis des gemittelten Wochengangs, so zeigt sich ein sehr ähnlicher Verlauf der Messstationen für die Wochentage von Montag bis Freitag (s. Abbildung 6-11). Der absolute Betrag zwischen den beiden Messstationen ist mit 47 µg/m³ nahezu äquidistant (Min: 45 µg/m³, Max: 48 µg/m³). Die mittleren Konzentrationswerte an NO_x fallen am Wochenende an der Völkermarkter Straße gegenüber der Koschat-/Sterneckstraße etwas steiler ab und der Konzentrationsunterschied verringert sich am Sonntag auf 18 µg/m³. Ein Hauptgrund für diese Abweichung liegt in der unterschiedlichen Funktion und Nutzung der beiden Straßen. Die Völkermarkter Straße verfügt im Vergleich zur Koschat-/Sterneckstraße über einen deutlich höheren Anteil an Pendler- und Berufsverkehr, während die Koschat-/Sterneckstraße einer höher frequentierten Anrainerstraße zuzuordnen ist. Der mittlere Wochengang an PM_{10} zeigt ein ähnliches Bild wie für NO_x (s. Abbildung 6-12). Wochentags ist der absolute Betrag zwischen den beiden Messstationen im Mittel bei 7 µg/m³ (Min: 6,8 µg/m³, Max: 7,6 µg/m³) und sinkt am Sonntag auf 4 µg/m³ ab.

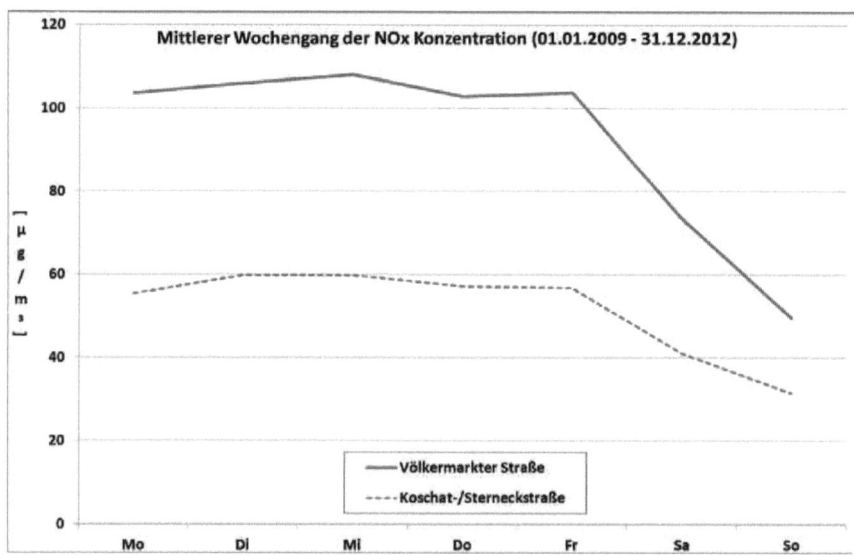

Abbildung 6-11: Mittlerer Wochengang der NO_x Konzentration an der Völkermarkter Straße und der Koschat-/Sterneckstraße für den Zeitraum 01.01.2009 - 31.12.2012

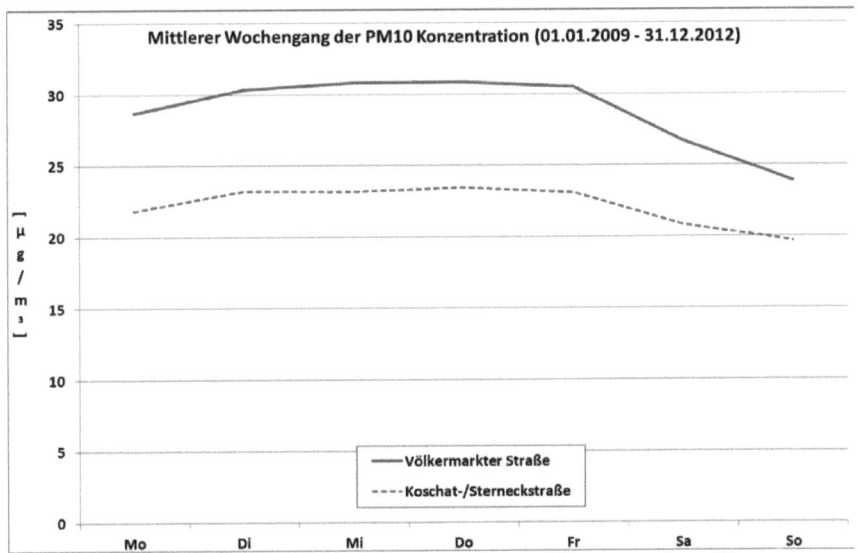

Abbildung 6-12: Mittlerer Wochengang der PM_{10} Konzentration an der Völkermarkter Straße und der Koschat-/Sterneckstraße für den Zeitraum 01.01.2009 - 31.12.2012

Tagesgänge

Ein Vergleich der gemittelten NO_x Konzentrationsverläufe an der Völkermarkter Straße und der Koschat-/Sterneckstraße zeigt deutlich die vom Verkehr induzierte Morgen- und Abendspitze (s. Abbildung 6-13). Das mittlere Maximum an der Völkermarkter Straße erreicht Werte größer 140 µg/m³. Der Vergleich der gemittelten PM_{10} Konzentrationsläufe zeigt, aufgrund der Vielzahl an Emittenten (Hausbrand, Verkehr, Industrie, Ferntransport,…), einen weniger ausgeprägten Tagesgang. Die Morgen- und Abendspitze ist trotzdem deutlich zu erkennen (s. Abbildung 6-14). Das mittlere Konzentrationsmaximum am Abend tritt erst nach dem Verkehrsmaximum auf (s. Kapitel 6.2.1). Dies lässt auf den zunehmenden Einfluss anderer lokaler Quellen (v.a. Hausbrand) in den Abendstunden schließen. Diese Vermutung bestätigt sich in Abbildung 6-15, in welcher der mittlere Tagesgang an ΔPM_{10} und NO_x an der Völkermarkter Straße dargestellt ist. Vor allem die Abendspitze an ΔPM_{10} steigt zunächst mit der NO_x Abendspitze an und sinkt anschließend mit der NO_x Konzentration ab, erreicht aber gegen 21h ihr Maximum.

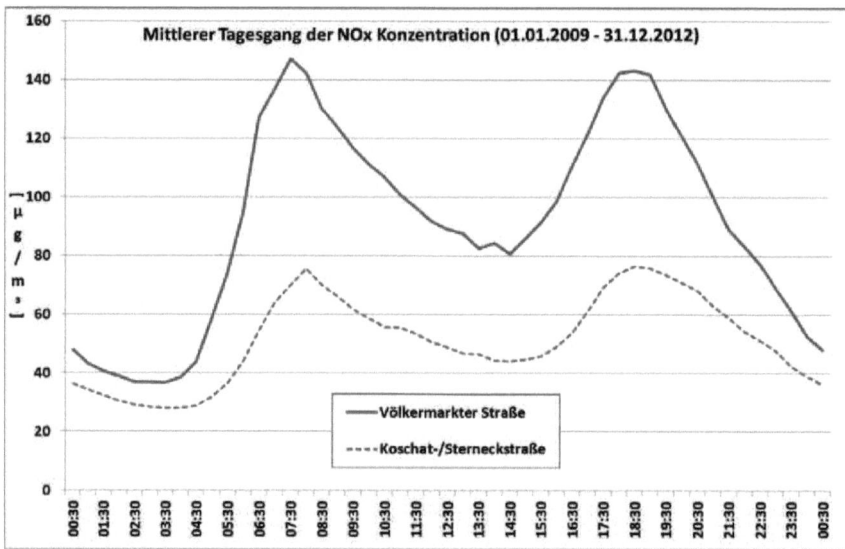

Abbildung 6-13: Mittlerer Tagesgang der NO_x Konzentration an der Völkermarkter Straße und der Koschat-/Sterneckstraße für den Zeitraum 01.01.2009 - 31.12.2012

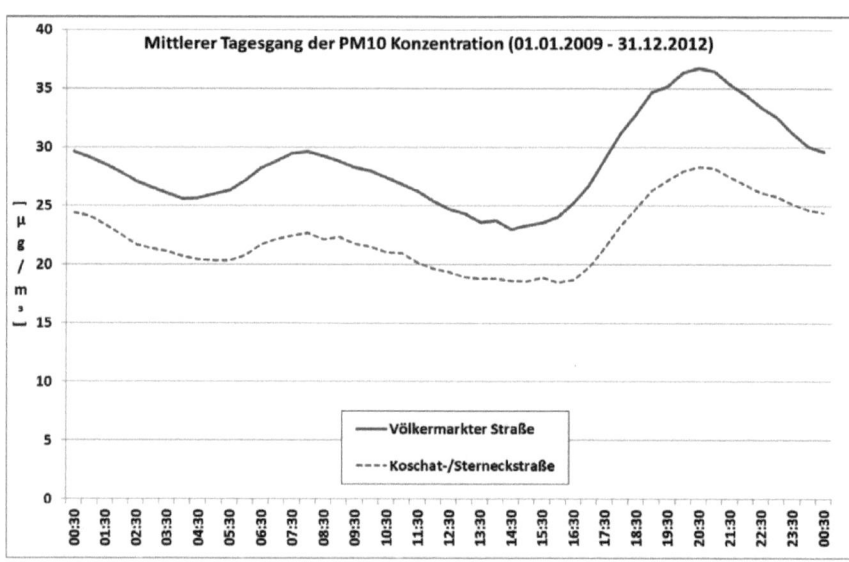

Abbildung 6-14: Mittlerer Tagesgang der PM_{10} Konzentration an der Völkermarkter Straße und der Koschat-/Sterneckstraße für den Zeitraum 01.01.2009 - 31.12.2012

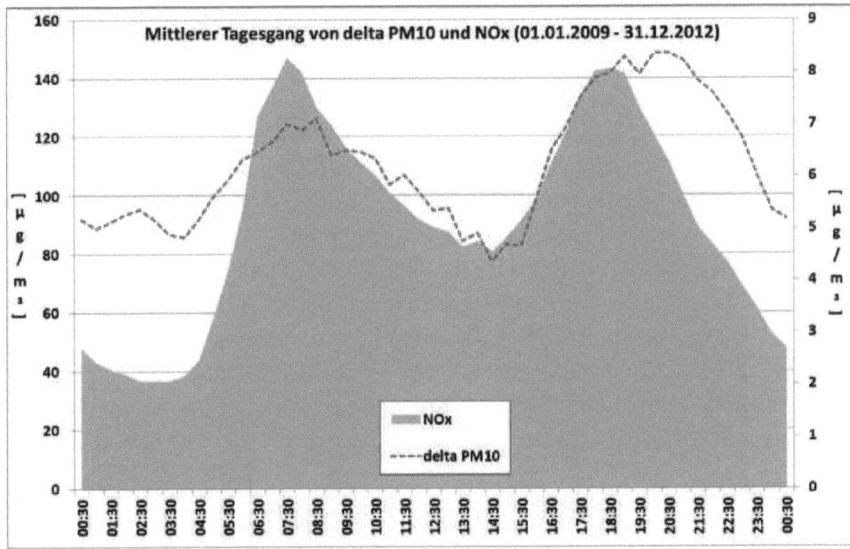

Abbildung 6-15: Mittlerer Tagesgang von ΔPM_{10} und NO_x an der Völkermarkter Straße für den Zeitraum 01.01.2009 - 31.12.2012

6.3.1.2 Wintermesskampagnen

Tages-/Monatsmittelwerte

Die Ergebnisse der Wintermesskampagnen beziehen sich auf den Zeitraum 01.01.-08.04.2010, 08.10.2010-26.03.2011 und 01.11.2011 - 26.04.2012. Betrachtet wurden die Luftgütemessstationen Rudolfsbahngürtel und Koschat-/Sterneckstraße. Um die Auswirkungen des Verkehrs auf die straßennahe Messstation beim Rudolfsbahngürtel berechnen zu können, wurden die Daten mit der Hintergrundmessstation in der Koschatstraße bzw. ab 18.01.2011 fortlaufend mit der Station Sterneckstraße verglichen.

Vergleicht man die NO_x Immissionskonzentrationen des Rudolfsbahngürtels mit jenen der Koschat-/Sterneckstraße in Abbildung 11-41, so zeigt sich aufgrund der Verkehrsstärke ein um 33 % höheres Konzentrationsniveau beim Rudolfsbahngürtel. Das Bestimmtheitsmaß der Regression für NO_x ist mit $R^2=0{,}86$ sehr hoch. Ein Vergleich der PM_{10} Immissionskonzentrationen in Abbildung 11-42 zeigt ebenfalls für den Rudolfsbahngürtel deutlich höhere Konzentrationen als für die Hintergrundmessstation. Aufgrund der Vielzahl an PM_{10} Quellen sind die gemessenen PM_{10} Konzentrationen beim Rudolfsbahngürtel um 21 % höher. Das Bestimmtheitsmaß der Regression ist mit $R^2=0{,}86$ ident zu NO_x. Betrachtet man die vom Verkehr beim Rudolfsbahngürtel verursachten Immissionen im Vergleich zur Hintergrundmessstation durch das Verhältnis $\Delta PM_{10}/\Delta NO_x$ für die betreffenden Winterperioden (2009/10, 2010/11, 2011/12), so ist ein relativer Anstieg der Belastungen über den Jahreswechsel deutlich zu erkennen (s. Abbildung 11-43). Das Verhältnis steigt, trotz Datenlücken (bedingt durch Messgeräteausfälle) einzelner Monate, kontinuierlich von Oktober bis Jänner an und nimmt bis März/April kontinuierlich ab. Ungünstige Ausbreitungsbedingungen während des Winterhalbjahres sowie der Winterdienst und die schmutzigeren Fahrbahnbeläge sorgen dafür, dass das Verhältnis Jänner zu April in etwa 3:1 beträgt. Ein Vergleich mit dem Ergebnis der Völkermarkter Straße (s. Abbildung 6-10) legt allerdings nahe, dass neben den Ausbreitungsbedingungen auch andere Faktoren, wie der unterschiedliche SV-Anteil (7% gegenüber 2% in der Völkermarkter Straße) und Verkehrsstärken, einen starken Einfluss auf das Verhältnis von $\Delta PM_{10}/\Delta NO_x$ haben.

Wochengänge

Vergleicht man die gemessenen Immissionskonzentrationen von NO_x beim Rudolfsbahngürtel mit jenen der Koschat-/Sterneckstraße für den Beobachtungszeitraum auf Basis des gemittelten Wochengangs, so zeigt sich ein sehr ähnlicher Verlauf der Messstationen für die Wochentage von Montag bis Freitag (s. Abbildung 11-44). Der durchschnittliche, absolute Betrag zwischen den beiden Messstationen beträgt ~45 µg/m³ und ist im Vergleich zur Völkermarkter Straße variabler (Min: 42 µg/m³, Max: 49 µg/m³). Die mittleren Konzentrationswerte an NO_x fallen am Wochenende beim Rudolfsbahngürtel gegenüber der Koschat-/Sterneckstraße steiler ab und der Konzentrationsunterschied verringert sich am Sonntag auf 18 µg/m³. Ein Hauptgrund für diese Abweichung liegt im Wesentlichen in der unterschiedlichen Funktion und Nutzung der beiden Straßen. Der Rudolfsbahngürtel verfügt im Vergleich zur Koschat-/Sterneckstraße über einen deutlich höheren Anteil an Pendler- und Berufsverkehr, während die Koschat-/Sterneckstraße einer höher frequentierten Anrainerstraße zuzuordnen ist. Der mittlere Wochengang an PM_{10} zeigt ein ähnliches Bild wie für NO_x (s. Abbildung 11-45), mit dem Unterschied, dass der Konzentrationsanstieg bei PM_{10} am Dienstag geringer ausfällt. Wochentags ist der absolute Betrag zwischen den beiden Messstationen im Mittel bei 9 µg/m³ (Min: 8,6 µg/m³, Max: 9,5 µg/m³). Der Unterschied reduziert sich am Sonntag auf 6 µg/m³. Damit ist der Unterschied in der PM_{10} Konzentration durchschnittlich um 2 µg/m³ höher als in der Völkermarkter Straße. Dies liegt unter anderem daran, dass bedingt durch das Winterhalbjahr (Rudolfsbahngürtel) gegenüber einer Ganzjahresmessung (Völkermarkter Straße) mit ungünstigeren Ausbreitungsbedingungen, dem Winterdienst und schmutzigeren Fahrbahnoberflächen zu rechnen ist. Dies führt generell zu höheren, straßennahen PM_{10} Konzentrationen. Ein weiterer Grund ist sicher der deutlich höhere SV-Anteil am Gesamtverkehr und das insgesamt geringere Verkehrsaufkommen beim Rudolfsbahngürtel, welches höhere spezifische Aufwirbelungsraten für den non-exhaust Anteil erwarten lässt.

Tagesgänge

Ein Vergleich der gemittelten NO_x Konzentrationsverläufe beim Rudolfsbahngürtel und der Koschat-/Sterneckstraße zeigt deutlich die vom Verkehr induzierte Morgen- und Abendspitze (s. Abbildung 11-46), wobei die Abendspitze beim Rudolfsbahngürtel ca. 1 Stunde später auftritt. Das mittlere Maximum während des Beobachtungszeitraumes beim Rudolfsbahngürtel erreicht Werte bis 180 µg/m³. Der Vergleich der gemittelten PM_{10} Konzentrationsläufe zeigt, aufgrund der Vielzahl an Emittenten während des Winterhalbjahres (wie Hausbrand, Verkehr, Industrie, Ferntransport), einen weniger ausgeprägten Tagesgang. Die Morgen- und Abendspitze ist trotzdem deutlich zu erkennen (s. Abbildung 11-47). Das mittlere Konzentrationsmaximum am Abend tritt erst 1-2 Stunden nach dem Verkehrsmaximum auf (s. Kapitel 6.2.1). Dies lässt auf den zunehmenden Einfluss anderer lokaler Quellen (v.a. Hausbrand) in den Abendstunden schließen. Diese Vermutung bestätigt sich in Abbildung 11-48, in welcher der mittlere Tagesgang an ΔPM_{10} und NO_x beim Rudolfsbahngürtel dargestellt ist. Die Abendspitze an ΔPM_{10} ist hier zweigeteilt. Sie steigt zunächst mit der NO_x Abendspitze an und sinkt 1 Stunde vor dem NO_x Maximum ab. In den späten Abendstunden erreicht sie gegen 22h ein sekundäres Maximum, welches sehr wahrscheinlich wiederum auf den zunehmenden Einfluss von Hausbrand zurückzuführen ist.

6.3.1.3 Sommermesskampagnen

Die Ergebnisse der Sommermesskampagnen beziehen sich auf die Messungen beim Druckerweg (2009) und beim Grenzweg (2011). Im Rahmen der Sommermessung 2009 wurden 2 straßennahe Messstationen (MP1 und MP2) installiert sowie eine lokale Hintergrundmessstation (MP3). Die Sommermessung 2011 bestand aus einer straßennahen Messstation beim Grenzweg und einer lokalen Hintergrundmessstation beim Andrähofweg. Um die Auswirkungen des Verkehrs auf die straßennahen Messstationen berechnen zu können wurden die Daten mit der jeweiligen Hintergrundmessstation verglichen.

Tagesmittelwerte

Druckerweg (2009)

Vergleicht man die NO_x Immissionskonzentrationen des MP2 mit jenen des MP3 in Abbildung 11-49, so zeigt sich aufgrund der geringen Verkehrsstärke ein niedriges Konzentrationsniveau bei beiden Messstationen. Das Bestimmtheitsmaß der Regression ist mit $R^2=0,15$ niedrig, da bei MP3 praktisch keine direkten Verkehrsimmissionen gemessen werden und von einer echten Hintergrundkonzentration auszugehen ist. Ein Vergleich der PM_{10} Immissionskonzentrationen in Abbildung 11-50 zeigt ein ähnliches Bild. Bei MP1 werden vergleichsweise hohe PM_{10} Konzentrationen durch den geringen Verkehr verursacht, während diese bei MP3 kaum Auswirkungen haben. Das Bestimmtheitsmaß der Regression ist mit $R^2=0,0004$ nicht vorhanden. Der Konzentrationsunterschied zwischen MP2 und MP3 ist, aufgrund von Asphaltrestbeständen entlang von MP2, geringer (s. Abbildung 11-51). Das Bestimmtheitsmaß der Regression ist mit $R^2=0,011$ ebenfalls wirklich gering.

Grenzweg (2011)

Die Situation beim Grenzweg ist jener beim Druckerweg sehr ähnlich. Vergleicht man die NO_x Immissionskonzentrationen des Grenzweges mit jenen des Andrähofweges in Abbildung 11-52, so zeigt sich aufgrund der geringen Verkehrsstärke ein niedriges Konzentrationsniveau bei beiden Messstationen. Das Bestimmtheitsmaß der Regression ist mit $R^2=0,04$ niedrig, da beim Andrähofweg praktisch keine direkten Verkehrsimmissionen gemessen werden und von einer echten Hintergrundkonzentration auszugehen ist. Ein Vergleich der PM_{10} Immissionskonzentrationen in Abbildung 11-53 zeigt ein ähnliches Bild. Beim Grenzweg werden vergleichsweise hohe PM_{10} Konzentrationen durch den Verkehr verursacht, während diese beim Andrähofweg kaum Auswirkungen haben. Das Bestimmtheitsmaß der Regression ist mit $R^2=0,024$ ebenfalls gering.

Wochengänge

Druckerweg (2009)

Vergleicht man die gemessenen Immissionskonzentrationen von NO_x bei MP2 mit jenen von MP3 auf Basis des gemittelten Wochengangs, so zeigt sich ein differenzierter Verlauf der Messstationen (s. Abbildung 11-54). Während bei MP2 aufgrund des Verkehrs vor allem am Donnerstag und Samstag erhöhte Konzentrationen zu verzeichnen sind, steigt die NO_x Konzentration bei MP3 im Verlauf der Woche kontinuierlich an. Der durchschnittliche, absolute Betrag zwischen den beiden Messstationen beträgt ~21 µg/m³ (Min: 14 µg/m³, Max:

26 µg/m³). Eine Erklärung für die NO_x Konzentrationszunahme bei MP3 konnte bis dato nicht gefunden werden. Der mittlere Wochengang an PM_{10} zeigt ebenfalls ein differenziertes Bild gegenüber NO_x (s. Abbildung 11-55). Demnach wird das Konzentrationsmaximum bei den straßennahen Messstationen am Mittwoch erreicht. Der durchschnittliche, absolute Betrag zwischen MP1 und MP3 beträgt im Mittel 20 µg/m³ (Min: 5,5 µg/m³, Max: 40 µg/m³). Der Unterschied reduziert sich zwischen MP2 und MP3 auf 14 µg/m³ (Min: 2,8 µg/m³, Max: 25,6 µg/m³). Im Unterschied zu NO_x zeigt sich eine deutlich größere Variabilität der PM_{10} Konzentrationen bei MP1 und MP2, die vor allem auf den nonexhaust Anteil entlang der unbefestigten Straße zurückzuführen ist. Die PM_{10} Konzentration bei MP3 steigt allerdings, wie auch bei NO_x, am Wochenende an.

Grenzweg (2011)

Vergleicht man die gemessenen NO_x Immissionskonzentrationen beim Grenzweg mit jenen vom Andrähofweg (Hintergrundmessung) auf Basis des gemittelten Wochengangs, so zeigt sich ein differenzierter Verlauf der Messstationen (s. Abbildung 11-56). Während beim Grenzweg aufgrund des Veranstaltungsverkehrs vor allem am Dienstag und Freitag erhöhte Konzentrationen zu verzeichnen sind, ist die NO_x Konzentration beim Andrähofweg recht ausgeglichen und mit jener des MP3 aus dem Jahr 2009 vergleichbar. Der durchschnittliche, absolute Betrag zwischen den beiden Messstationen beträgt ~9 µg/m³ (Min: -3 µg/m³, Max: 18 µg/m³). Der mittlere Wochengang an PM_{10} zeigt ebenfalls ein differenziertes Bild gegenüber NO_x (s. Abbildung 11-57). Demnach wird das Konzentrationsmaximum beim Grenzweg am Mittwoch und Freitag erreicht. Der durchschnittliche, absolute Betrag zwischen MP1 und MP3 beträgt im Mittel 27 µg/m³ (Min: 9,8 µg/m³, Max: 42,9 µg/m³). Im Unterschied zu NO_x steigt die PM_{10} Konzentration beim Andrähofweg am Wochenende an. Dieses Phänomen konnte bereits für die nahegelegene Messung beim Druckerweg 2009 festgestellt werden und deutet auf den Einfluss einer lokalen Quelle hin.

Tagesgänge

Druckerweg (2009)

Ein Vergleich der gemittelten NO_x Konzentrationsverläufe bei MP2 und MP3 zeigt deutlich die vom Verkehr induzierte Morgen- und Abendspitze (s. Abbildung 11-58). Das mittlere Maximum während des Beobachtungszeitraumes bei MP2 erreicht Werte bis 60 µg/m³. Der Vergleich der gemittelten PM_{10} Konzentrationsläufe zeigt für MP1 und MP2 einen deutlich akzentuierten Tagesgang, während bei MP3 nur ein geringer Einfluss des lokalen Verkehrs während der

Abendspitze feststellbar ist (s. Abbildung 11-59). Das mittlere Konzentrationsmaximum erreicht straßennah bis zu 80 µg/m³ und ist vor allem auf den PM_{10} non-exhaust Anteil durch den Verkehr zurück zu führen.

Grenzweg (2011)

Ein Vergleich der gemittelten NO_x Konzentrationsverläufe beim Grenzweg und Andrähofweg zeigt deutlich die vom Verkehr induzierte Morgen- und Abendspitze (s. Abbildung 11-60). Aufgrund des höheren Verkehrsaufkommens entlang des Grenzweges gegenüber dem Druckerweg ist selbst bei der Station Andrähofweg eine Morgenspitze vom Verkehr erkennbar. Das mittlere Maximum während des Beobachtungszeitraumes beim Grenzweg erreicht Werte über 60 µg/m³. Der Vergleich der gemittelten PM_{10} Konzentrationsläufe zeigt für beide Stationen einen deutlichen Anstieg während des Abends (s. Abbildung 11-61). Das mittlere Konzentrationsmaximum erreicht straßennah Werte bis zu 130 µg/m³ und ist vor allem auf den PM_{10} non-exhaust Anteil durch den Verkehr zurückzuführen.

6.3.2 Lienz

6.3.2.1 Wintermesskampagnen

Tages-/Monatsmittelwerte

Vergleicht man die NO_x Immissionskonzentrationen an der Amlacherkreuzung mit jenen beim Tiefbrunnen für die Winterperioden 2009-2012 (jeweils 01.10.- 31.03., s. Abbildung 11-62), so sind die Werte an der Amlacherkreuzung um mehr als den Faktor 4 höher. Das Bestimmtheitsmaß für NO_x ist mit einem $R^2=0,65$ deutlich ausgeprägt. Vergleicht man hingegen die PM_{10} Immissionskonzentrationen an der Amlacherkreuzung mit jenen beim Tiefbrunnen so zeigt sich, dass die Werte von der Amlacherkreuzung nur um 50 % höher sind (s. Abbildung 11-63). Dies liegt vor allem in der Vielzahl an PM_{10} Quellen begründet, die das Konzentrationsniveau an beiden Messstationen beeinflussen. Das Bestimmtheitsmaß ist mit einem $R^2=0,66$ ebenfalls ausgeprägt. Betrachtet man die vom Verkehr an der Amlacherkreuzung verursachten Immissionen im Vergleich zur Hintergrundmessstation durch das Verhältnis $\Delta PM_{10}/\Delta NO_x$ für den Beobachtungszeitraum, so ist ein Monatsgang der Belastungen deutlich zu erkennen (s. Abbildung 11-64). Das durchschnittliche Verhältnis steigt von Oktober bis Jänner kontinuierlich an und stagniert bis März. Vor allem die ungünstigen Ausbreitungsbedingungen während des Winterhalbjahres sowie der Winterdienst und die schmutzigeren Fahrbahnbeläge sorgen dafür, dass das Verhältnis März zu Oktober in etwa 2:1 beträgt.

Wochengänge

Vergleicht man die gemessenen Immissionskonzentrationen von NO_x an der Amlacherkreuzung mit jenen beim Tiefbrunnen auf Basis des gemittelten Wochengangs, so zeigt sich ein ähnlicher Verlauf für die Wochentage von Montag bis Freitag (s. Abbildung 11-65), wobei die Konzentrationen an der Amlacherkreuzung von Montag auf Dienstag, im Gegensatz zum Tiefbrunnen, zurückgehen. Der absolute Betrag zwischen den beiden Messstationen beträgt wochentags im Mittel 149 µg/m³ (Min: 145 µg/m³, Max: 154 µg/m³) und sinkt am Sonntag auf 71 µg/m³. Die mittleren Konzentrationswerte an NO_x fallen am Wochenende an der Amlacherkreuzung gegenüber dem Tiefbrunnen steiler ab. Der mittlere Wochengang an PM_{10} zeigt ein ähnliches Bild wie für NO_x (s. Abbildung 11-66). Wochentags ist der absolute Betrag zwischen den beiden Messstationen im Mittel bei 12 µg/m³ (Min: 11 µg/m³, Max: 13 µg/m³). Am Wochenende fällt die Konzentration an PM_{10} bei der Amlacherkreuzung, im Gegensatz zu NO_x, parallel zum Tiefbrunnen. Der Konzentrationsunterschied beträgt im Mittel 9 µg/m³. Da das NO_x Verhältnis am Wochenende jedoch stärker zurückgeht ist davon auszugehen, dass andere lokale PM_{10} Quellen (v.a. Hausbrand) als der Verkehr einen Einfluss auf die Messstation Amlacherkreuzung haben.

Tagesgänge

Ein Vergleich der gemittelten NO_x Konzentrationsverläufe an der Amlacherkreuzung und beim Tiefbrunnen zeigt deutlich die vom Verkehr induzierte Morgen- und Abendspitze (s. Abbildung 11-67). Die Morgenspitze an der Amlacherkreuzung erstreckt sich von 8h bis 11h und ist deutlich breiter gefächert. Das mittlere Maximum an der Amlacherkreuzung erreicht am Abend Werte bis 280 µg/m³. Der gemittelte PM_{10} Konzentrationslauf an der Amlacherkreuzung zeigt aufgrund der Vielzahl an Emittenten (Hausbrand, Verkehr, Industrie, Ferntransport,…) einen weniger ausgeprägten Tagesgang. Die Morgen- und Abendspitze ist trotzdem deutlich zu erkennen (s. Abbildung 11-68). Das mittlere Konzentrationsmaximum am Abend tritt allerdings erst nach dem Verkehrsmaximum auf. Dies lässt auf den zunehmenden Einfluss anderer lokaler Quellen (v.a. Hausbrand) schließen. Aufgrund des gravimetrischen PM_{10} Messverfahrens an der Station Tiefbrunnen stehen die Messdaten nur auf Basis von Tagesmittelwerten zur Verfügung, sodass eine Betrachtung von ΔPM_{10} auf Basis eines mittleren Tagesgangs nicht möglich ist.

6.3.3 Bruneck

6.3.3.1 Wintermesskampagnen

Tagesmittelwerte

Vergleicht man die NO_x Immissionskonzentrationen an der Dantestraße mit jenen beim Goetheparkplatz für den Zeitraum 20.01.-30.04.2010 und 22.03.-02.06.2012 (s. Abbildung 11-69), so sind die Werte an der Dantestraße im Durchschnitt um 55 % höher als beim Goetheparkplatz. Dies zeigt den steilen NO_x Konzentrationsgradienten an der Dantestraße trotz der geringen Entfernung von ca. 50 m zwischen den beiden Messstationen. Die Regression für NO_x ist mit einem $R^2=0,98$ fast ident. Vergleicht man die PM_{10} Immissionskonzentrationen an der Dantestraße mit jenen beim Goetheparkplatz so zeigt sich, dass die Werte an der Dantestraße im Mittel um 31 % höher sind (s. Abbildung 11-70). Die Regression für PM_{10} ist mit einem $R^2=0,70$ deutlich ausgeprägt.

Wochengänge

Ein Vergleich der gemessenen Immissionskonzentrationen von NO_x an der Dantestraße und beim Goetheparkplatz für den Messzeitraum auf Basis des gemittelten Wochengangs zeigt einen akzentuierteren Verlauf an der Dantestraße für die Wochentage von Montag bis Freitag (s. Abbildung 11-71). Der absolute Betrag zwischen den beiden Messstationen beträgt wochentags im Mittel 23 µg/m³ (Min: 20 µg/m³, Max: 26 µg/m³) und am Wochenende 14 µg/m³. Die mittleren Konzentrationswerte an NO_x fallen am Wochenende an der Dantestraße gegenüber dem Goetheparkplatz steiler ab. Der mittlere Wochengang an PM_{10} zeigt, entgegen dem Verlauf für NO_x, die höchsten Belastungen für den Dienstag und ein zweites Maximum für den Donnerstag (s. Abbildung 11-72). Wochentags ist der absolute Betrag zwischen den beiden Messstationen im Mittel bei 11 µg/m³ (Min: 9 µg/m³, Max: 13 µg/m³). Am Wochenende fällt die Konzentration an PM_{10} bei der Dantestraße im Vergleich zum Goetheparkplatz steiler ab. Am Sonntag beträgt der Unterschied 6 µg/m³. Die Konzentrationen beim Goetheparkplatz bleiben weitgehend konstant und steigen von Freitag bis Sonntag sogar leicht an. Durch diese Tatsache ist bei PM_{10} davon auszugehen, dass lokale Quellen (v.a. Hausbrand) ebenfalls einen Einfluss auf die Messstation beim Goetheparkplatz haben.

Tagesgänge

Zusätzlich wurden die mittleren Tagesgänge für die Luftschadstoffe NO_x und PM_{10} an den betreffenden Messstationen berechnet. Ein Vergleich der gemittelten NO_x Konzentrationsverläufe an der Dantestraße und beim Goetheparkplatz zeigt deutlich die vom Verkehr induzierte Morgen- und Abendspitze (s. Abbildung 11-73). Die Morgenspitze an der Dantestraße erstreckt sich von 7h bis 9h und ist deutlicher ausgeprägt als die Abendspitze. Das Maximum an der Dantestraße erreicht Werte bis 100 µg/m³. Der Vergleich der gemittelten PM_{10} Konzentrationsläufe zeigt aufgrund der Vielzahl an Emittenten (Hausbrand, Verkehr, Industrie, Ferntransport,...) einen weniger ausgeprägten Tagesgang an beiden Messstationen. Die Morgenspitze ist mit bis zu 40 µg/m³ deutlich zu erkennen und tritt erst nach der NO_x Morgenspitze von 11h bis 13h auf (s. Abbildung 11-74). Die Spitze am Abend ist nur geringfügig ausgeprägt. Dies lässt auf den zunehmenden Einfluss anderer lokaler Quellen (v.a. Hausbrand) schließen.

7 Ergebnisse flottengemittelter Emissionsfaktoren

In diesem Kapitel werden die Auswirkungen von Niederschlag und CMA auf die Luftgütesituation an straßennahen Bereichen diskutiert. Auf Basis von Tagesmittelwerten (TMW) werden die Minderungspotenziale in Bezug auf ΔPM_{10}, $\Delta PM_{10}/\Delta NO_x$ und schließlich auf die flottengemittelten Emissionsfaktoren PM_{10} und PM_{10} non-exhaust, getrennt nach Untersuchungsgebiet, ausgewertet und diskutiert. Die Messkampagnen entlang von unbefestigten Straßen wurden auf Basis von Halbstundenmittelwerten (HMW) ausgewertet, um die Veränderungen auf die Luftgütesituation in Abhängigkeit der Verkehrsstärke bestimmen zu können.

7.1 Klagenfurt

7.1.1 Jahresmesskampagnen

Die umfassende Messreihe des Amtes der Kärntner Landesregierung ermöglichte die Betrachtung der einzelnen Parameter an der Völkermarkter Straße auf Basis der Jahresmesskampagnen von 2009-2012. Im nachfolgenden Kapitel werden die Tage mit Niederschlag jenen Tagen ohne Beeinflussung gegenübergestellt, um die Auswirkungen auf die Luftgütesituation an der Völkermarkter Straße zu beschreiben.

7.1.1.1 Minderung durch Niederschlag

Tagesmittelwerte (TMW)

Betrachtet man die vom Verkehr verursachte durchschnittliche PM_{10} Konzentration (ΔPM_{10}) in Abhängigkeit der Niederschlagsmenge in Abbildung 7-1, so zeigt sich eine annähernd lineare Abnahme. Das Bestimmtheitsmaß ist mit $R^2=0{,}84$ hoch. Der Absolutbetrag von ΔPM_{10} reduziert an Tagen mit 60-70 mm Niederschlag um ca. 50% gegenüber Tagen mit 1-5 mm Niederschlag. Abbildung 7-2 zeigt die Reduktion durch Niederschlag für das Verhältnis von $\Delta PM_{10}/\Delta NO_x$ ($R^2=0{,}75$). Diese Auswertung dient als Grundlage zur Berechnung der Auswirkungen auf den flottengemittelten PM_{10} Emissionsfaktor. Abbildung 7-3 bis Abbildung 7-6 sind sogenannte Box-Whisker-Plots, um die Streuung der einzelnen Messwerte für ΔPM_{10}, $\Delta PM_{10}/\Delta NO_x$ sowie für den flottengemittelten Emissionsfaktor PM_{10} und PM_{10} non-exhaust in Abhängigkeit der Niederschlagssummen zu veranschaulichen. Erwartungsgemäß ist die Streuung der Messwerte bei den Niederschlagskategorien von 1-30 mm/d am größten, während die Streuung bei Niederschlagsmengen von 30-60 mm/d deutlich abnimmt. Bei einer Betrachtung der Niederschlagsklassen als Abszisse (s. Abbildung 7-3 bis Abbildung 7-6) fällt die Verteilung auf der linken Seite (mit steigender Niederschlagsmenge) flacher ab, als auf der rechten Seite (mit abnehmender Niederschlagsmenge), weshalb die Verteilung als linksschief bzw. rechtssteil bezeichnet werden kann. Dies ist einerseits in der geringen Anzahl von Starkniederschlägen während des Beobachtungszeitraumes begründet und andererseits von der absoluten Niederschlagsmenge selbst abhängig.

Ein Vergleich des durchschnittlichen ΔPM_{10} an Niederschlagstagen (≥ 1 mm/d) gegenüber Tagen ohne Niederschlag, zeigt eine Minderung von 22% (s. Abbildung 7-7). Das Verhältnis von $\Delta PM_{10}/\Delta NO_x$ reduziert sich infolge von Niederschlagsereignissen um 14% (s. Abbildung 7-8). Dies entspricht umgerechnet auf den flottengemittelten PM_{10} Emissionsfaktor einer durchschnittlichen Minderung von 14% und erhöht sich für den PM_{10} non-exhaust Anteil auf 17% (s. Abbildung 7-9). Die äquivalente Minderung durch Niederschlag in Bezug auf PM_{10} beträgt durchschnittlich 2,4 µg/m³ für den TMW.

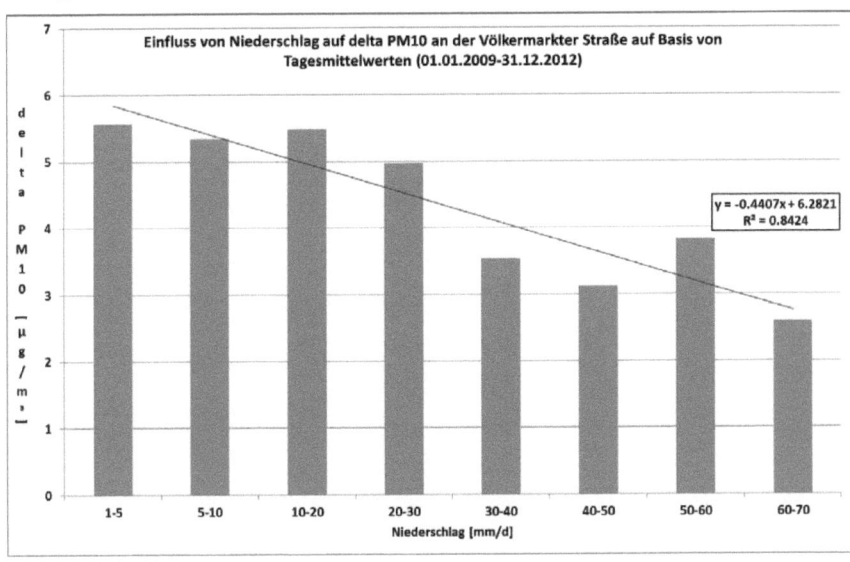

Abbildung 7-1: Einfluss von Niederschlag, unterteilt in Niederschlagsklassen, auf ΔPM_{10} an der Völkermarkter Straße auf Basis von TMW für den Zeitraum 01.01.-31.12. 2009-2012

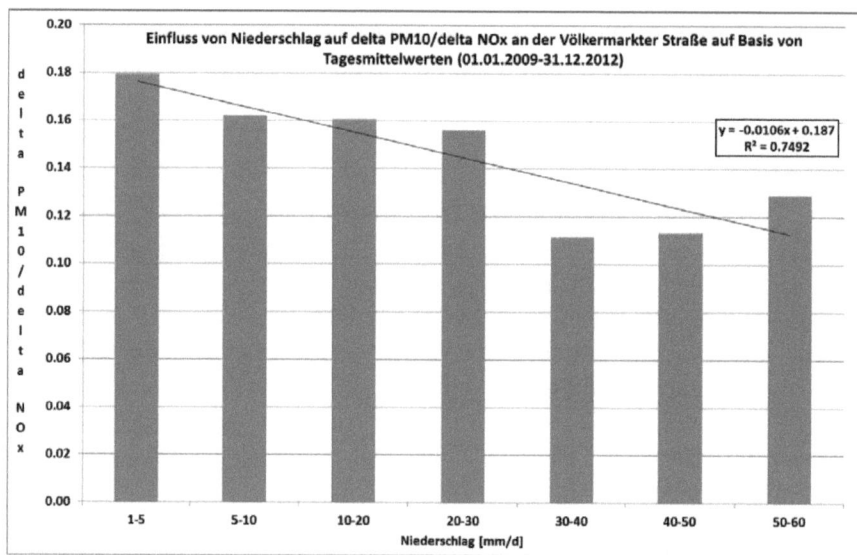

Abbildung 7-2: Einfluss von Niederschlag, unterteilt in Niederschlagsklassen, auf das Verhältnis $\Delta PM_{10}/\Delta NO_x$ an der Völkermarkter Straße auf Basis von TMW für den Zeitraum 01.01.-31.12. 2009-2012

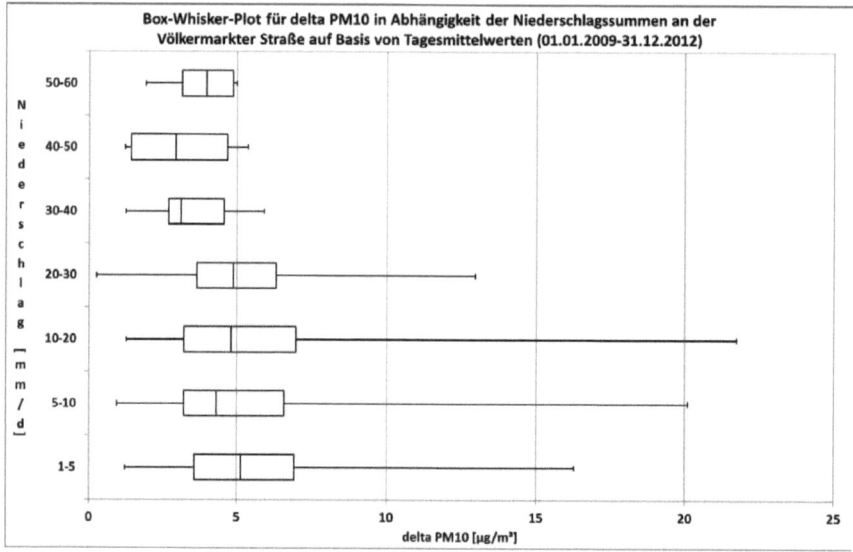

Abbildung 7-3: Einfluss von Niederschlag, unterteilt in Niederschlagsklassen, auf die Streuung von ΔPM_{10} an der Völkermarkter Straße auf Basis von TMW für den Zeitraum 01.01.-31.12. 2009-2012

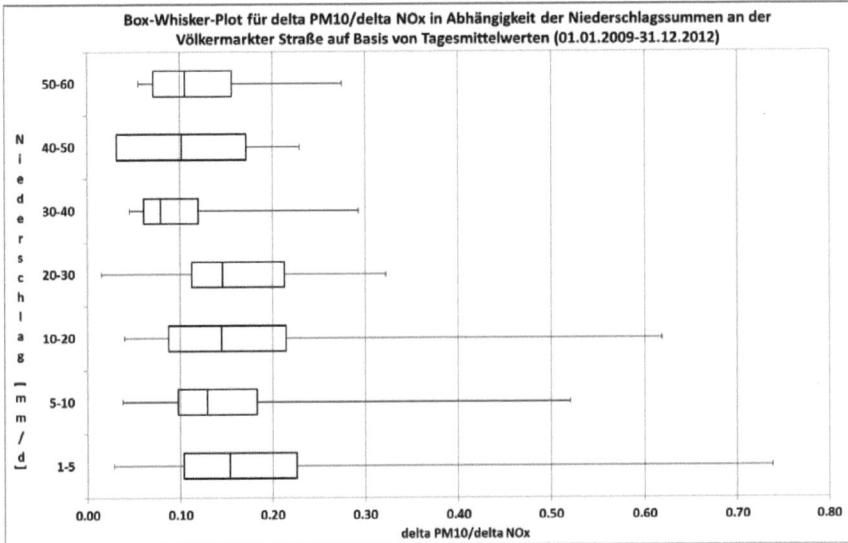

Abbildung 7-4: Einfluss von Niederschlag, unterteilt in Niederschlagsklassen, auf die Streuung des Verhältnisses $\Delta PM_{10}/\Delta NO_x$ an der Völkermarkter Straße auf Basis von TMW für den Zeitraum 01.01.-31.12. 2009-2012

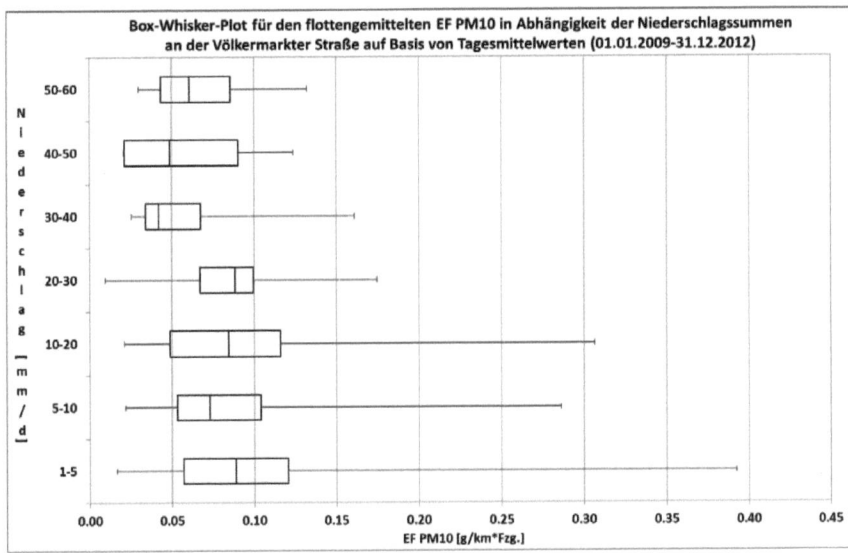

Abbildung 7-5: Einfluss von Niederschlag, unterteilt in Niederschlagsklassen, auf die Streuung des flottengemittelten EF PM_{10} an der Völkermarkter Straße auf Basis von TMW für den Zeitraum 01.01.-31.12. 2009-2012

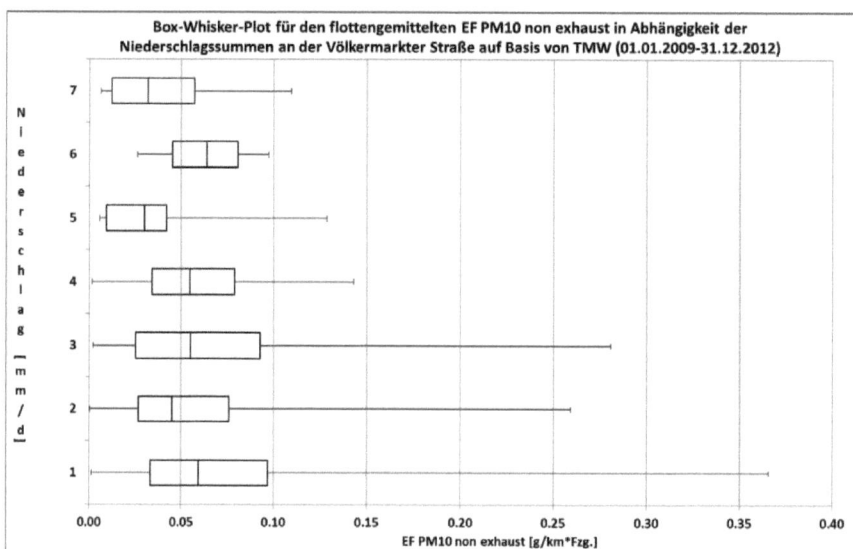

Abbildung 7-6: Einfluss von Niederschlag, unterteilt in Niederschlagsklassen, auf die Streuung des flottengemittelten EF PM_{10} non-exhaust an der Völkermarkter Straße auf Basis von TMW für den Zeitraum 01.01.-31.12. 2009-2012

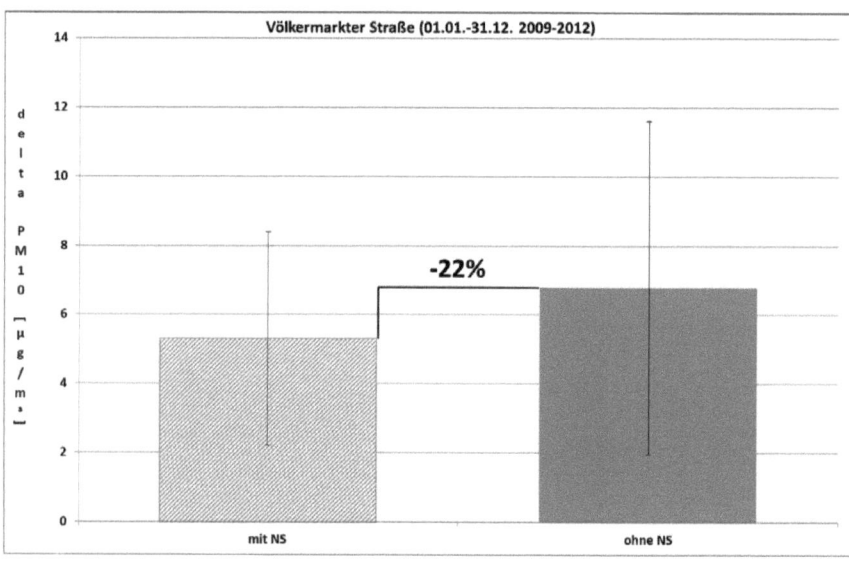

Abbildung 7-7: Durchschnittliche Veränderung von ΔPM_{10} an Tagen mit Niederschlag gegenüber Tagen ohne Niederschlag an der Völkermarkter Straße für den Zeitraum 01.01.-31.12. 2009-2012

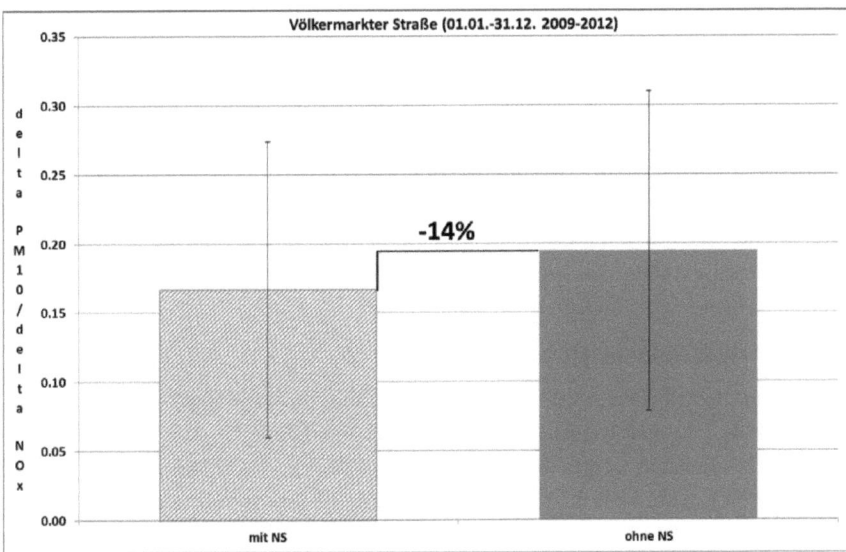

Abbildung 7-8: Durchschnittliche Veränderung des Verhältnisses $\Delta PM_{10}/\Delta NO_x$ an Tagen mit Niederschlag gegenüber Tagen ohne Niederschlag an der Völkermarkter Straße für den Zeitraum 01.01.-31.12. 2009-2012

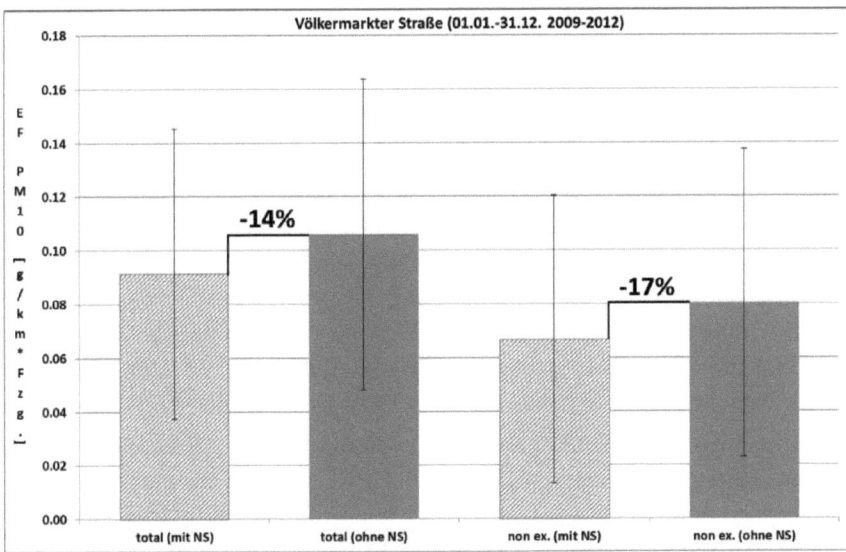

Abbildung 7-9: Durchschnittliche Veränderung des flottengemittelten EF PM_{10} bzw. EF PM_{10} non-exhaust an Tagen mit Niederschlag gegenüber Tagen ohne Niederschlag an der Völkermarkter Straße für den Zeitraum 01.01.-31.12. 2009-2012

7.1.2 Wintermesskampagnen

Die Auswertungen der Wintermesskampagnen in Klagenfurt umfassen Analysen der Messstation beim Rudolfsbahngürtel für den Zeitraum 01.01.-08.04.2010, 08.10.2010-26.03.2011, 01.11.2011-26.04.2012 sowie der Messstation Völkermarkter Straße für den Zeitraum 18.01.-11.04.2010, 22.11.-19.12.2010, 24.01.-27.03.2011. In den nachfolgenden Kapiteln werden zunächst die Auswirkungen von Niederschlag auf die Luftgütesituation beim Rudolfsbahngürtel beschrieben. Im Anschluss stehen die Auswirkungen von CMA auf die Luftgütesituation an diesen beiden Messstandorten im Mittelpunkt.

7.1.2.1 Minderung durch Niederschlag

Betrachtet man die vom Verkehr verursachte durchschnittliche PM_{10} Konzentration (ΔPM_{10}) in Abhängigkeit der Niederschlagsmenge in Abbildung 7-10, so zeigt sich zunächst keine lineare Abnahme. Normiert auf das Verhältnis von $\Delta PM_{10}/\Delta NO_x$ zeigt sich in Abbildung 7-11 eine lineare Reduktion durch Niederschlag ($R^2=0,99$). Diese Auswertung dient als Grundlage zur Berechnung der Auswirkungen auf den flottengemittelten PM_{10} Emissionsfaktor. Abbildung 7-12 bis Abbildung 7-15 sind sogenannte Box-Whisker-Plots, um die Streuung der einzelnen Messwerte für ΔPM_{10}, $\Delta PM_{10}/\Delta NO_x$ sowie für den flottengemittelten Emissionsfaktor PM_{10} und PM_{10} non-exhaust in Abhängigkeit der Niederschlagssummen zu veranschaulichen. Erwartungsgemäß ist die Streuung der Messwerte bei der Niederschlagskategorie von 1-5 mm/d am größten und durchgehend rechtssteil verteilt, während die Streuung bei Niederschlagsmengen von 5-20 mm/d deutlich abnimmt.

Ein Vergleich des durchschnittlichen ΔPM_{10} an Niederschlagstagen (≥ 1 mm/d) gegenüber Tagen ohne Niederschlag, zeigt eine Minderung von 15% (s. Abbildung 7-16). Das Verhältnis von $\Delta PM_{10}/\Delta NO_x$ reduziert sich infolge von Niederschlagsereignissen um 18% (s. Abbildung 7-17). Dies entspricht umgerechnet auf den flottengemittelten PM_{10} und PM_{10} non-exhaust Emissionsfaktor einer durchschnittlichen Minderung von ca. 23% (s. Abbildung 7-18). Das ergibt eine äquivalente Reduktion in Bezug auf PM_{10} von 3 µg/m³ für den TMW.

Fasst man die dargestellten Ergebnisse in Bezug auf den Niederschlag sowohl für die Jahresmesskampagnen in Kapitel 7.1.1.1 als auch für die Wintermesskampagnen in Kapitel 7.1.2.1 zusammen, kann von einer deutlichen Reduktion des verkehrsbedingten PM_{10} Anteils an Niederschlagstagen ausgegangen werden. Obwohl die Minderung durch Niederschlag anteilsmäßig vergleichbar ist, fällt sie in quantitativer Hinsicht während der Wintermonate höher aus, da während dieser Jahreszeit mit höheren PM_{10} non-exhaust Emissionen und Immissionen durch den Verkehr zu rechnen ist.

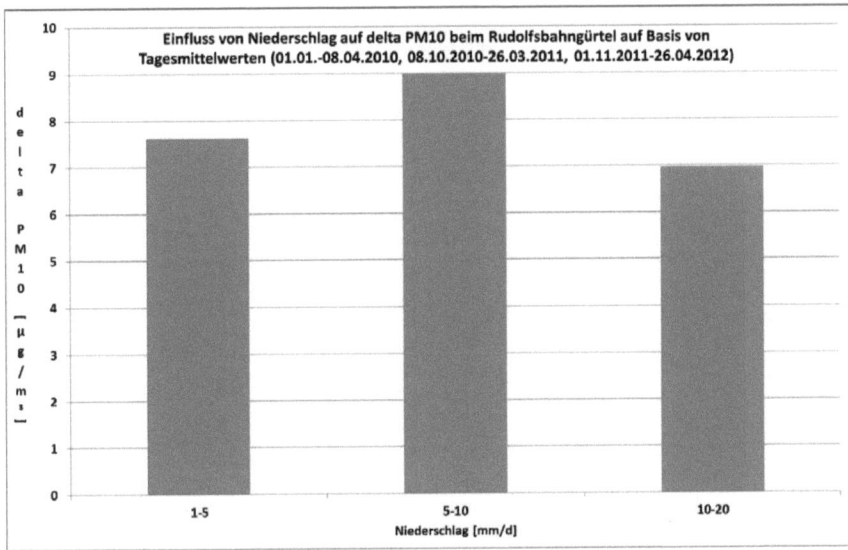

Abbildung 7-10: Einfluss von Niederschlag, unterteilt in Niederschlagsklassen, auf ΔPM_{10} beim Rudolfsbahngürtel auf Basis von TMW für den Zeitraum 01.01.-08.04.2010, 08.10.2010-26.03.2011, 01.11.2011-26.04.2012

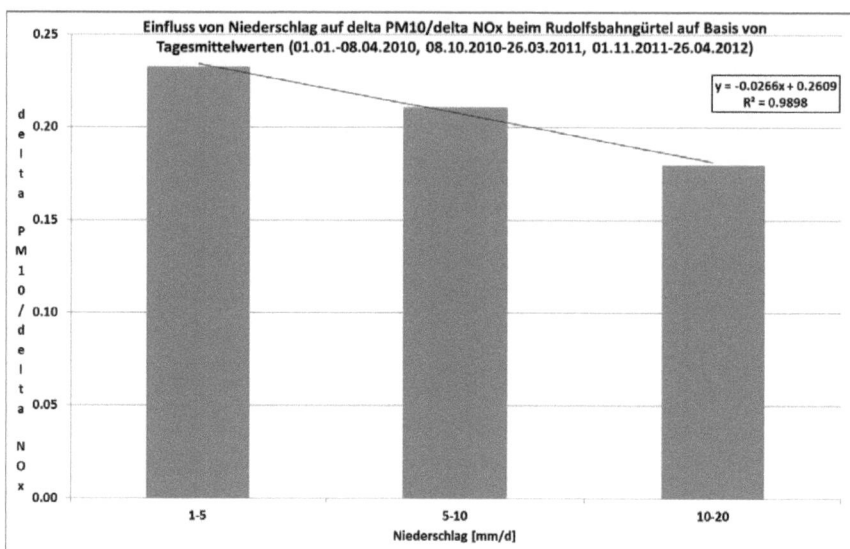

Abbildung 7-11: Einfluss von Niederschlag, unterteilt in Niederschlagsklassen, auf das Verhältnis $\Delta PM_{10}/\Delta NO_x$ beim Rudolfsbahngürtel auf Basis von TMW für den Zeitraum 01.01.-08.04.2010, 08.10.2010-26.03.2011, 01.11.2011-26.04.2012

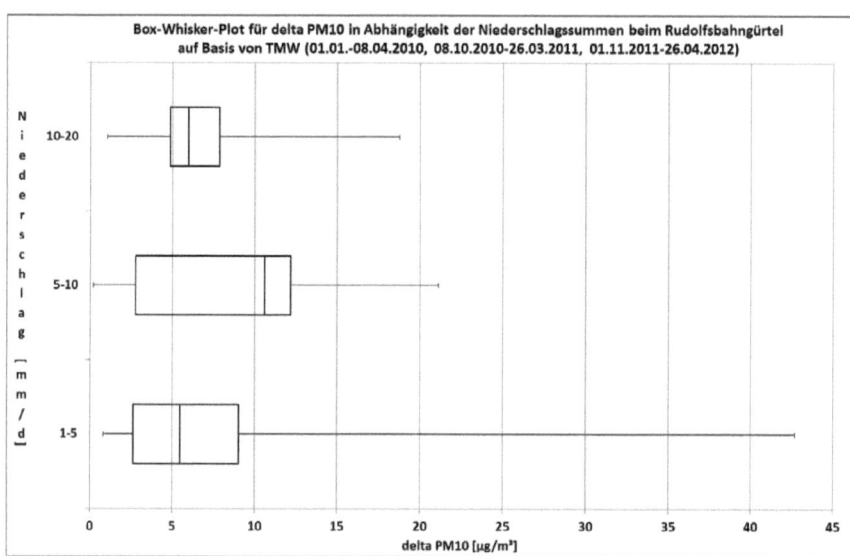

Abbildung 7-12: Einfluss von Niederschlag, unterteilt in Niederschlagsklassen, auf die Streuung von ΔPM_{10} beim Rudolfsbahngürtel auf Basis von TMW für den Zeitraum 01.01.-08.04.2010, 08.10.2010-26.03.2011, 01.11.2011-26.04.2012

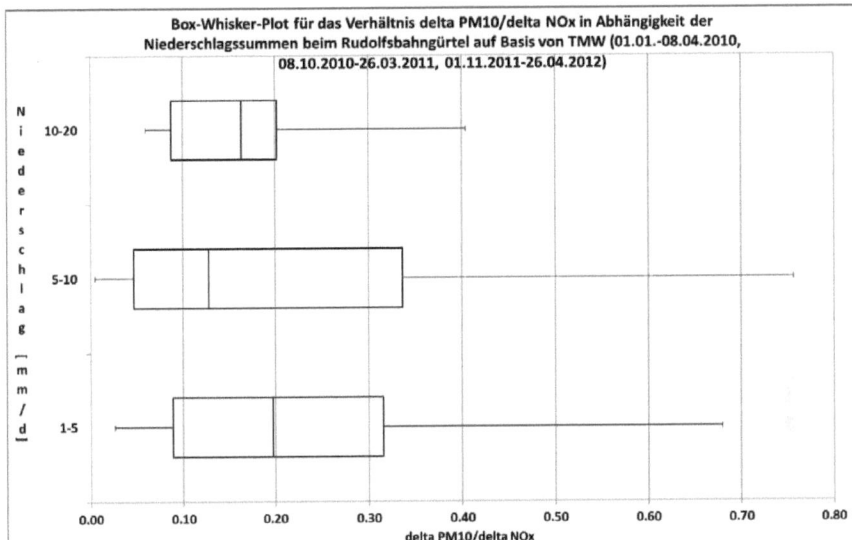

Abbildung 7-13: Einfluss von Niederschlag, unterteilt in Niederschlagsklassen, auf die Streuung des Verhältnisses $\Delta PM_{10}/\Delta NO_x$ beim Rudolfsbahngürtel auf Basis von TMW für den Zeitraum 01.01.-08.04.2010, 08.10.2010-26.03.2011, 01.11.2011-26.04.2012

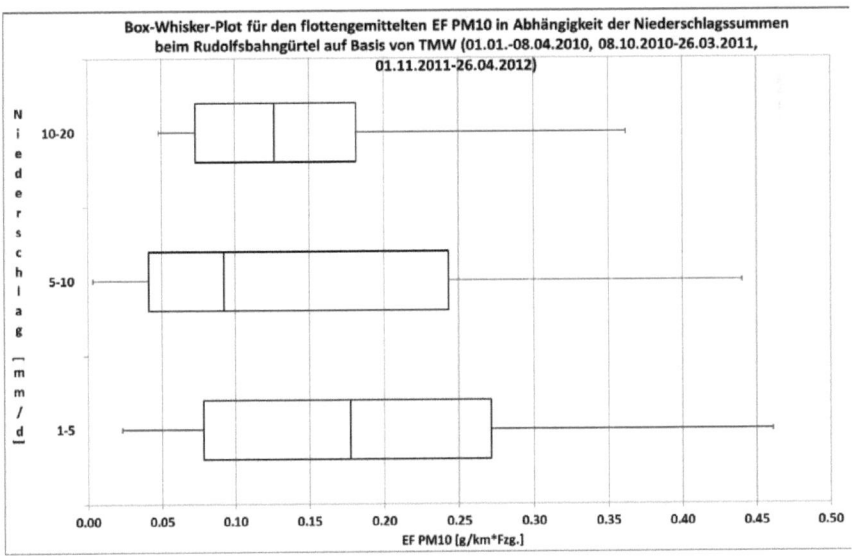

Abbildung 7-14: Einfluss von Niederschlag, unterteilt in Niederschlagsklassen, auf die Streuung des flottengemittelten EF PM_{10} beim Rudolfsbahngürtel auf Basis von TMW für den Zeitraum 01.01.-08.04.2010, 08.10.2010-26.03.2011, 01.11.2011-26.04.2012

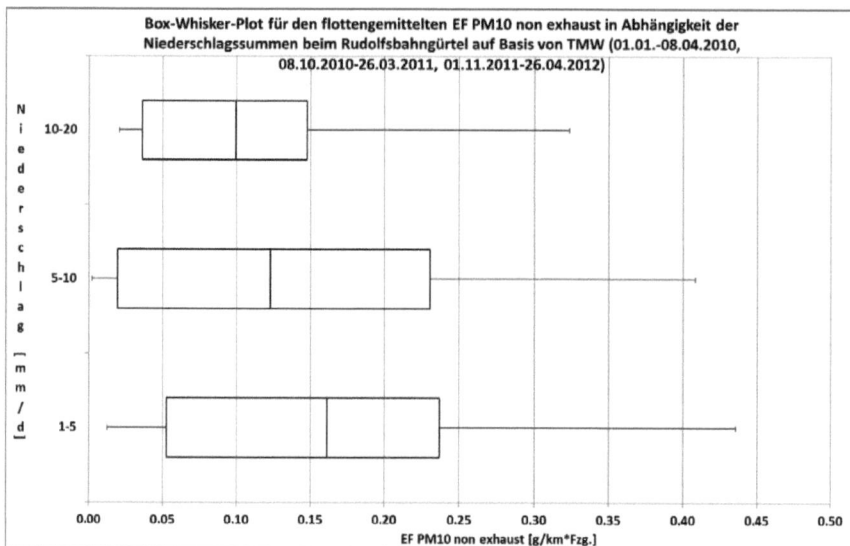

Abbildung 7-15: Einfluss von Niederschlag, unterteilt in Niederschlagsklassen, auf die Streuung des flottengemittelten EF PM_{10} non-exhaust beim Rudolfsbahngürtel auf Basis von TMW für den Zeitraum 01.01.-08.04.2010, 08.10.2010-26.03.2011, 01.11.2011-26.04.2012

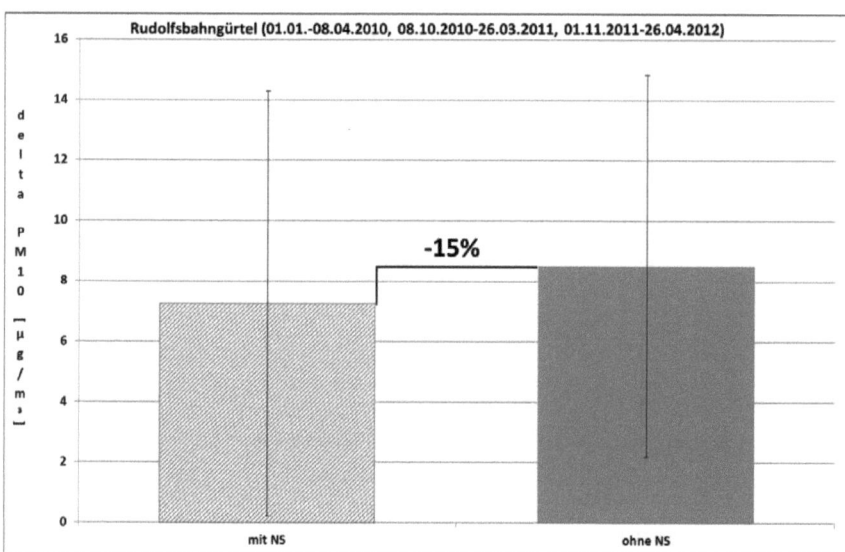

Abbildung 7-16: Durchschnittliche Veränderung von ΔPM_{10} an Tagen mit Niederschlag gegenüber Tagen ohne Niederschlag beim Rudolfsbahngürtel auf Basis von TMW für den Zeitraum 01.01.-08.04.2010, 08.10.2010-26.03.2011, 01.11.2011-26.04.2012

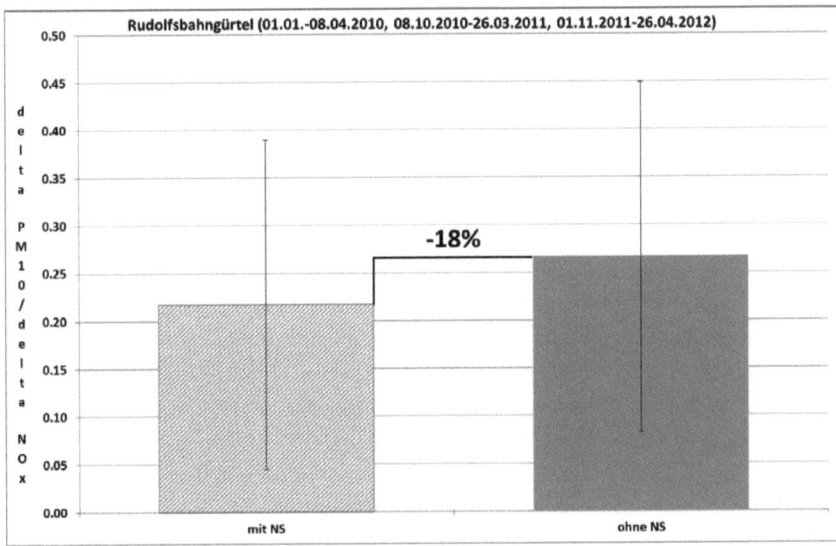

Abbildung 7-17: Durchschnittliche Veränderung des Verhältnisses $\Delta PM_{10}/\Delta NO_x$ an Tagen mit Niederschlag gegenüber Tagen ohne Niederschlag beim Rudolfsbahngürtel auf Basis von TMW für den Zeitraum 01.01.-08.04.2010, 08.10.2010-26.03.2011, 01.11.2011-26.04.2012

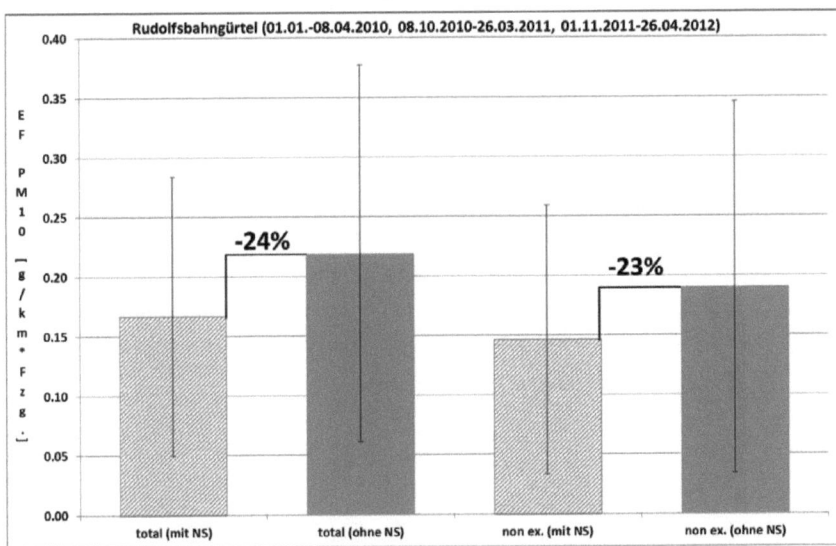

Abbildung 7-18: Durchschnittliche Veränderung des flottengemittelten EF PM_{10} bzw. EF PM_{10} non-exhaust an Tagen mit Niederschlag gegenüber Tagen ohne Niederschlag beim Rudolfsbahngürtel auf Basis von TMW für den Zeitraum 01.01.-08.04.2010, 08.10.2010-26.03.2011, 01.11.2011-26.04.2012

7.1.2.2 Minderungspotenzial durch CMA

Tagesmittelwerte

Völkermarkter Straße

Zur Veranschaulichung der Streuung der einzelnen Parameter in Abhängigkeit mit und ohne CMA Ausbringung wurden sogenannte Box-Whisker-Plots erstellt. Abbildung 7-19 zeigt die Verteilung des verkehrsbedingten Anteils von ΔPM_{10} an der Völkermarkter Straße, die sowohl mit als auch ohne CMA Ausbringung rechtssteil gerichtet ist. Darüber hinaus ist an Tagen mit CMA Ausbringung der absolute Betrag von ΔPM_{10} tendenziell höher. Normiert über das Verhältnis von $\Delta PM_{10}/\Delta NO_x$ verändert sich das Erscheinungsbild (s. Abbildung 7-20). Durch die Berücksichtigung der Verkehrsstärke (NO_x Konzentrationen) wird deutlich, dass das Verhältnis von $\Delta PM_{10}/\Delta NO_x$ an Tagen mit CMA Ausbringung tendenziell geringer ist und auch die Streuung der Messwerte abnimmt. Dies deutet im Umkehrschluss auf eine reduzierende Wirkung von CMA auf den verkehrsbedingten PM_{10} Anteil hin. Diese Auswertung dient, mit der in Kapitel 0 beschriebenen Methodik und den Verkehrszahlen in Kapitel 6.2.1.1, zur Berechnung der flottengemittelten Emissionsfaktoren von PM_{10} (gesamt) und PM_{10} non-exhaust. Die Verteilung der einzelnen Werte für die flottengemittelten Emissionsfaktoren ähnelt dem berechneten Verhältnis von $\Delta PM_{10}/\Delta NO_x$ (s. Abbildung 7-21 und Abbildung 7-22). Ein Vergleich der Mittelwerte für ΔPM_{10} zeigt, dass der absolute Betrag an Tagen mit CMA Ausbringung um 17% höher ist (s. Abbildung 7-23). Normiert auf die Verkehrsstärke ($\Delta PM_{10}/\Delta NO_x$) ergibt sich ein durchschnittliches Reduktionspotenzial von 19% durch CMA (s. Abbildung 7-24). Dies bedeutet umgerechnet auf den flottengemittelten PM_{10} Emissionsfaktor ein Reduktionspotenzial von 14% durch die CMA Ausbringung und erhöht sich in Bezug auf den flottengemittelten PM_{10} non-exhaust Emissionsfaktor auf 23% (s. Abbildung 7-25). Für die gesamte Messperiode an der Völkermarkter ergibt sich ein äquivalentes PM_{10} Reduktionspotenzial durch die CMA Ausbringung von knapp 3 $\mu g/m^3$ für den TMW.

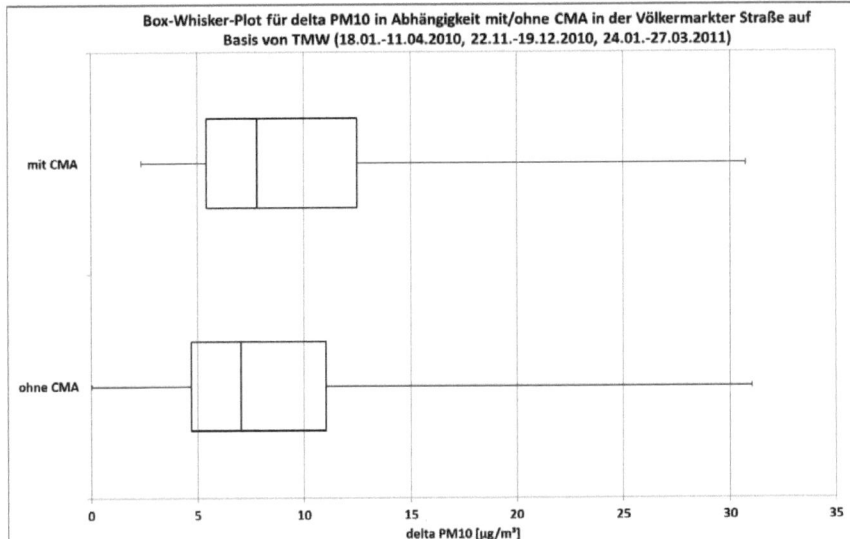

Abbildung 7-19: Einfluss mit/ohne CMA auf die Streuung von ΔPM_{10} an der Völkermarkter Straße auf Basis von TMW für den Zeitraum 18.01.-11.04.2010, 22.11.-19.12.2010, 24.01.-27.03.2011

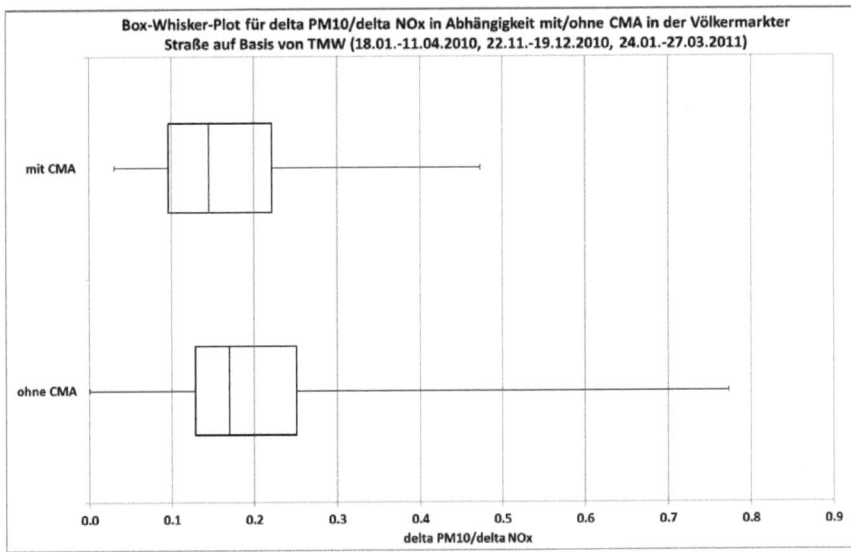

Abbildung 7-20: Einfluss mit/ohne CMA auf die Streuung des Verhältnisses $\Delta PM_{10}/\Delta NO_x$ an der Völkermarkter Straße auf Basis von TMW für den Zeitraum 18.01.-11.04.2010, 22.11.-19.12.2010, 24.01.-27.03.2011

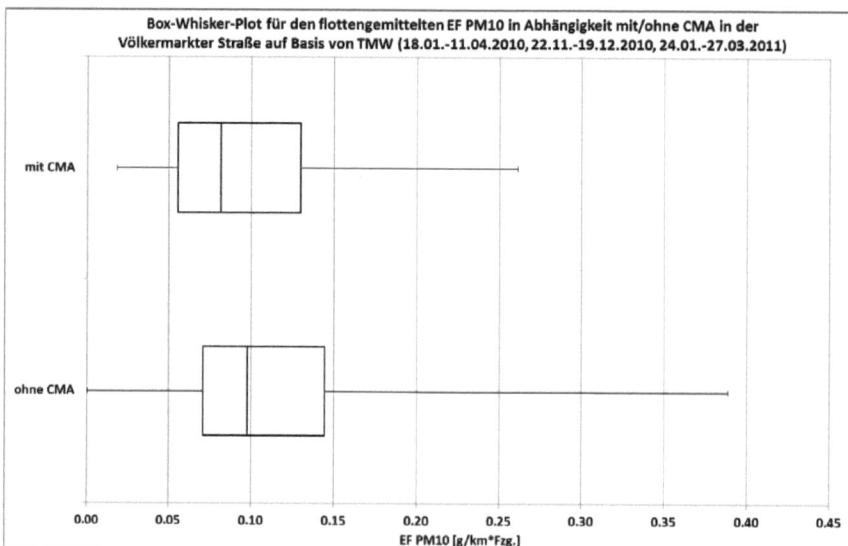

Abbildung 7-21: Einfluss mit/ohne CMA auf die Streuung des flottengemittelten EF PM_{10} an der Völkermarkter Straße auf Basis von TMW für den Zeitraum 18.01.-11.04.2010, 22.11.-19.12.2010, 24.01.-27.03.2011

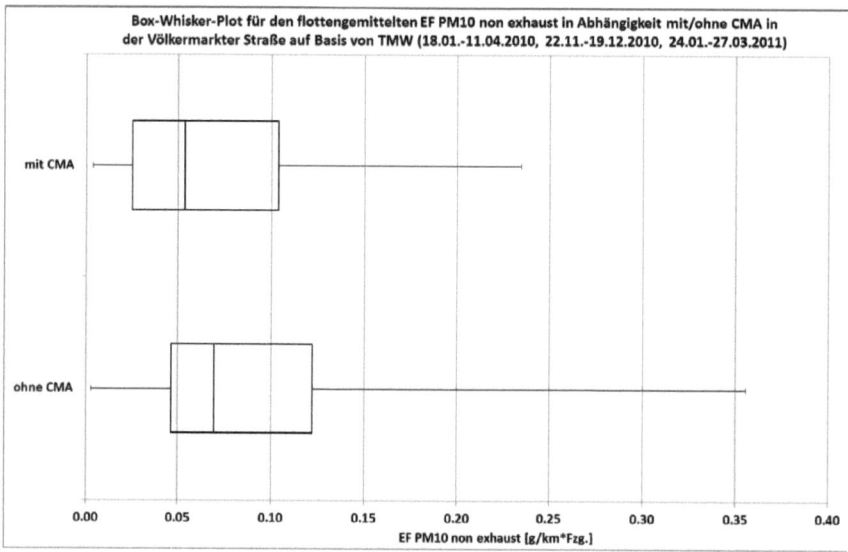

Abbildung 7-22: Einfluss mit/ohne CMA auf die Streuung des flottengemittelten EF PM_{10} non-exhaust an der Völkermarkter Straße auf Basis von TMW für den Zeitraum 18.01.-11.04.2010, 22.11.-19.12.2010, 24.01.-27.03.2011

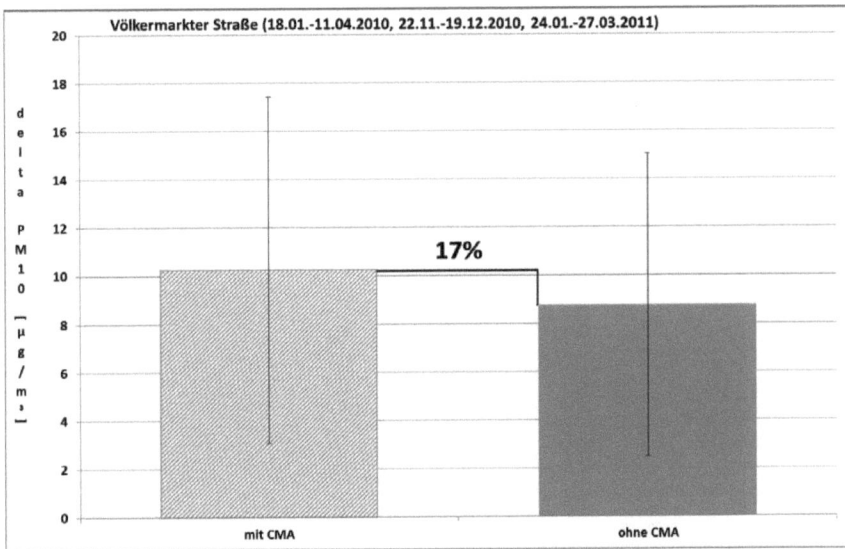

Abbildung 7-23: Durchschnittliche Veränderung von ΔPM_{10} an Tagen mit CMA gegenüber Tagen ohne CMA an der Völkermarkter Straße auf Basis von TMW für den Zeitraum 18.01.-11.04.2010, 22.11.-19.12.2010, 24.01.-27.03.2011

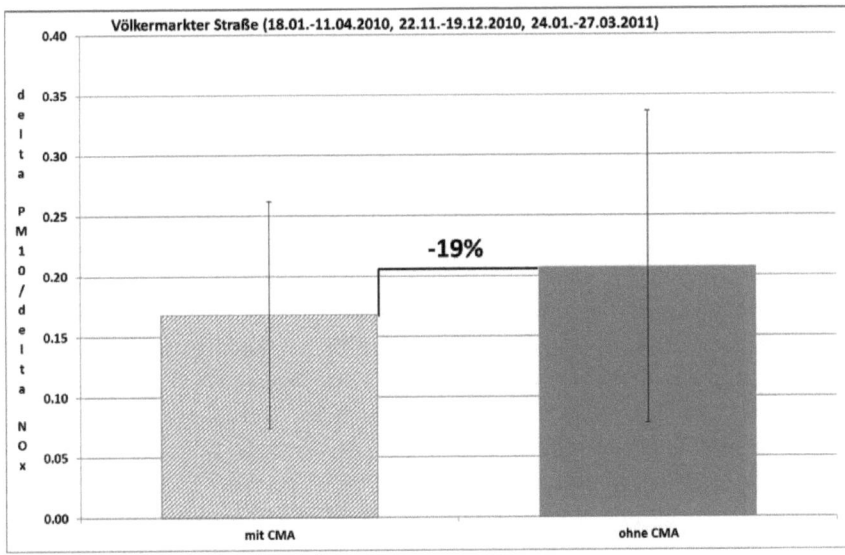

Abbildung 7-24: Durchschnittliche Veränderung des Verhältnisses $\Delta PM_{10}/\Delta NO_x$ an Tagen mit CMA gegenüber Tagen ohne CMA an der Völkermarkter Straße auf Basis von TMW für den Zeitraum 18.01.-11.04.2010, 22.11.-19.12.2010, 24.01.-27.03.2011

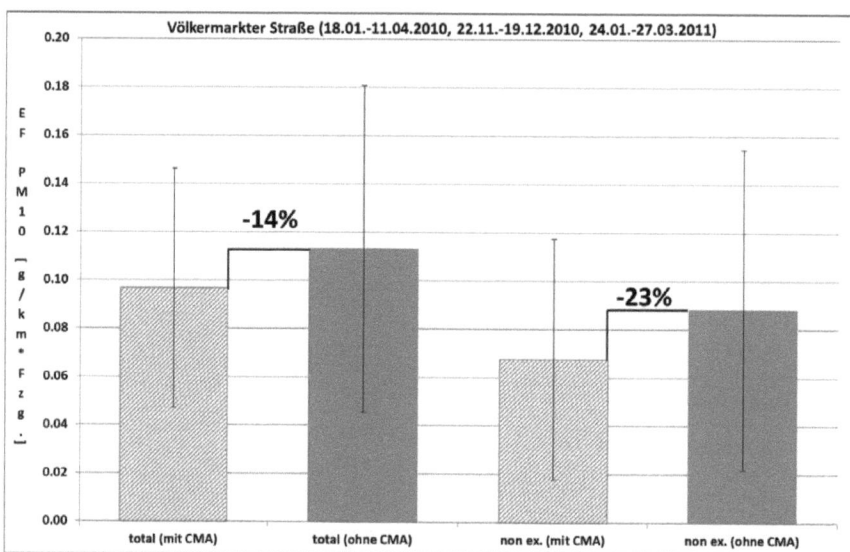

Abbildung 7-25: Durchschnittliche Veränderung des flottengemittelten EF PM_{10} bzw. EF PM_{10} non-exhaust an Tagen mit CMA gegenüber Tagen ohne CMA an der Völkermarkter Straße auf Basis von TMW für den Zeitraum 18.01.-11.04.2010, 22.11.-19.12.2010, 24.01.-27.03.2011

Rudolfsbahngürtel

Analog zur Völkermarkter Straße werden zur Veranschaulichung der Streuung der einzelnen Parameter in Abhängigkeit mit und ohne CMA Ausbringung Box-Whisker-Plots erstellt. Abbildung 7-26 zeigt die Verteilung des verkehrsbedingten Anteils von ΔPM_{10} beim Rudolfsbahngürtel, die sowohl mit als auch ohne CMA Ausbringung rechtssteil gerichtet ist. Darüber hinaus ist an Tagen mit CMA Ausbringung der absolute Betrag von ΔPM_{10} tendenziell höher. Normiert über das Verhältnis von $\Delta PM_{10}/\Delta NO_x$, welches die eigentliche Verkehrsstärke widerspiegelt, verändert sich das Erscheinungsbild (s. Abbildung 7-27). Es wird deutlich, dass das Verhältnis von $\Delta PM_{10}/\Delta NO_x$ an Tagen mit CMA Ausbringung tendenziell geringer ist und auch die Streuung der Messwerte abnimmt. Dies deutet indirekt auf eine reduzierende Wirkung von CMA auf den verkehrsbedingten PM_{10} Anteil hin, da das Wertespektrum eingegrenzt ist. Diese Auswertung dient, mit der in Kapitel 0 beschriebenen Methodik und den Verkehrszahlen in Kapitel 6.2.1.1, zur Berechnung der flottengemittelten Emissionsfaktoren von PM_{10} (gesamt/total) und PM_{10} non-exhaust. Die Verteilung der einzelnen Werte für die flottengemittelten Emissionsfaktoren ähnelt dem berechneten Verhältnis von $\Delta PM_{10}/\Delta NO_x$ (s. Abbildung 7-28 und Abbildung 7-29). Ein Vergleich der Mittelwerte für ΔPM_{10} zeigt, dass der absolute Betrag an Tagen mit CMA Ausbringung um 11% höher ist (s. Abbildung 7-30). In Bezug auf das Verhältnis von $\Delta PM_{10}/\Delta NO_x$ ergibt sich ein durchschnittliches Reduktionspotenzial von 16% durch CMA (s. Abbildung 7-31). Dies bedeutet umgerechnet auf den flottengemittelten Emissionsfaktor von PM_{10} und PM_{10} non-exhaust ein Reduktionspotenzial von ca. 10% durch die CMA Ausbringung (s. Abbildung 7-32). Für die gesamte Messperiode beim Rudolfsbahngürtel entspricht das äquivalente Reduktionspotenzial in Bezug auf PM_{10} durch die CMA Ausbringung knapp 4 µg/m³ für den TMW.

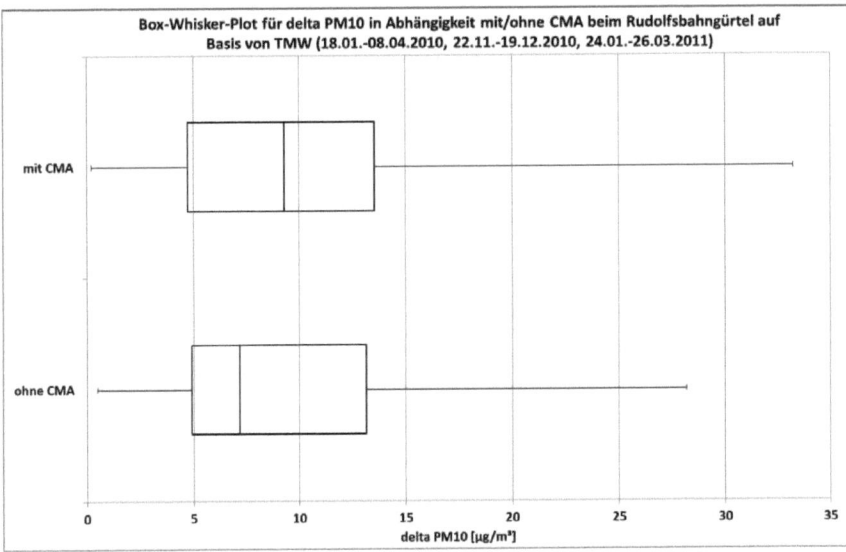

Abbildung 7-26: Einfluss mit/ohne CMA auf die Streuung von ΔPM_{10} beim Rudolfsbahngürtel auf Basis von TMW für den Zeitraum 18.01.-08.04.2010, 22.11.-19.12.2010, 24.01.-26.03.2011

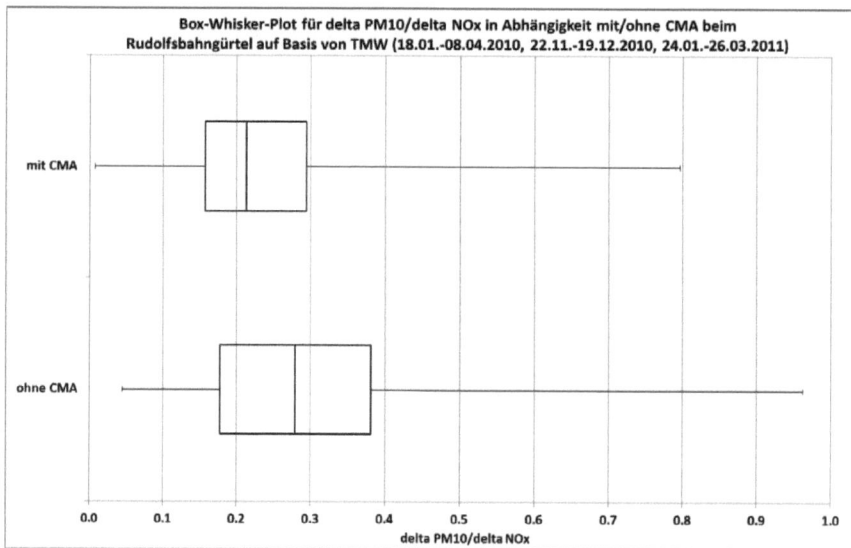

Abbildung 7-27: Einfluss mit/ohne CMA auf die Streuung des Verhältnisses von $\Delta PM_{10}/\Delta NO_x$ beim Rudolfsbahngürtel auf Basis von TMW für den Zeitraum 18.01.-08.04.2010, 22.11.-19.12.2010, 24.01.-26.03.2011

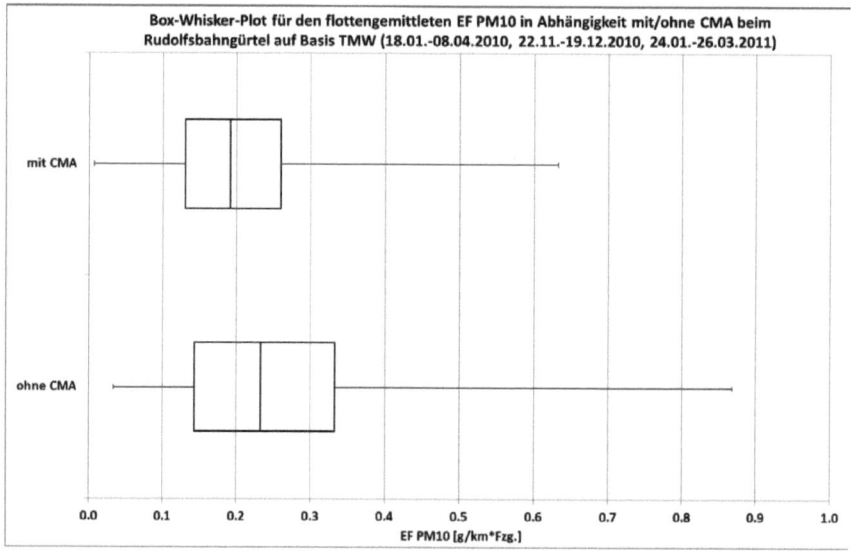

Abbildung 7-28: Einfluss mit/ohne CMA auf die Streuung des flottengemittelten EF PM_{10} beim Rudolfsbahngürtel auf Basis von TMW für den Zeitraum 18.01.-08.04.2010, 22.11.-19.12.2010, 24.01.-26.03.2011

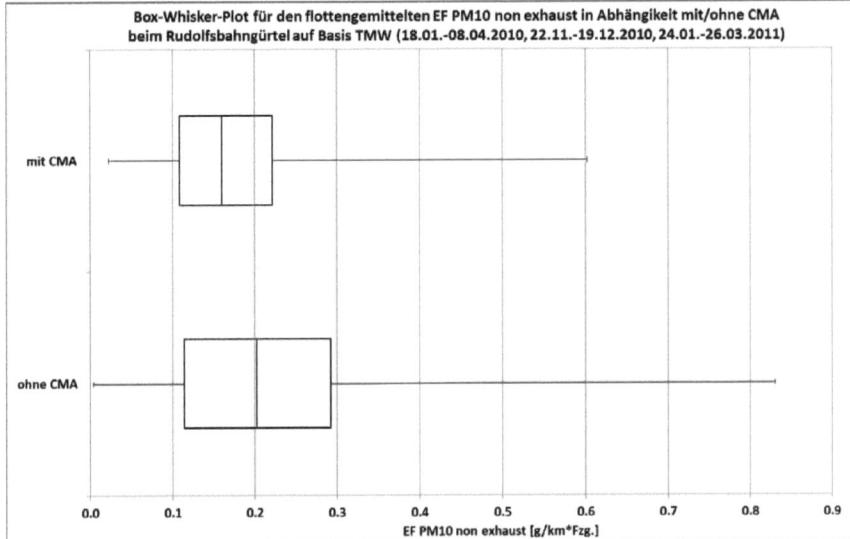

Abbildung 7-29: Einfluss mit/ohne CMA auf die Streuung des flottengemittelten EF PM_{10} non-exhaust beim Rudolfsbahngürtel auf Basis von TMW für den Zeitraum 18.01.-08.04.2010, 22.11.-19.12.2010, 24.01.-26.03.2011

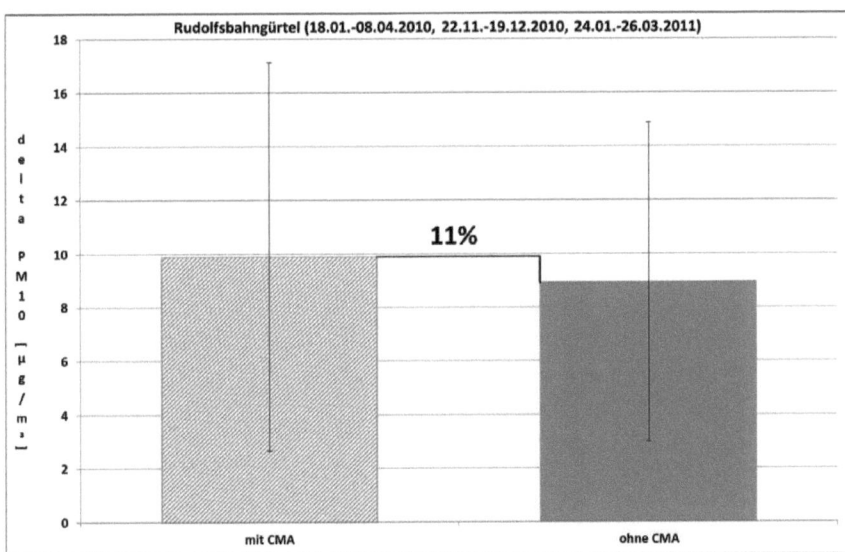

Abbildung 7-30: Durchschnittliche Veränderung von ΔPM_{10} an Tagen mit CMA gegenüber Tagen ohne CMA beim Rudolfsbahngürtel auf Basis von TMW für den Zeitraum 18.01.-08.04.2010, 22.11.-19.12.2010, 24.01.-26.03.2011

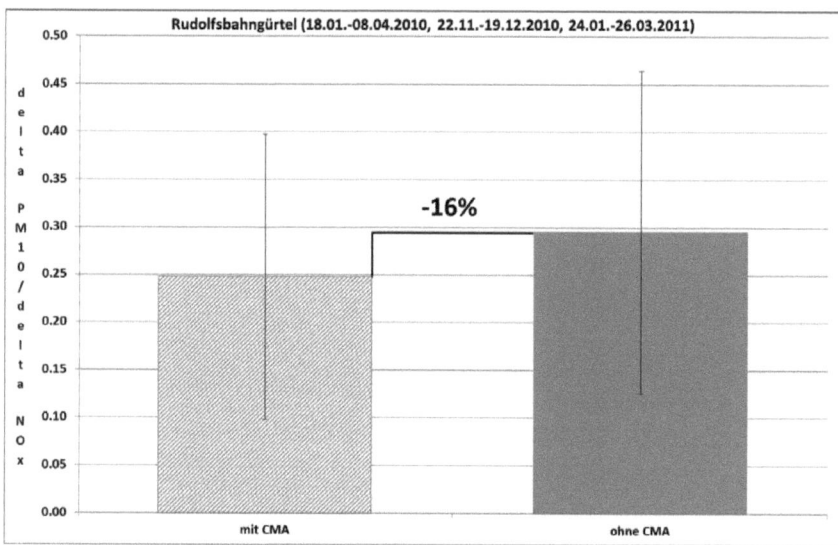

Abbildung 7-31: Durchschnittliche Veränderung des Verhältnisses $\Delta PM_{10}/\Delta NO_x$ an Tagen mit CMA gegenüber Tagen ohne CMA beim Rudolfsbahngürtel auf Basis von TMW für den Zeitraum 18.01.-08.04.2010, 22.11.-19.12.2010, 24.01.-26.03.2011

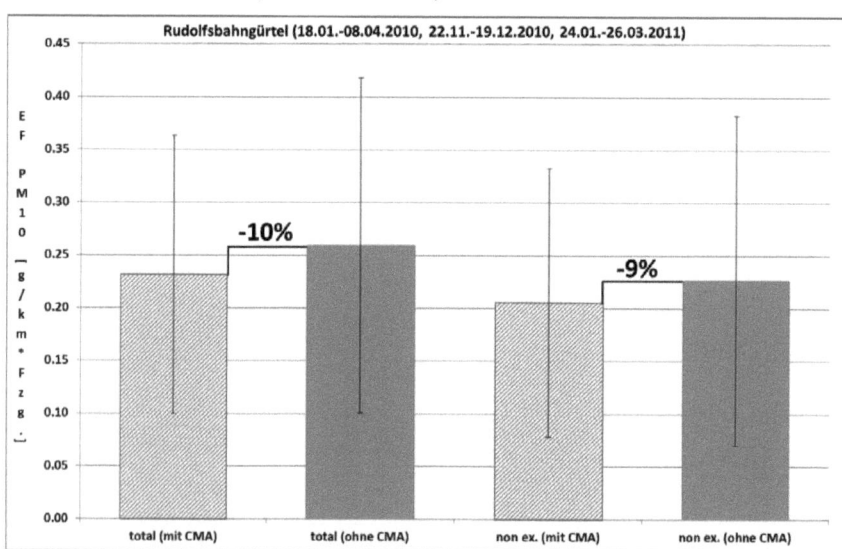

Abbildung 7-32: Durchschnittliche Veränderung des flottengemittelten EF PM_{10} bzw. EF PM_{10} non-exhaust an Tagen mit CMA gegenüber Tagen ohne CMA beim Rudolfsbahngürtel auf Basis von TMW für den Zeitraum 18.01.-08.04.2010, 22.11.-19.12.2010, 24.01.-26.03.2011

7.1.3 Sommermesskampagnen

In diesem Kapitel werden anhand von zwei Messstandorten in Klagenfurt, die Auswirkungen von Niederschlag und CMA auf die Luftgütesituation an unbefestigten Fahrwegen diskutiert. Betrachtet werden die Parameter ΔPM_{10}, $\Delta PM_{10}/\Delta NO_x$ sowie die flottengemittelten Emissionsfaktoren von PM_{10} und PM_{10} non-exhaust. Diese Parameter werden den Tagen ohne Niederschlag bzw. CMA Ausbringung gegenübergestellt. Die Auswertungen werden getrennt für den Druckerweg (30.07.-29.08.2009) und den Grenzweg (03.08.-06.09.2011) sowohl auf Basis von TMW als auch von HMW dargestellt und erörtert.

7.1.3.1 Minderung durch Niederschlag

Tagesmittelwerte

Grenzweg (2011)

Ein Vergleich des durchschnittlichen Betrages von ΔPM_{10} an Niederschlagstagen ($\geq$ 1 mm/d) gegenüber Tagen ohne Niederschlag, zeigt entlang des Grenzweges eine Minderung von 90% (s. Abbildung 7-33). Dieses kann auch für $\Delta PM_{2,5}$ festgestellt werden (s. Abbildung 7-34) und unterstreicht die Bedeutung von unbefestigten Fahrwegen als lokal bedeutende Feinstaubquelle infolge von Abrieb und Wiederaufwirbelung. Das Verhältnis von $\Delta PM_{10}/\Delta NO_x$ reduziert sich infolge von Niederschlagsereignissen um 80% (s. Abbildung 7-35). Die Auswirkungen auf den flottengemittelten Emissionsfaktor für PM_{10} und PM_{10} non-exhaust können aufgrund fehlender Verkehrszahlen nicht bestimmt werden. Aufgrund des begrenzten Messzeitraums von 1 Monat und der geringen Anzahl von 6 Niederschlagstagen wird auf eine differenzierte Betrachtung in Abhängigkeit unterschiedlicher Niederschlagssummen verzichtet. Für den Messzeitraum beim Grenzweg ergibt sich in Bezug auf PM_{10} eine äquivalente Reduktion durch Niederschlag von ca. 20 µg/m³ für den TMW.

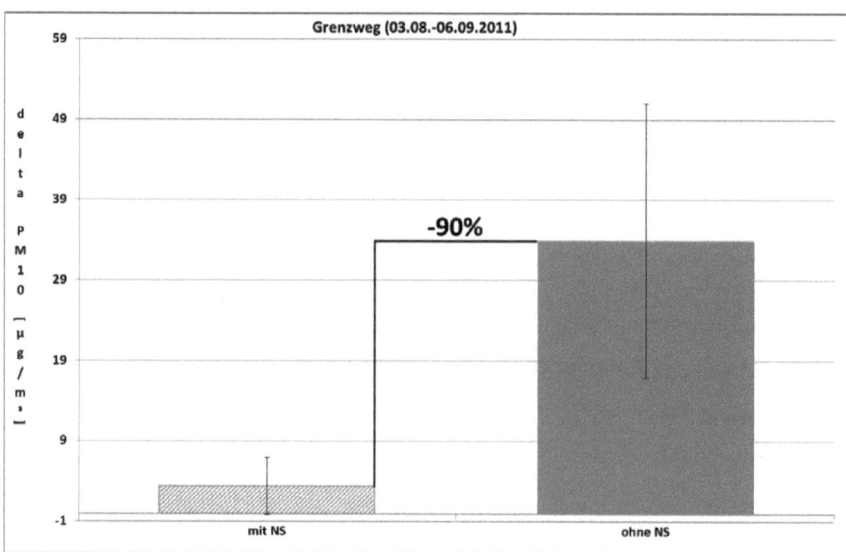

Abbildung 7-33: Durchschnittliche Veränderung von ΔPM_{10} an Tagen mit Niederschlag gegenüber Tagen ohne Niederschlag beim Grenzweg auf Basis von TMW für den Zeitraum (03.08.-06.09.2011)

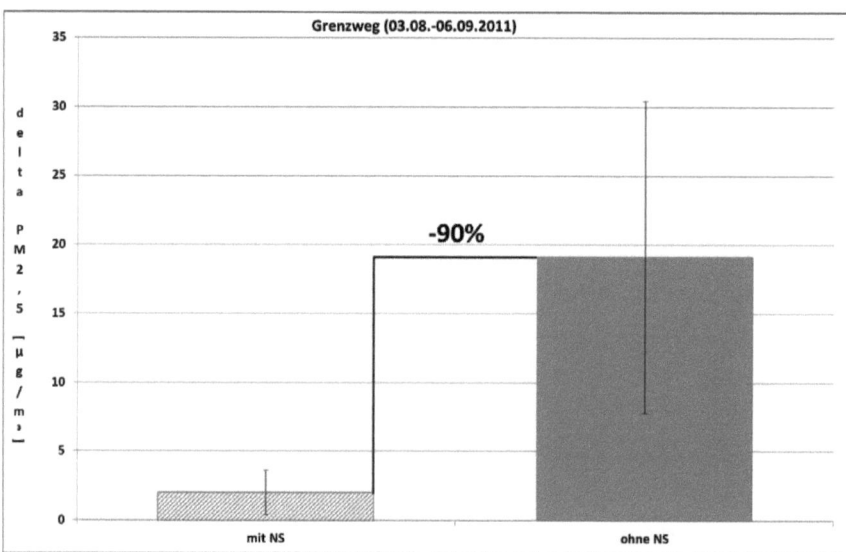

Abbildung 7-34: Durchschnittliche Veränderung von $\Delta PM_{2,5}$ an Tagen mit Niederschlag gegenüber Tagen ohne Niederschlag beim Grenzweg auf Basis von TMW für den Zeitraum (03.08.-06.09.2011)

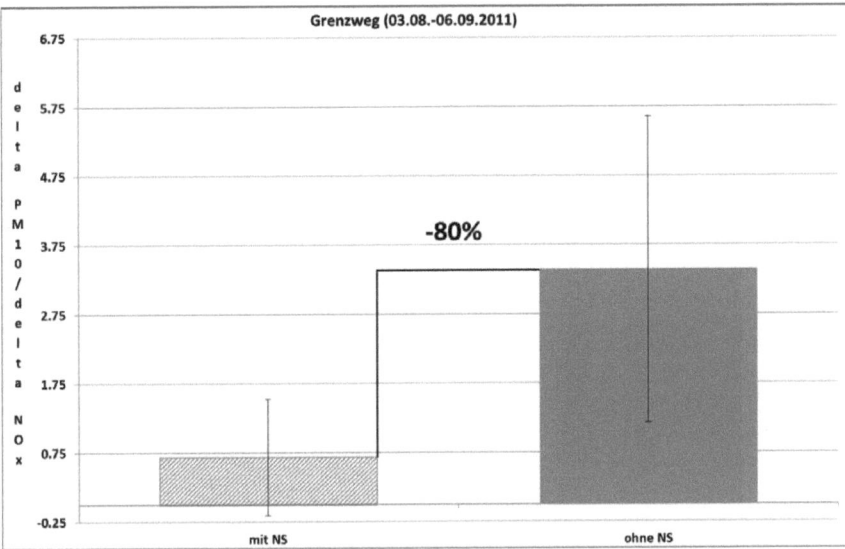

Abbildung 7-35: Durchschnittliche Veränderung des Verhältnisses $\Delta PM_{10}/\Delta NO_x$ an Tagen mit Niederschlag gegenüber Tagen ohne Niederschlag beim Grenzweg auf Basis von TMW für den Zeitraum (03.08.-06.09.2011)

7.1.3.2 Minderungspotenzial durch CMA

Tagesmittelwerte (TMW)

Druckerweg (2009)

Während der Messkampagne beim Druckerweg wurde CMA am 25.08. aufgesprüht. Für eine ausreichende Sättigung der großteils unbefestigten Straßenoberfläche wurden 100 g/m² an CMA auf Höhe des Messpunktes 1 (MP1) aufgebracht. Ein Vergleich des durchschnittlichen Betrages von ΔPM_{10} am Tag mit CMA gegenüber Tagen ohne CMA Ausbringung zeigt entlang des Druckerweges nahezu idente Werte für den MP1, während der absolute Betrag entlang des unbehandelten Streckenabschnittes auf Höhe des Messpunktes 2 (MP2) einen deutlich höheren Betrag an ΔPM_{10} aufweist (s. Abbildung 7-36). In Abbildung 7-37 sind die Auswirkungen auf das Verhältnis von $\Delta PM_{10}/\Delta NO_x$ getrennt für den MP1 und MP2 bzw. für den Tag mit CMA und der Messperiode ohne CMA Ausbringung dargestellt. Es zeigt sich, dass das im Vergleich zu MP1 korrigierte Verhältnis von $\Delta PM_{10}/\Delta NO_x$ entlang des unbehandelten Streckenabschnittes bei MP2 am Tag der CMA Ausbringung um 119% höher ist, als an den restlichen Tagen, während das Verhältnis von $\Delta PM_{10}/\Delta NO_x$ bei MP1 infolge der CMA Ausbringung niedrig bleibt. Ein ähnliches Bild zeigt sich auch für die Auswertungen in Bezug auf den flottengemittelten Emissionsfaktor für PM_{10} und PM_{10} non-exhaust (s. Abbildung 7-38 und Abbildung 7-39). Rückgerechnet über das Verhältnis entlang des unbehandelten Abschnittes auf Höhe MP2 zwischen dem Tag der CMA Ausbringung und der restlichen Messperiode ergibt sich für den flottengemittelten Emissionsfaktor PM_{10} ein Reduktionspotenzial bei MP1 von knapp 60%. Aufgrund des untergeordneten verbrennungsbedingten Anteils an PM_{10} bleibt das Reduktionspotenzial in Bezug auf den flottengemittelten Emissionsfaktor PM_{10} non-exhaust praktisch unverändert. Trotz des begrenzten Messzeitraums von knapp 1 Monat und der einmaligen Ausbringung am 25.08. geben diese Ergebnisse ein Indiz für die Wirksamkeit von CMA zur Staubreduktion auf unbefestigten Fahrwegen. Im gegenständlichen Fall entspricht das äquivalente Reduktionspotenzial in Bezug auf PM_{10} 19 µg/m³ entlang des Druckerweges auf Höhe MP1.

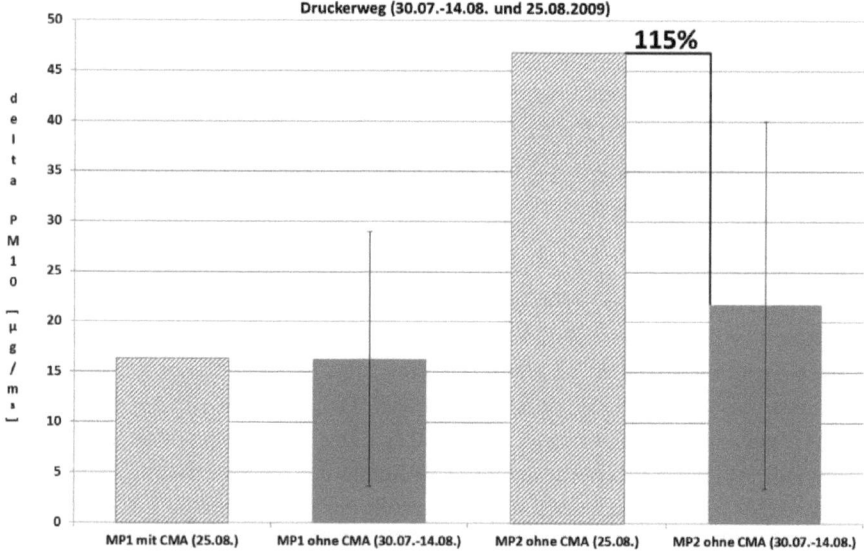

Abbildung 7-36: Durchschnittliche Veränderung von ΔPM_{10} am Tag mit CMA gegenüber Tagen ohne CMA entlang des Druckerweges bei MP1 und MP2 auf Basis von TMW für den Zeitraum (30.07.-14.08. und 25.08.2009)

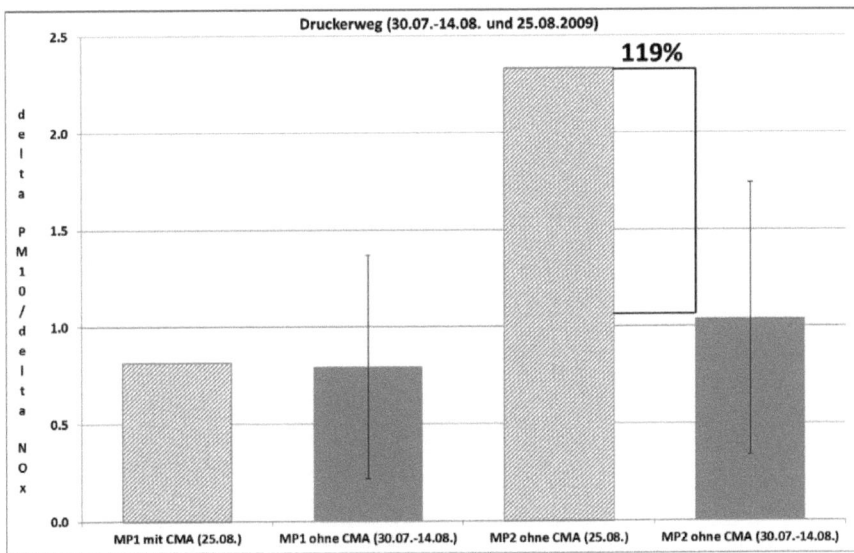

Abbildung 7-37: Durchschnittliche Veränderung des Verhältnisses von $\Delta PM_{10}/\Delta NO_x$ am Tag mit CMA gegenüber Tagen ohne CMA entlang des Druckerweges bei MP1 und MP2 auf Basis von TMW für den Zeitraum (30.07.-14.08. und 25.08.2009)

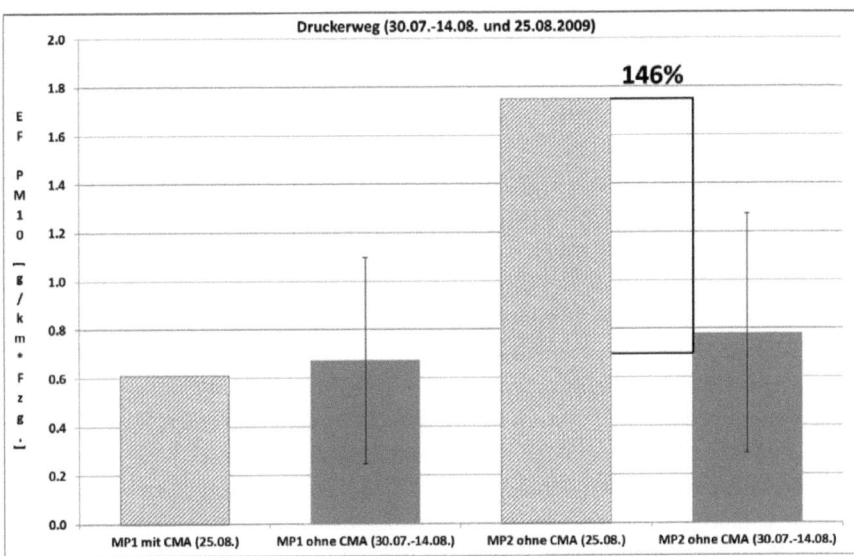

Abbildung 7-38: Durchschnittliche Veränderung des flottengemittelten EF PM_{10} am Tag mit CMA gegenüber Tagen ohne CMA entlang des Druckerweges bei MP1 und MP2 auf Basis von TMW für den Zeitraum (30.07.-14.08. und 25.08.2009)

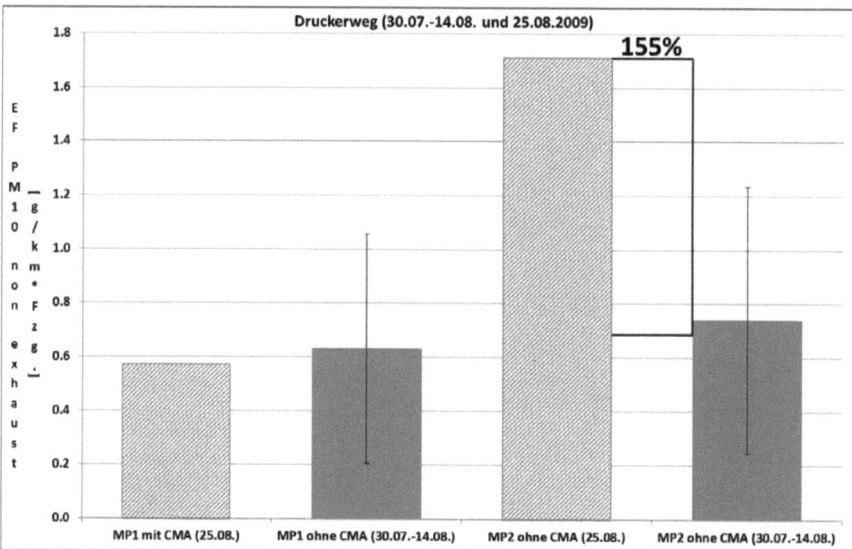

Abbildung 7-39: Durchschnittliche Veränderung des flottengemittelten EF PM_{10} non-exhaust am Tag mit CMA gegenüber Tagen ohne CMA entlang des Druckerweges bei MP1 und MP2 auf Basis von TMW für den Zeitraum (30.07.-14.08. und 25.08.2009)

Grenzweg (2011)

Während der Messkampagne beim Grenzweg wurde CMA am 18.08., 24.08. und 29.08.2011 aufgebracht. Für eine ausreichende Sättigung der unbefestigten Straßenoberfläche wurden 100g/m² an CMA Lösung aufgebracht. Ein Vergleich des durchschnittlichen Betrages von ΔPM_{10} an Tagen mit CMA gegenüber Tagen ohne CMA Ausbringung zeigt entlang des Grenzweges ein Minderungspotenzial von knapp 50% (s. Abbildung 7-40). Dieses erhöht sich in Bezug auf $\Delta PM_{2,5}$ auf ca. 60% (s. Abbildung 7-41). Die Auswirkungen auf das Verhältnis von $\Delta PM_{10}/\Delta NO_x$ bzw. auf den flottengemittelten Emissionsfaktor für PM_{10} und PM_{10} non-exhaust können aufgrund eines NO_x Messgeräteausfalles und fehlender Verkehrszahlen nicht bestimmt werden. Trotz des begrenzten Messzeitraums von 1 Monat und der geringen Anzahl von 3 Tagen mit CMA Ausbringung lassen diese Ergebnisse den Schluss zu, dass CMA zur Staubreduktion auf unbefestigten Fahrwegen geeignet ist. Im gegenständlichen Fall entspricht das äquivalente Reduktionspotenzial in Bezug auf PM_{10} 25 µg/m³ und in Bezug auf $PM_{2,5}$ 17 µg/m³.

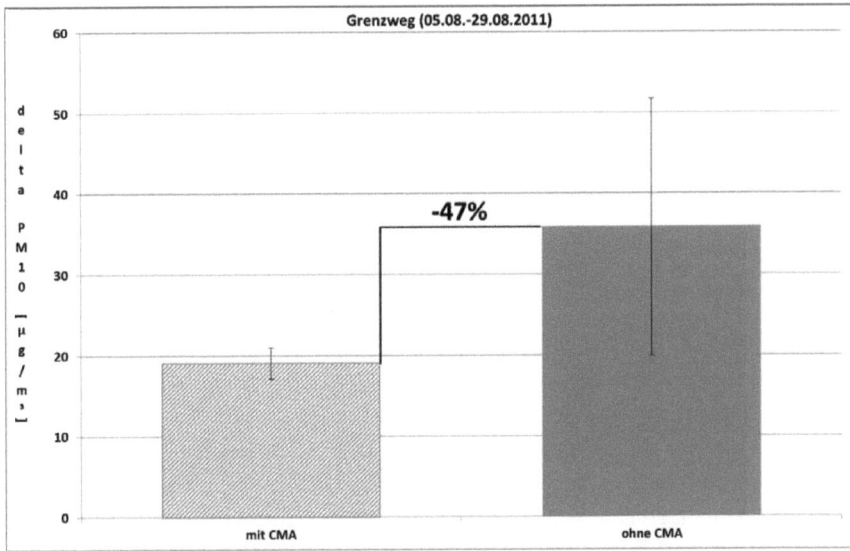

Abbildung 7-40: Durchschnittliche Veränderung von ΔPM_{10} an Tagen mit CMA gegenüber Tagen ohne CMA beim Grenzweg auf Basis von TMW für den Zeitraum (03.08.-06.09.2011)

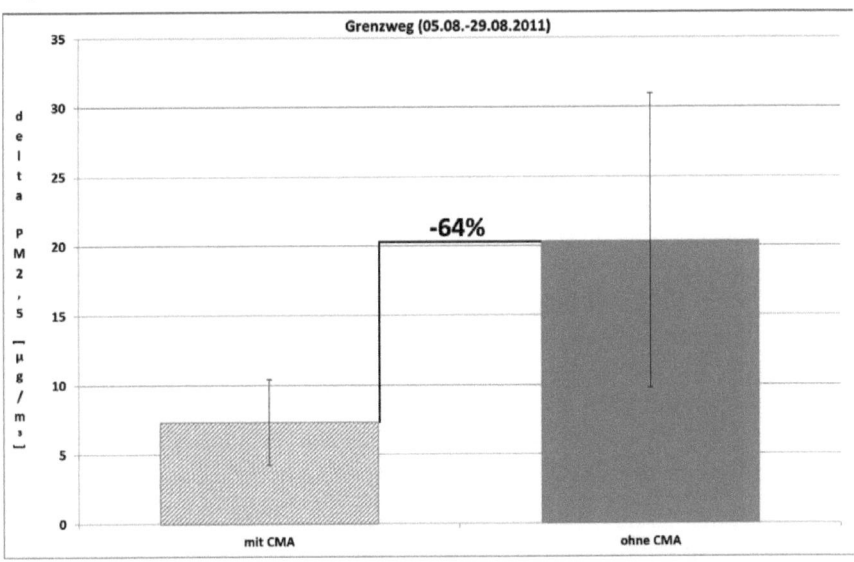

Abbildung 7-41: Durchschnittliche Veränderung von $\Delta PM_{2,5}$ an Tagen mit CMA gegenüber Tagen ohne CMA beim Grenzweg auf Basis von TMW für den Zeitraum (03.08.-06.09.2011)

7.1.3.3 Flottengemittelte Emissionsfaktoren

In diesem Kapitel werden flottengemittelte Emissionsfaktoren für PM_{10} und PM_{10} non-exhaust ohne Niederschlagstage und CMA Ausbringung angeführt. Die entsprechenden Datensätze werden in Hinblick auf unterschiedliche Fahrbahnoberflächen (reine Schotterstraße und Schotterstraße mit tlw. Asphalt) und in Abhängigkeit der Fahrzeuganzahl ausgewertet, um Aussagen auf die lokale Luftgütesituation zu ermöglichen.

Tagesmittelwerte (TMW)
Druckerweg (2009)

Die straßennahe Messung entlang des Druckerweges bestand aus zwei Luftgütemessstationen im Abstand von ca. 300 m, um primär die Auswirkungen von CMA auf die lokale Luftgütesituation erfassen zu können. Eine Detailuntersuchung der Luftgütemessdaten und ein Ortsaugenschein zeigten, dass die Straßenoberfläche auf Höhe des Messpunktes 1 (MP1) zum Teil noch asphaltierte Areale aufweist, während auf Höhe von Messpunkt 2 (MP2) eine reine Schotterstraße vorliegt. Diese unterschiedlichen Charakteristika der Straßenoberfläche zeigten auch unterschiedliche Auswirkungen auf die lokale Luftgütesituation. Abbildung 7-42 zeigt die Streuung der einzelnen Messwerte von ΔPM_{10} anhand eines Box-Whisker-Plots getrennt für MP1 und MP2. Dabei ist ersichtlich, dass die Streuung bei MP2 deutlich größer und der absolute Betrag ca. um den Faktor 2 höher ist als bei MP1. Normiert auf das Verhältnis von $\Delta PM_{10}/\Delta NO_x$ zeigt sich ein ähnliches Bild (s. Abbildung 7-43). Im Unterschied zu den Auswertungen entlang von befestigten Straßen zeigt sich jedoch die Bedeutung der Wiederaufwirbelung von Straßenstaub entlang von unbefestigten Straßen, da der Quotient von $\Delta PM_{10}/\Delta NO_x$ im Durchschnitt größer 1 ist.. Diese Auswertung dient, mit der in Kapitel 0 beschriebenen Methodik und den Verkehrszahlen in Kapitel 0, zur Berechnung der flottengemittelten Emissionsfaktoren von PM_{10} und PM_{10} non-exhaust. Die Verteilung der einzelnen Werte für die flottengemittelten Emissionsfaktoren ähnelt dem berechneten Verhältnis von $\Delta PM_{10}/\Delta NO_x$ (s. Abbildung 7-44 und Abbildung 7-45), wobei die Streuung bei MP1 linkssteil ist. Ein Vergleich der durchschnittlichen flottengemittelten Emissionsfaktoren in Abbildung 7-46 zeigt, dass bei MP1 ca. 16% niedrigere Werte in Bezug auf PM_{10} (total) gemessen werden. Aufgrund des erwartungsgemäß hohen Anteils von diffusen Staubimmissionen erhöht sich der Unterschied zwischen MP1 und MP2 nur auf 17% bezogen auf den flottengemittelten PM_{10} non-exhaust Emissionsfaktor. Abschließend kann festgehalten werden, dass trotz des geringen Abstandes zwischen den beiden Messpunkten ein deutlicher Unterschied auf die lokale Luftgütesituation nachweisbar ist, der auf die unterschiedliche Fahrbahnbeschaffenheit zurückzuführen ist.

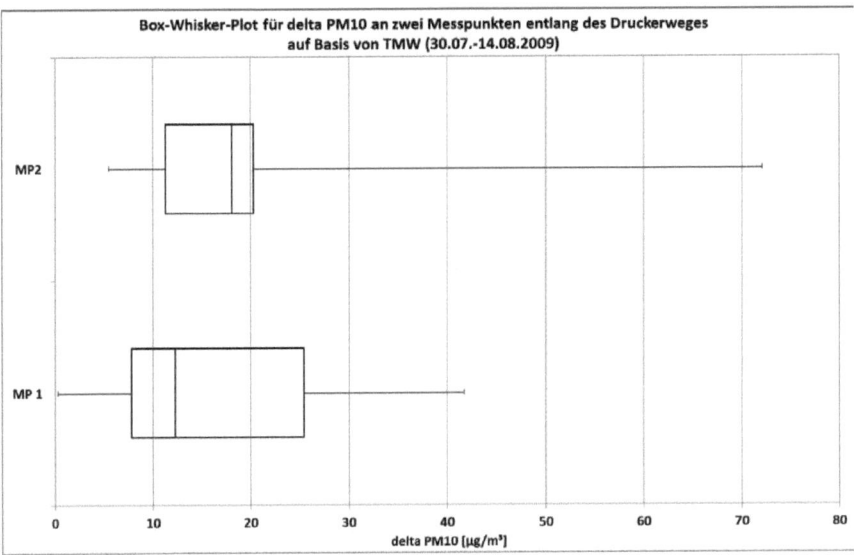

Abbildung 7-42: Einfluss der Straßenoberfläche (MP1: tlw. befestigt, MP2: unbefestigt) auf die Streuung von ΔPM_{10} entlang des Druckerweges für den Zeitraum 30.07.-14.08.2009

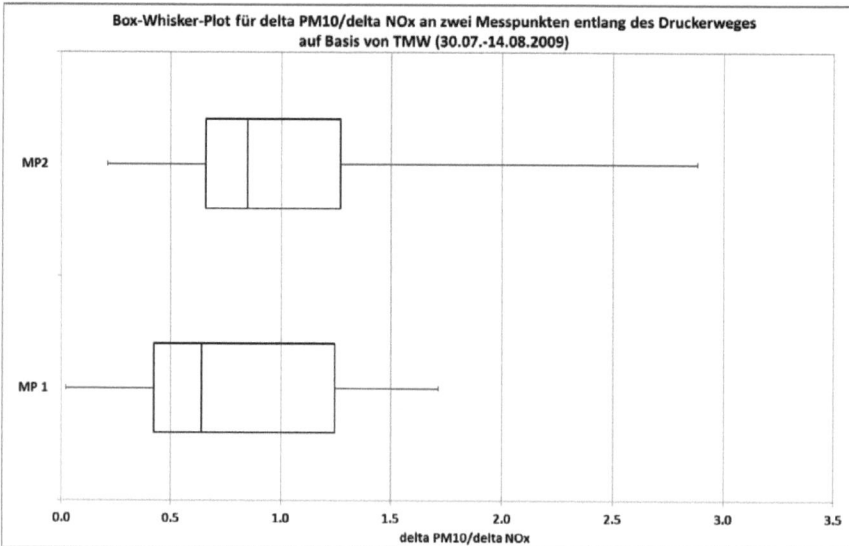

Abbildung 7-43: Einfluss der Straßenoberfläche (MP1: tlw. befestigt, MP2: unbefestigt) auf die Streuung des Verhältnisses von $\Delta PM_{10}/\Delta NO_x$ entlang des Druckerweges für den Zeitraum 30.07.-14.08.2009

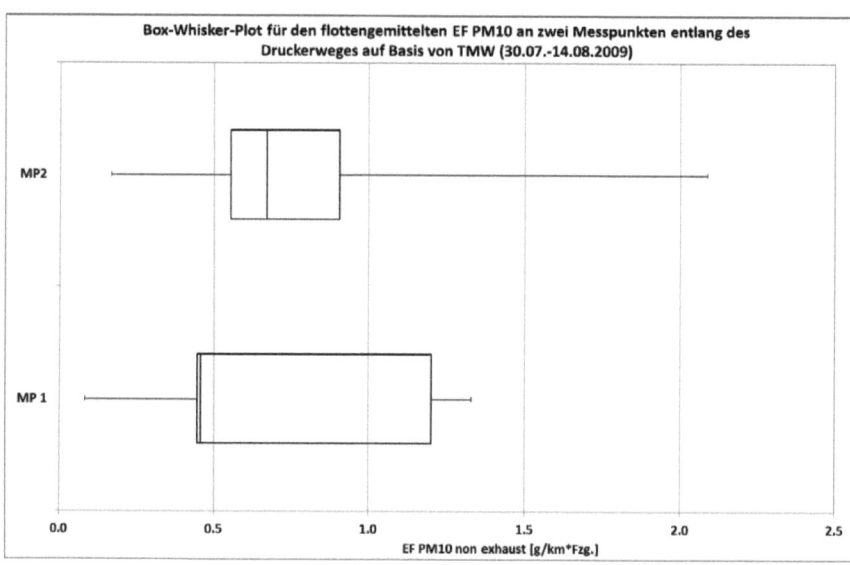

Abbildung 7-44: Einfluss der Straßenoberfläche (MP1: tlw. befestigt, MP2: unbefestigt) auf die Streuung des flottengemittelten EF PM_{10} entlang des Druckerweges für den Zeitraum 30.07.-14.08.2009

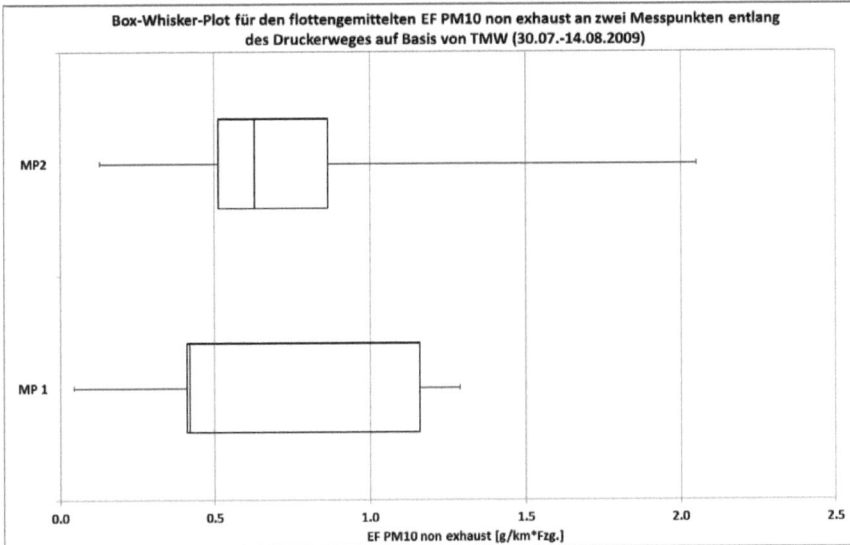

Abbildung 7-45: Einfluss der Straßenoberfläche (MP1: tlw. befestigt, MP2: unbefestigt) auf die Streuung des flottengemittelten EF PM_{10} non-exhaust entlang des Druckerweges für den Zeitraum 30.07.-14.08.2009

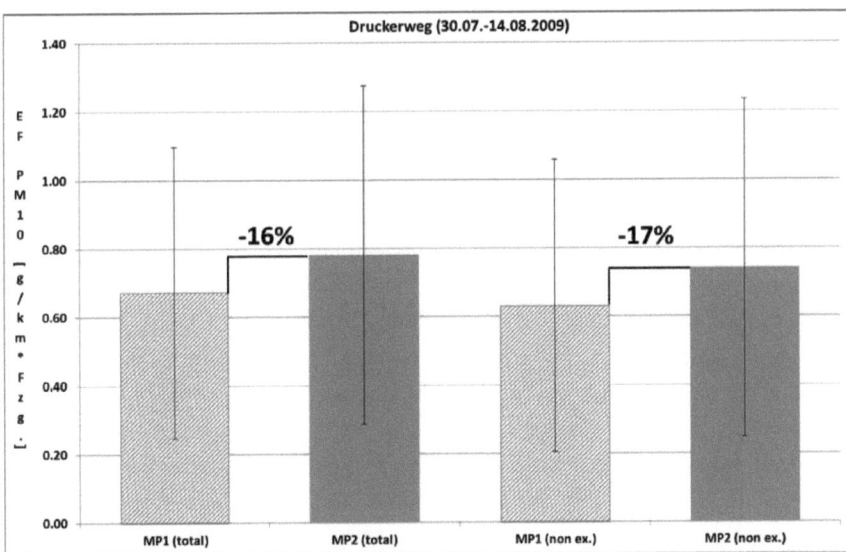

Abbildung 7-46: Einfluss der Straßenoberfläche (MP1: tlw. befestigt, MP2: unbefestigt) auf den durchschnittlichen flottengemittelten EF PM_{10} und PM_{10} non-exhaust entlang des Druckerweges für den Zeitraum 30.07.-14.08.2009

Halbstundenmittelwerte (HMW)

Druckerweg (2009)

Aufgrund der zeitlich hochaufgelösten Messreihe mit halbstündlichen Daten wurde die Untersuchung dahingehend erweitert, einen etwaigen Zusammenhang zwischen Fahrzeuganzahl und Auswirkung auf die lokale Luftgütesituation abzuleiten. Zu diesem Zweck wurden die Messdaten in Bezug auf die Fahrzeuganzahl kategorisiert und die Verteilung für die einzelnen Parameter anhand von Box-Whisker-Plots getrennt für MP1 und MP2 ausgewertet. Abbildung 7-47 zeigt, dass der absolute Betrag an ΔPM_{10} von 1-20 Fzg./30 min kontinuierlich ansteigt und dann stagniert. Die Verteilung der Messwerte ist, wie auch für das Verhältnis von $\Delta PM_{10}/\Delta NO_x$ (s. Abbildung 7-48), deutlich rechtssteil gerichtet, wobei die Schwankungsbreite mit zunehmender Fahrzeuganzahl geringer wird. Dieser Umstand ist sicher auch der Tatsache geschuldet, dass die Anzahl an (halbstündlichen) Messwerten mit der steigenden Fahrzeuganzahl sinkt. Andererseits dürften auch die spezifischen Emissionsfaktoren mit zunehmender Fahrzeuganzahl sinken und die Schwankung binnen einer halben Stunde merklich reduzieren (s. Abbildung 7-49 und Abbildung 7-50). Betrachtet man die durchschnittliche Entwicklung des flottengemittelten Emissionsfaktors für PM_{10} an MP1 in Abbildung 7-51 so wird deutlich, dass diese bei den Fahrzeugkategorien 1-5 und 5-10 Fzg./30 min stagniert und danach deutlich abnimmt. Das Bestimmtheitsmaß mit $R^2=0,84$ ist sehr hoch und erhöht sich für den flottengemittelten Emissionsfaktor PM_{10} non-exhaust auf $R^2=0,90$ (s. Abbildung 7-52). In Bezug auf den MP2 sind die Ergebnisse der betreffenden Box-Whisker-Plots jenen von MP1 ähnlich, obwohl die Werte aufgrund der Fahrbahnbeschaffenheit generell höher sind (s. Abbildung 7-53 bis Abbildung 7-56). Der reine Schotter als Straßenbelag dürfte auch dafür verantwortlich sein, dass die durchschnittliche Entwicklung des flottengemittelten Emissionsfaktor für PM_{10} an MP2 größeren Schwankungen unterliegt (s. Abbildung 7-55).

Das Bestimmtheitsmaß mit $R^2=0,62$ ist deutlich ausgeprägt (s. Abbildung 7-57) und konnte auch für den flottengemittelten Emissionsfaktor PM_{10} non-exhaust mit $R^2=0,60$ berechnet werden (s. Abbildung 7-58). Der Anstieg von der Fahrzeugkategorie mit 1-5 auf 5-10 Fzg./30 min ist jedoch deutlicher zu sehen. Erst im Anschluss nimmt der durchschnittliche flottengemittelte Emissionsfaktor deutlich ab.

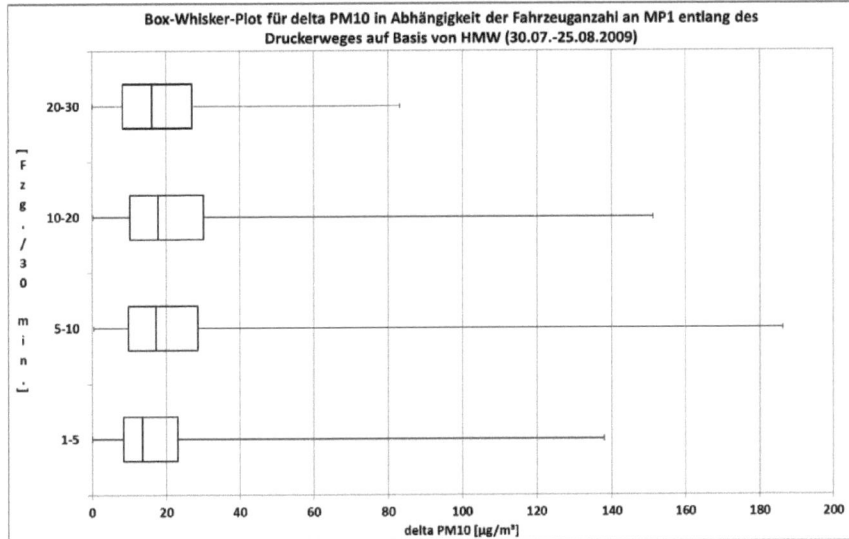

Abbildung 7-47: Einfluss der Fahrzeuganzahl nach Kategorien auf die Streuung von ΔPM_{10} an MP1 entlang des Druckerweges auf Basis von HMW für den Zeitraum 30.07.-25.08.2009

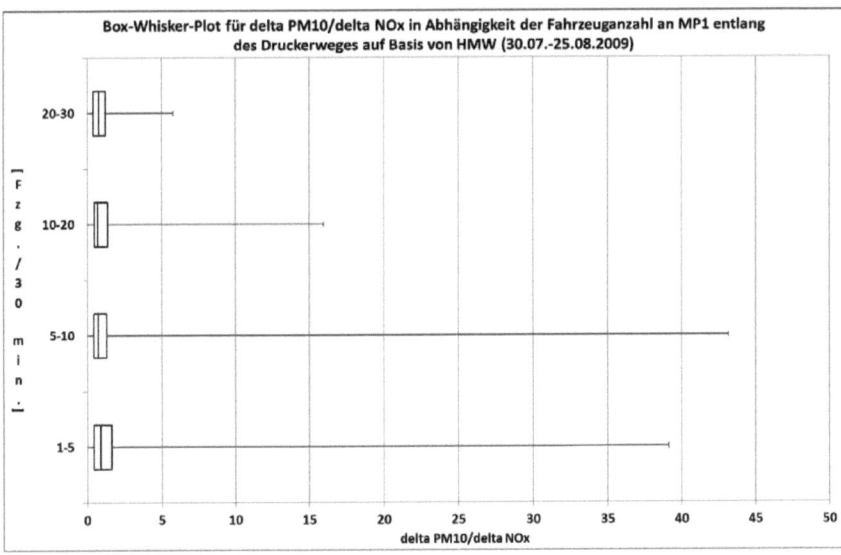

Abbildung 7-48: Einfluss der Fahrzeuganzahl nach Kategorien auf die Streuung von $\Delta PM_{10}/\Delta NO_x$ an MP1 entlang des Druckerweges auf Basis von HMW für den Zeitraum 30.07.-25.08.2009

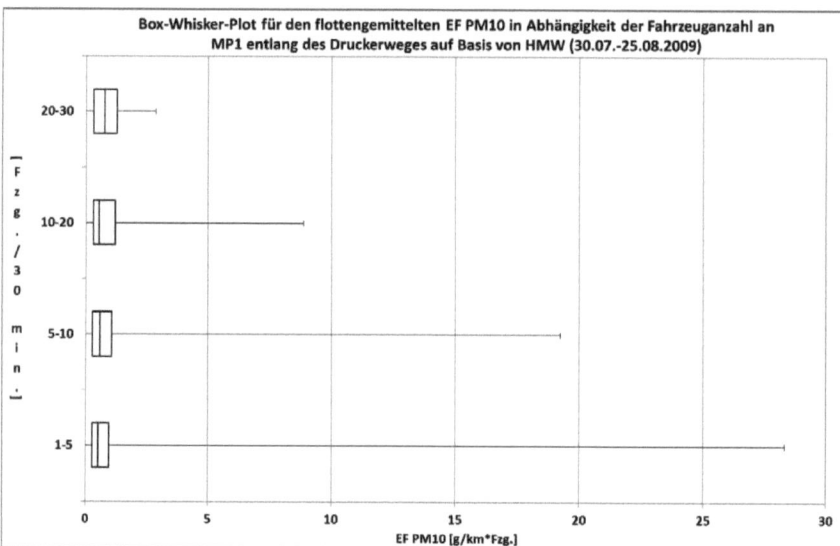

Abbildung 7-49: Einfluss der Fahrzeuganzahl nach Kategorien auf die Streuung des flottengemittelten EF PM_{10} an MP1 entlang des Druckerweges auf Basis von HMW für den Zeitraum 30.07.-25.08.2009

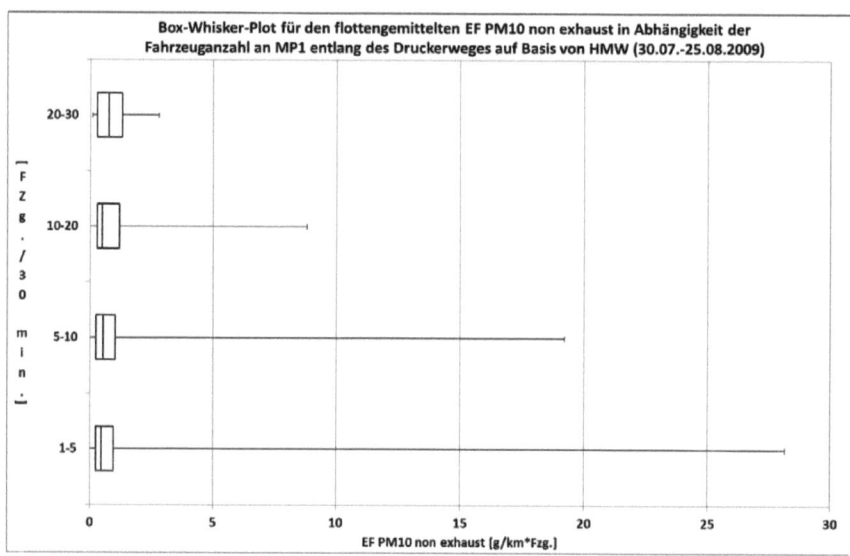

Abbildung 7-50: Einfluss der Fahrzeuganzahl nach Kategorien auf die Streuung des flottengemittelten EF PM_{10} non-exhaust an MP1 entlang des Druckerweges auf Basis von HMW für den Zeitraum 30.07.-25.08.2009

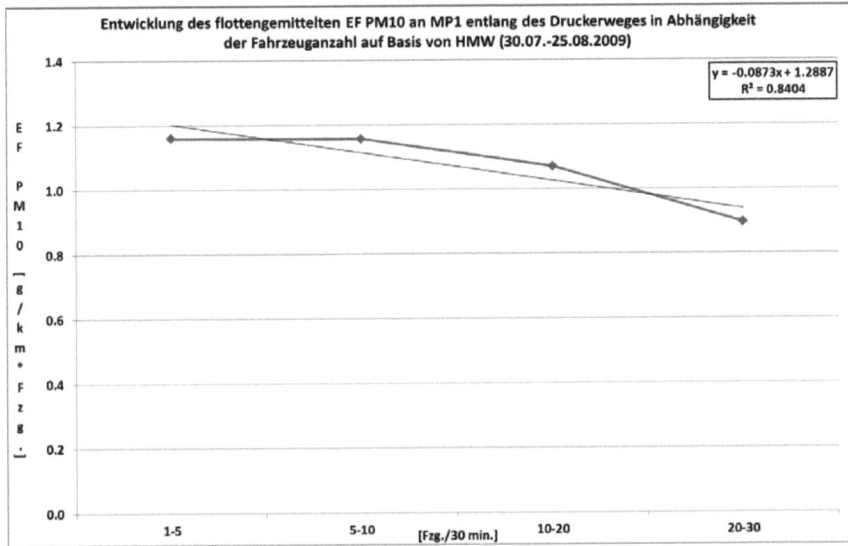

Abbildung 7-51: Durchschnittliche Entwicklung des flottengemittelten EF PM_{10} in Abhängigkeit der Fahrzeuganzahl an MP1 entlang des Druckerweges auf Basis von HMW für den Zeitraum 30.07.-25.08.2009

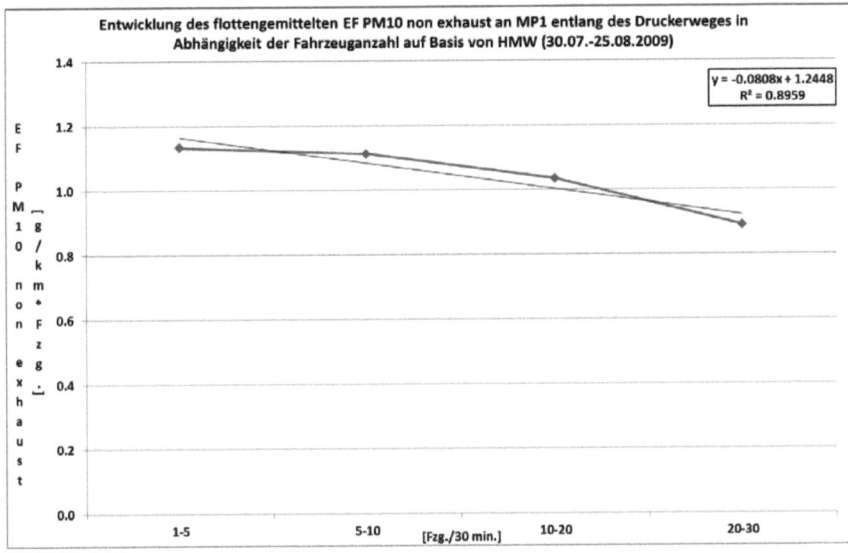

Abbildung 7-52: Durchschnittliche Entwicklung des flottengemittelten EF PM_{10} non-exhaust in Abhängigkeit der Fahrzeuganzahl an MP1 entlang des Druckerweges auf Basis von HMW für den Zeitraum 30.07.-25.08.2009

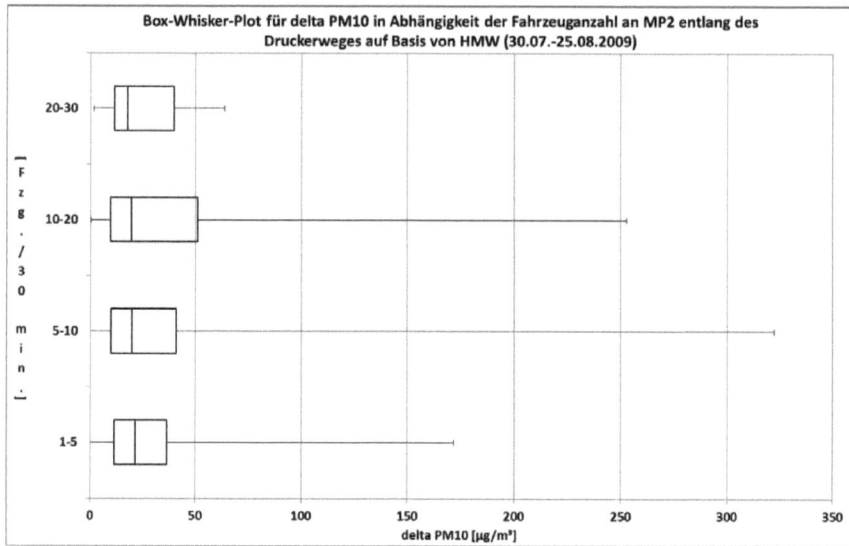

Abbildung 7-53: Einfluss der Fahrzeuganzahl auf die Streuung von ΔPM_{10} an MP2 entlang des Druckerweges auf Basis von HMW für den Zeitraum 30.07.-25.08.2009

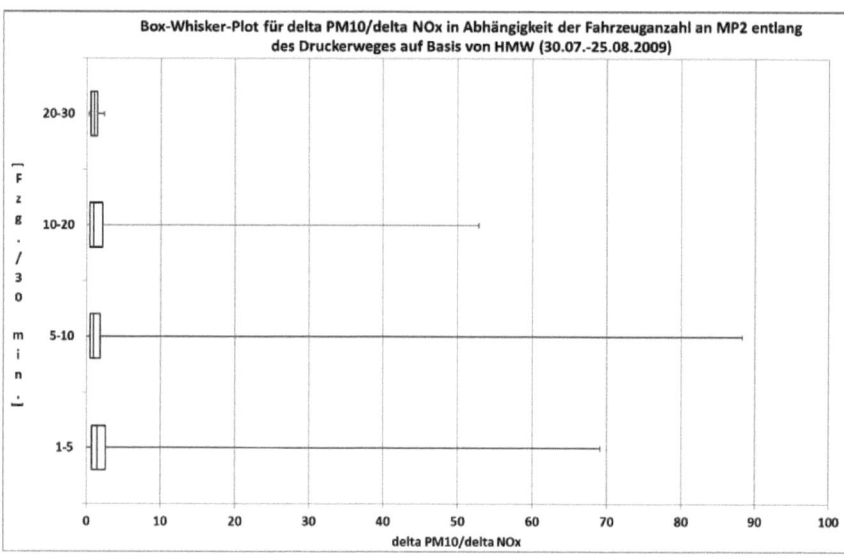

Abbildung 7-54: Einfluss der Fahrzeuganzahl auf die Streuung von $\Delta PM_{10}/\Delta NO_x$ an MP2 entlang des Druckerweges auf Basis von HMW für den Zeitraum 30.07.-25.08.2009

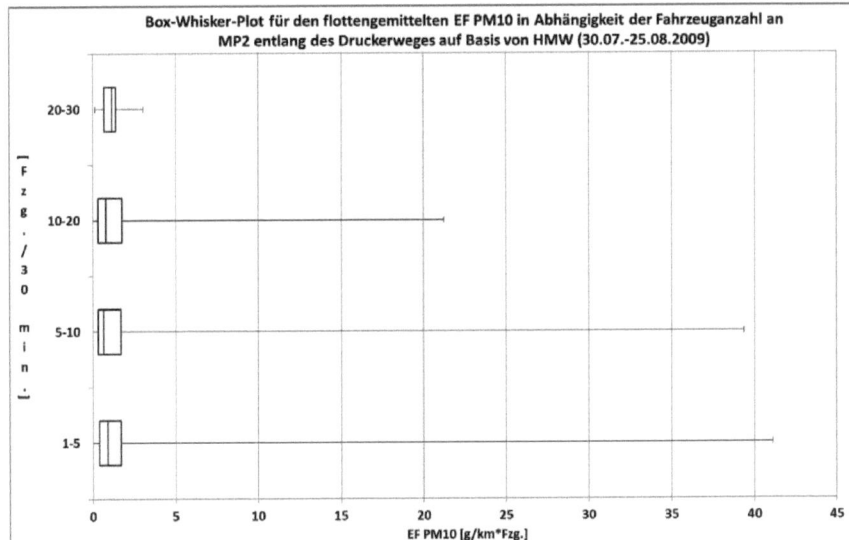

Abbildung 7-55: Einfluss der Fahrzeuganzahl auf die Streuung des flottengemittelten EF PM_{10} an MP2 entlang des Druckerweges auf Basis von HMW für den Zeitraum 30.07.-25.08.2009

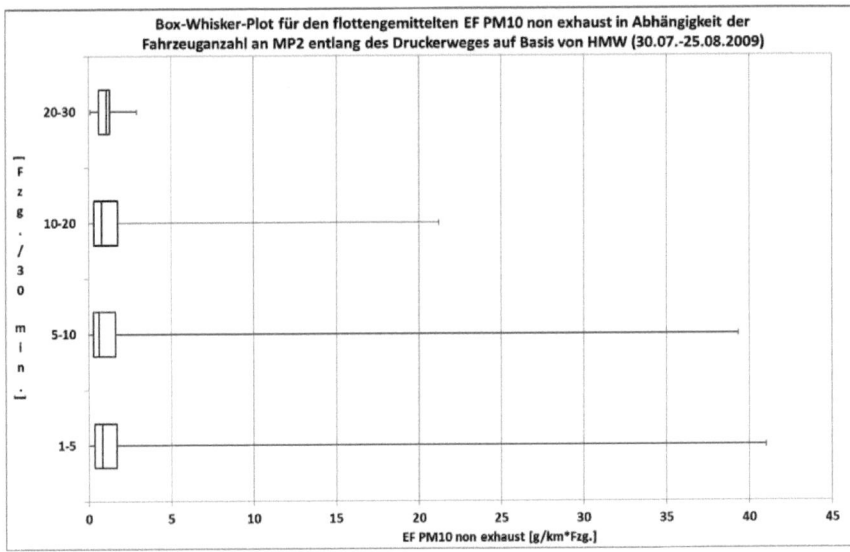

Abbildung 7-56: Einfluss der Fahrzeuganzahl auf die Streuung des flottengemittelten EF PM_{10} non-exhaust an MP2 entlang des Druckerweges auf Basis von HMW für den Zeitraum 30.07.-25.08.2009

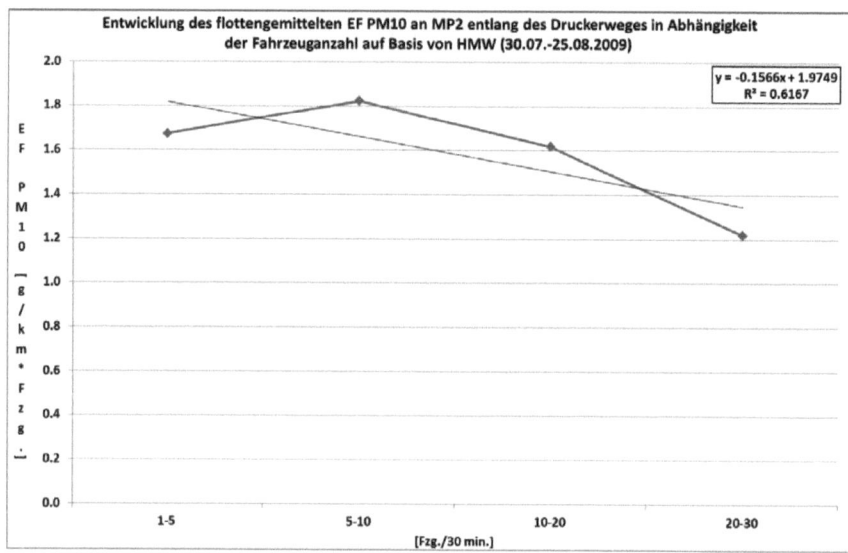

Abbildung 7-57: Durchschnittliche Entwicklung des flottengemittelten EF PM_{10} in Abhängigkeit der Fahrzeuganzahl an MP2 entlang des Druckerweges auf Basis von HMW für den Zeitraum 30.07.-25.08.2009

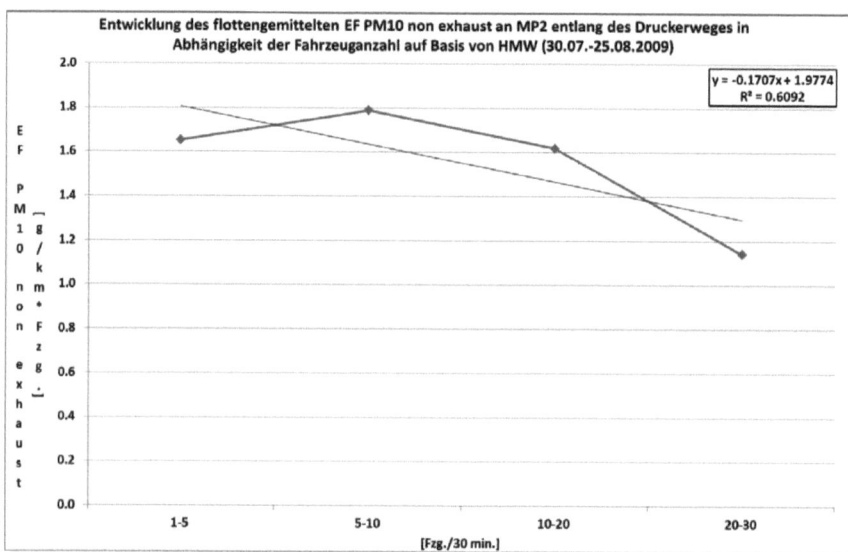

Abbildung 7-58: Durchschnittliche Entwicklung des flottengemittelten EF PM_{10} non-exhaust in Abhängigkeit der Fahrzeuganzahl an MP2 entlang des Druckerweges auf Basis von HMW für den Zeitraum 30.07.-25.08.2009

Grenzweg (2011)

Die zeitlich hochaufgelöste Messreihe beim Grenzweg mit halbstündlichen Daten wurde analog zum Druckerweg in Hinblick auf die Fahrzeuganzahl untersucht, um etwaige Auswirkungen auf die lokale Luftgütesituation ableiten zu können. Zu diesem Zweck wurden die Messdaten in Bezug auf die Fahrzeuganzahl kategorisiert und die Verteilung für die einzelnen Parameter anhand von Box-Whisker-Plots ausgewertet. Abbildung 7-59 zeigt, dass der absolute Betrag an ΔPM_{10} von 1-10 zu 120-140 Fzg./30 min mit Abweichungen kontinuierlich ansteigt. Normiert auf das Verhältnis von $\Delta PM_{10}/\Delta NO_x$ (s. Abbildung 7-60), zeigt sich der umgekehrte Trend, wobei die Schwankungsbreite mit zunehmender Fahrzeuganzahl geringer wird. Dieser Umstand wird dadurch bedingt, dass die Anzahl an halbstündlichen Messwerten mit der steigenden Fahrzeuganzahl sinkt. Andererseits dürften auch die spezifischen Emissionsfaktoren mit zunehmender Fahrzeuganzahl sinken und die Schwankung binnen einer halben Stunde merklich reduzieren (s. Abbildung 7-61 und Abbildung 7-62). Betrachtet man die durchschnittliche Entwicklung des flottengemittelten Emissionsfaktors für PM_{10} entlang des Grenzweges in Abbildung 7-63 so steigt dieser von der Fahrzeugkategorie 1-10 auf 10-20 Fzg./30 min an und nimmt danach tendenziell deutlich ab. Den einzigen Ausreißer in der Messreihe bildet der flottengemittelte Emissionsfaktor für die Fahrzeugkategorie mit 40-50 Fzg./30 min, der deutlich höher als die anderen Mittelwerte ist. Das Bestimmtheitsmaß mit $R^2=0{,}57$ ist jedoch zufriedenstellend und bestätigt den linearen Trend für die Abnahme des flottengemittelten Emissionsfaktors PM_{10} mit steigender Fahrzeuganzahl. Die Entwicklung des flottengemittelten Emissionsfaktor PM_{10} non-exhaust unterscheidet sich aufgrund des hohen diffusen Anteils nur geringfügig (s. Abbildung 7-64). Das Bestimmtheitsmaß ist mit $R^2=0{,}56$ nahezu unverändert.

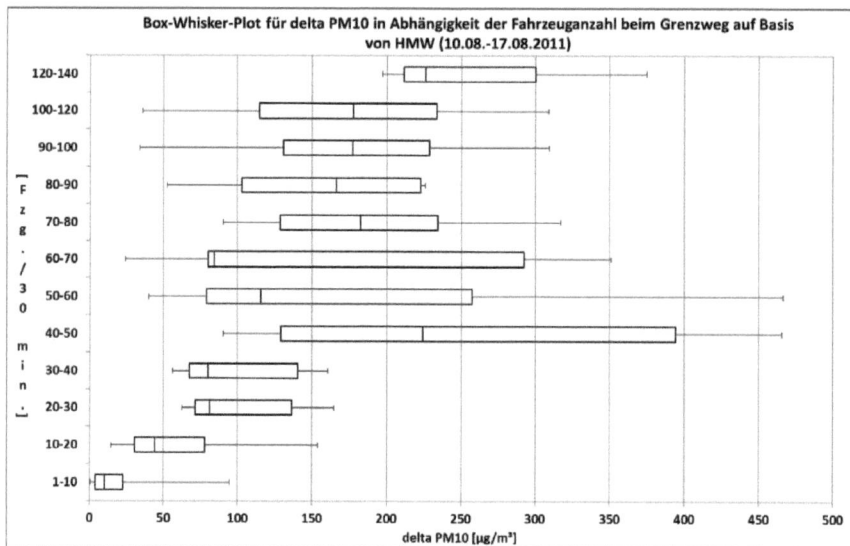

Abbildung 7-59: Einfluss der Fahrzeuganzahl auf die Streuung von ΔPM_{10} beim Grenzweg auf Basis von HMW für den Zeitraum 10.08.-17.08.2011

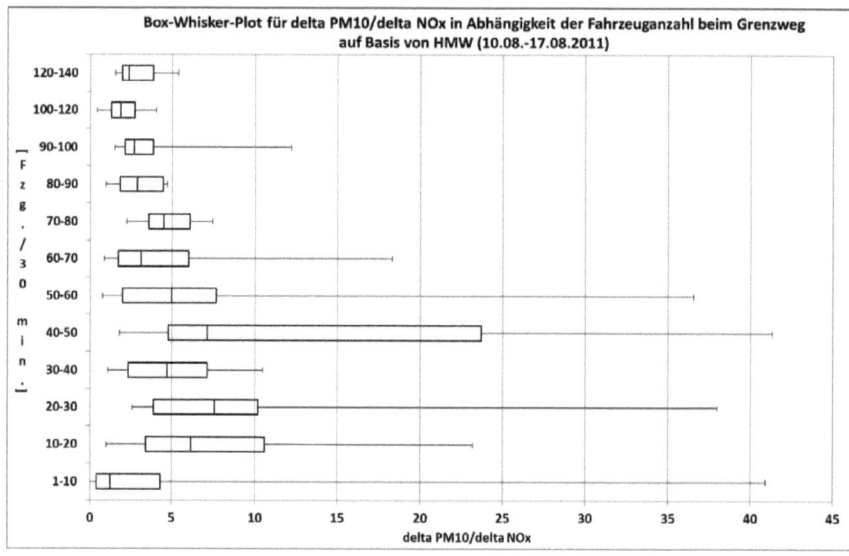

Abbildung 7-60: Einfluss der Fahrzeuganzahl auf die Streuung des Verhältnisses $\Delta PM_{10}/\Delta NO_x$ beim Grenzweg auf Basis von HMW für den Zeitraum 10.08.-17.08.2011

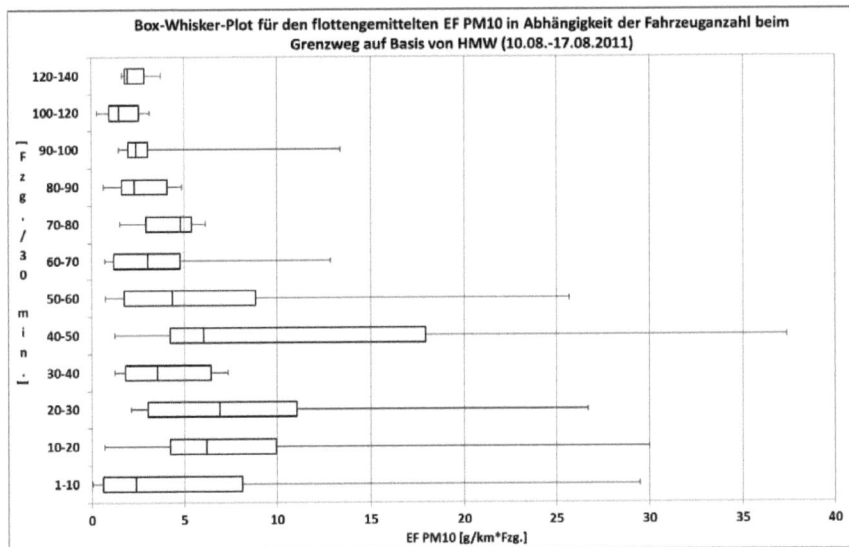

Abbildung 7-61: Einfluss der Fahrzeuganzahl auf die Streuung des flottengemittelten EF PM_{10} beim Grenzweg auf Basis von HMW für den Zeitraum 10.08.-17.08.2011

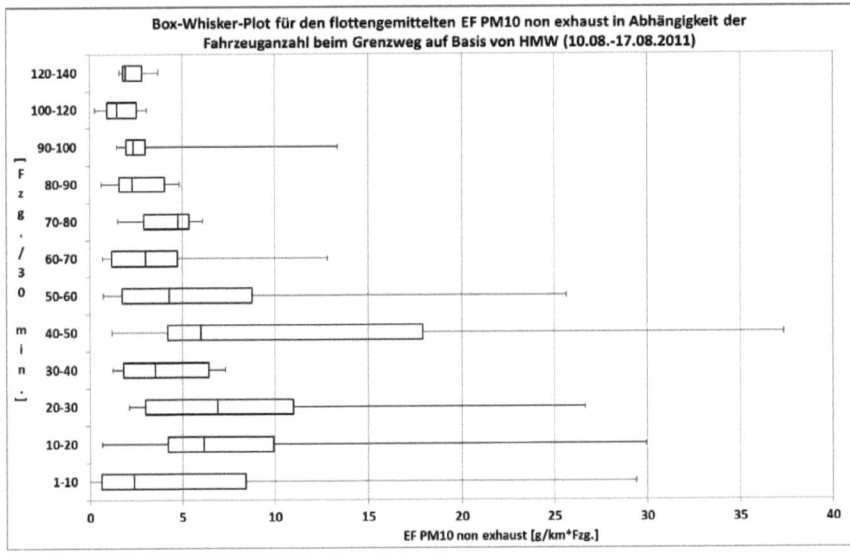

Abbildung 7-62: Einfluss der Fahrzeuganzahl auf die Streuung des flottengemittelten EF PM_{10} non-exhaust beim Grenzweg auf Basis von HMW für den Zeitraum 10.08.-17.08.2011

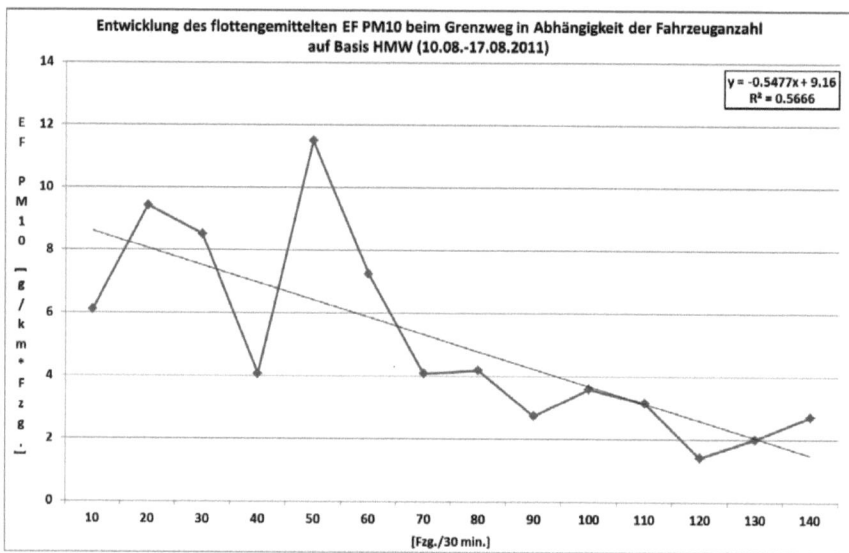

Abbildung 7-63: Durchschnittliche Entwicklung des flottengemittelten EF PM_{10} in Abhängigkeit der Fahrzeuganzahl beim Grenzweg auf Basis von HMW für den Zeitraum 10.08.-17.08.2011

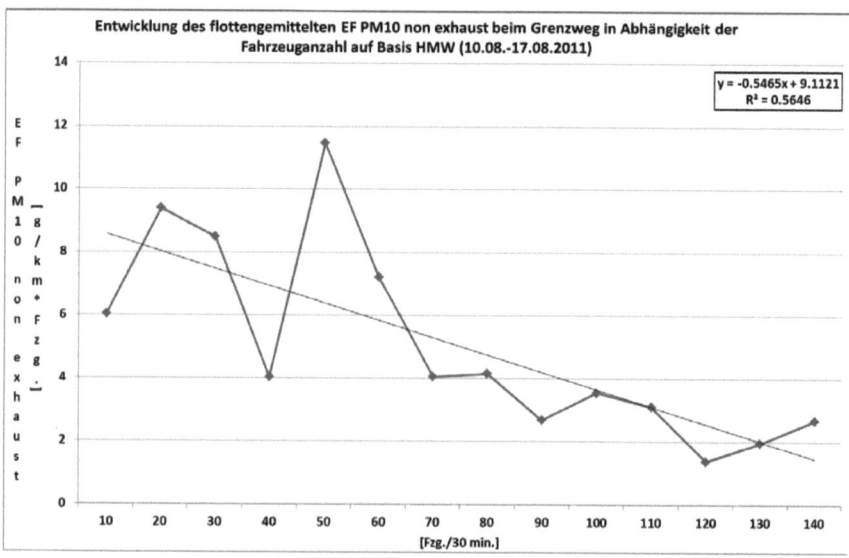

Abbildung 7-64: Durchschnittliche Entwicklung des flottengemittelten EF PM_{10} non-exhaust in Abhängigkeit der Fahrzeuganzahl beim Grenzweg auf Basis von HMW für den Zeitraum 10.08.-17.08.2011

7.2 Lienz

Die Auswertungen der Wintermesskampagnen in Lienz umfassen Analysen der Messstation Amlacherkreuzung für den Zeitraum 01.10.-31.03. 2009-2012. In den nachfolgenden Kapiteln werden zunächst die Auswirkungen von Niederschlag auf die Luftgütesituation bei der Amlacherkreuzung diskutiert. Im Anschluss stehen die Auswirkungen von CMA auf die Luftgütesituation an dieser Messstation im Mittelpunkt.

7.2.1 Minderung durch Niederschlag

Tagesmittelwerte

Betrachtet man die vom Verkehr verursachte durchschnittliche PM_{10} Konzentration (ΔPM_{10}) in Abhängigkeit der Niederschlagsmenge in Abbildung 7-65, so zeigt sich zunächst keine lineare Abnahme. Normiert auf das Verhältnis von $\Delta PM_{10}/\Delta NO_x$ zeigt sich in Abbildung 7-66 mit Ausnahme der Niederschlagskategorie von 1-5 mm/d eine lineare Reduktion durch den Niederschlag ($R^2=0,45$). Diese Auswertung dient als Grundlage zur Berechnung der Auswirkungen auf den flottengemittelten PM_{10} Emissionsfaktor. Abbildung 7-67 bis Abbildung 7-70 sind Box-Whisker-Plots, um die Streuung der einzelnen Messwerte für ΔPM_{10}, $\Delta PM_{10}/\Delta NO_x$ sowie für den flottengemittelten Emissionsfaktor PM_{10} und PM_{10} non-exhaust in Abhängigkeit der Niederschlagssummen zu veranschaulichen. Erwartungsgemäß ist die Streuung der Messwerte bei geringeren Niederschlagssummen am größten und durchgehend rechtssteil verteilt. Die Streuung bei Niederschlagsmengen >20 mm/d nimmt deutlich ab wobei dieser Umstand auch der Tatsache geschuldet ist, dass die Anzahl an Tagen mit großen Niederschlagsmengen abnimmt.

Ein Vergleich des durchschnittlichen ΔPM_{10} Betrages an Niederschlagstagen ($\geq$ 1 mm/d) gegenüber Tagen ohne Niederschlag, zeigt eine Minderung von 17% (s. Abbildung 7-71). Das Verhältnis von $\Delta PM_{10}/\Delta NO_x$ reduziert sich infolge von Niederschlagsereignissen um 15% (s. Abbildung 7-72). Dies entspricht umgerechnet auf den flottengemittelten PM_{10} Emissionsfaktor einer durchschnittlichen Minderung von 28% und erhöht sich in Bezug auf PM_{10} non-exhaust auf knapp 50% (s. Abbildung 7-73). Für die gesamte Messperiode an der Amlacherkreuzung entspricht die äquivalente Reduktion in Bezug auf PM_{10} durch Niederschlag knapp 5 µg/m³ für den TMW.

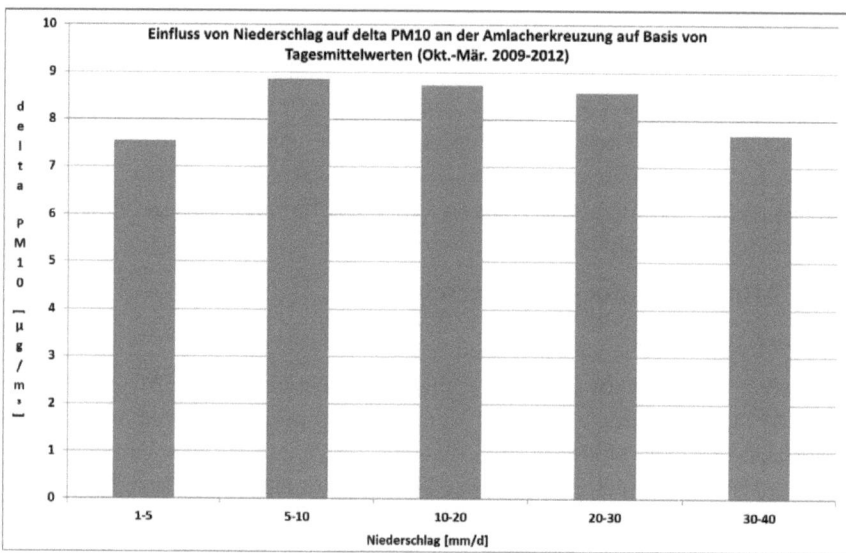

Abbildung 7-65: Einfluss von Niederschlag, unterteilt in Niederschlagsklassen, auf ΔPM_{10} an der Amlacherkreuzung auf Basis von TMW für den Zeitraum 01.10-31.03. 2009-2012

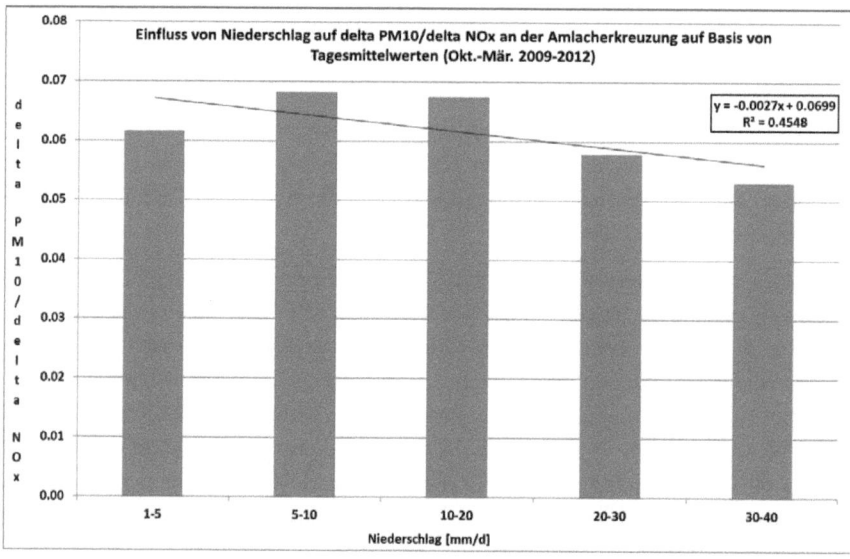

Abbildung 7-66: Einfluss von Niederschlag, unterteilt in Niederschlagsklassen, auf das Verhältnis $\Delta PM_{10}/\Delta NO_x$ an der Amlacherkreuzung auf Basis von TMW für den Zeitraum 01.10-31.03. 2009-2012

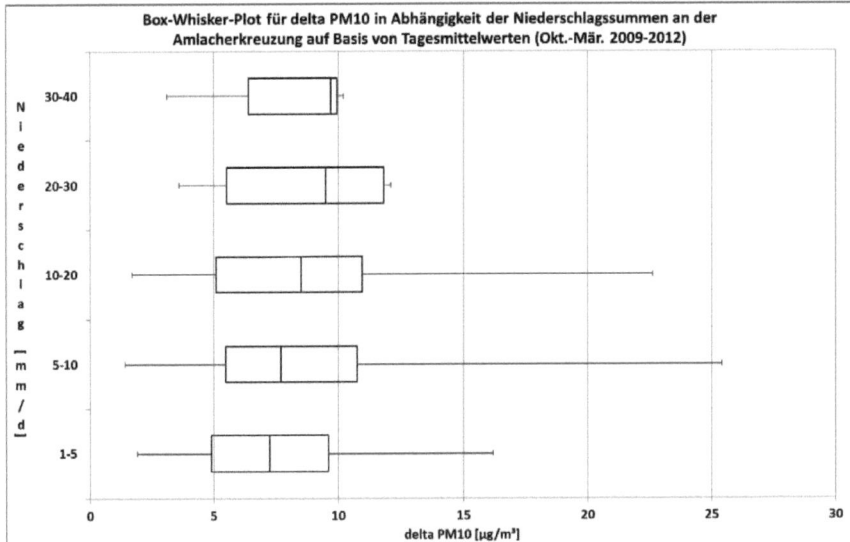

Abbildung 7-67: Einfluss von Niederschlag, unterteilt in Niederschlagsklassen, auf die Streuung von ΔPM_{10} an der Amlacherkreuzung auf Basis von TMW für den Zeitraum 01.10-31.03. 2009-2012

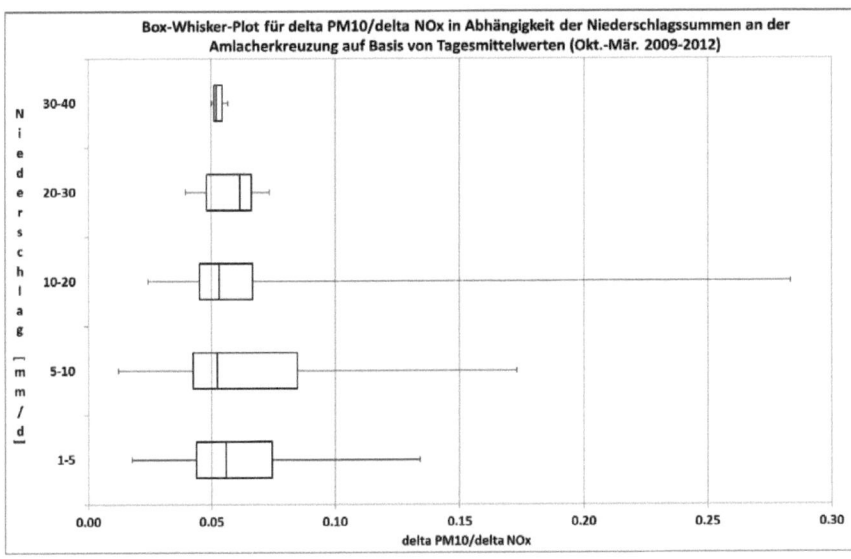

Abbildung 7-68: Einfluss von Niederschlag, unterteilt in Niederschlagsklassen, auf die Streuung des Verhältnisses $\Delta PM_{10}/\Delta NO_x$ an der Amlacherkreuzung auf Basis von TMW für den Zeitraum 01.10-31.03. 2009-2012

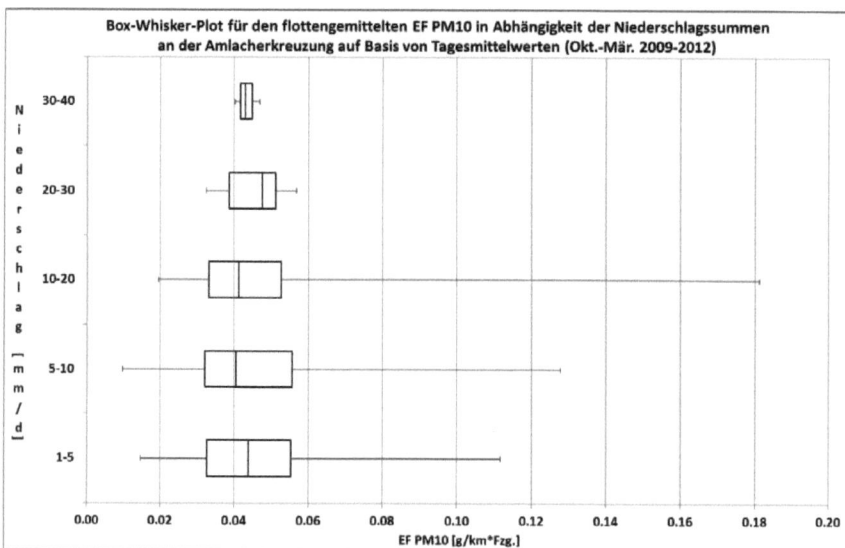

Abbildung 7-69: Einfluss von Niederschlag, unterteilt in Niederschlagsklassen, auf die Streuung des flottengemittelten EF PM_{10} an der Amlacherkreuzung auf Basis von TMW für den Zeitraum 01.10-31.03. 2009-2012

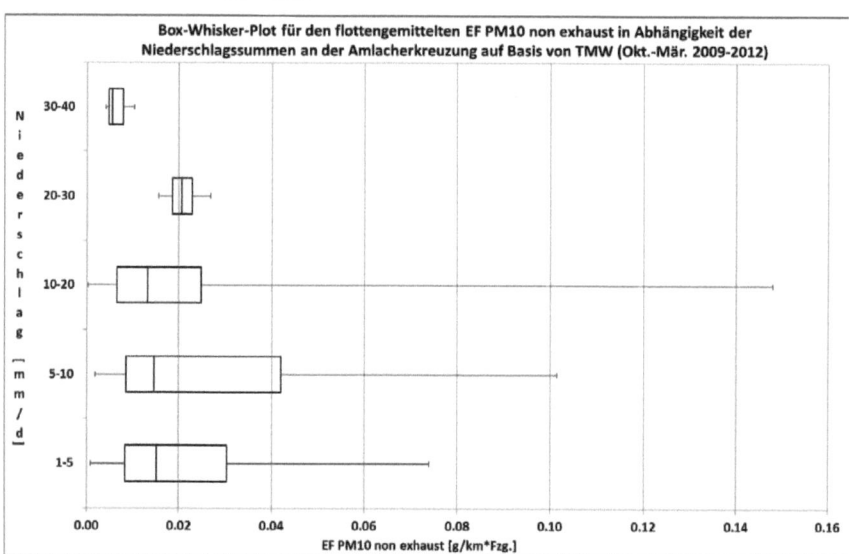

Abbildung 7-70: Einfluss von Niederschlag, unterteilt in Niederschlagsklassen, auf die Streuung des flottengemittelten EF PM_{10} non-exhaust an der Amlacherkreuzung auf Basis von TMW für den Zeitraum 01.10-31.03. 2009-2012

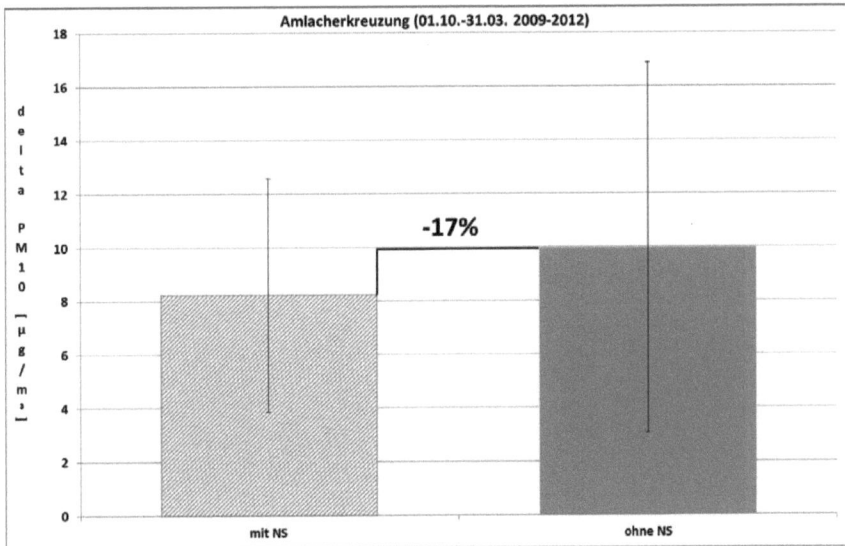

Abbildung 7-71: Durchschnittliche Veränderung von ΔPM_{10} an Tagen mit Niederschlag gegenüber Tagen ohne Niederschlag an der Amlacherkreuzung für den Zeitraum 01.10-31.03. 2009-2012

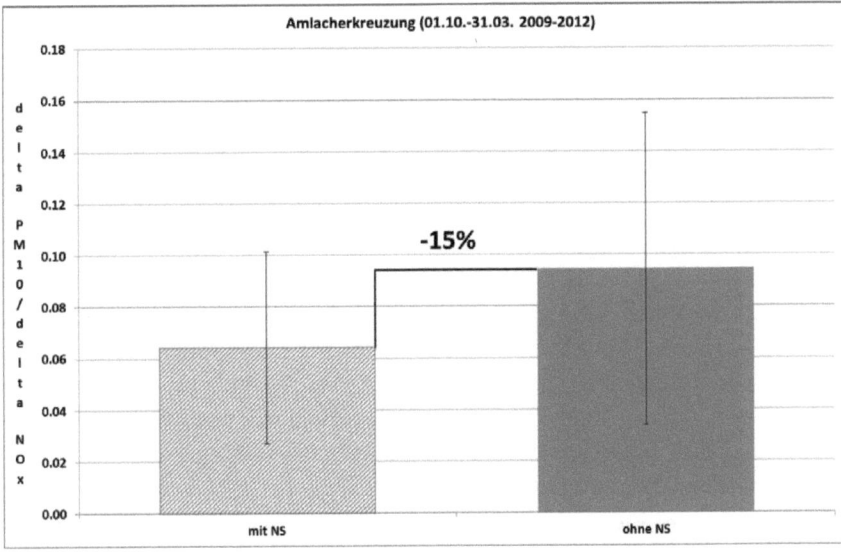

Abbildung 7-72: Durchschnittliche Veränderung des Verhältnisses $\Delta PM_{10}/\Delta NO_x$ an Tagen mit Niederschlag gegenüber Tagen ohne Niederschlag an der Amlacherkreuzung für den Zeitraum 01.10-31.03. 2009-2012

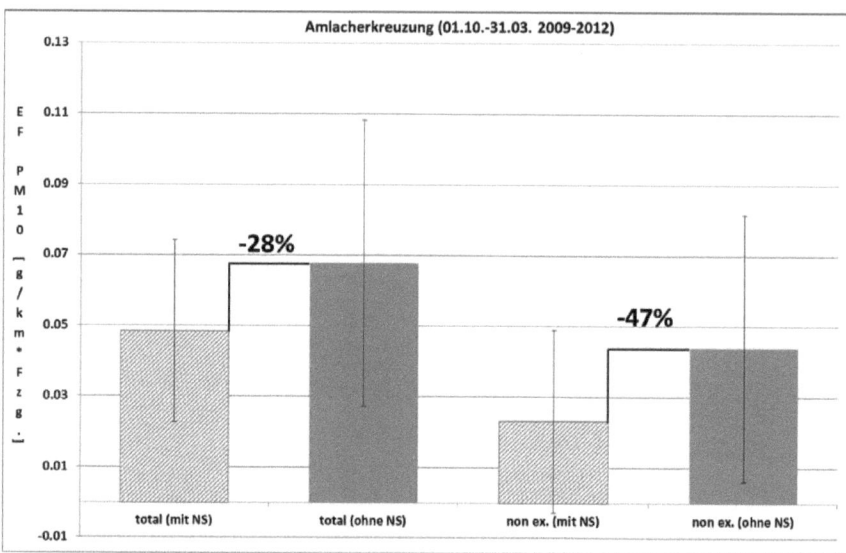

Abbildung 7-73: Durchschnittliche Veränderung des flottengemittelten EF PM_{10} bzw. EF PM_{10} non-exhaust an Tagen mit Niederschlag gegenüber Tagen ohne Niederschlag an der Amlacherkreuzung für den Zeitraum 01.10-31.03. 2009-2012

7.2.2 Minderungspotenzial durch CMA

Zur Veranschaulichung der Streuung der einzelnen Parameter in Abhängigkeit mit und ohne CMA Ausbringung wurden Box-Whisker-Plots erstellt. Abbildung 7-74 zeigt die Verteilung des verkehrsbedingten Anteils von ΔPM_{10} an der Amlacherkreuzung, die sowohl mit als auch ohne CMA Ausbringung rechtssteil gerichtet ist. Darüber hinaus ist an Tagen mit CMA Ausbringung der absolute Betrag von ΔPM_{10} tendenziell höher. Normiert über das Verhältnis von $\Delta PM_{10}/\Delta NO_x$ verändert sich das Erscheinungsbild (s. Abbildung 7-75). Durch die Berücksichtigung der Verkehrsstärke (NO_x Konzentrationen) wird deutlich, dass das Verhältnis von $\Delta PM_{10}/\Delta NO_x$ an Tagen mit CMA Ausbringung tendenziell geringer ist und auch die Streuung der Messwerte abnimmt. Diese Auswertung dient, mit der in Kapitel 0 beschriebenen Methodik und den Verkehrszahlen in Kapitel 0, zur Berechnung der flottengemittelten Emissionsfaktoren von PM_{10} (total) und PM_{10} non-exhaust. Die Verteilung der einzelnen Werte für die flottengemittelten Emissionsfaktoren ähnelt dem berechneten Verhältnis von $\Delta PM_{10}/\Delta NO_x$ (s. Abbildung 7-76 und Abbildung 7-77). Ein Vergleich der Mittelwerte für ΔPM_{10} zeigt, dass der absolute Betrag an Tagen mit CMA Ausbringung um 21% höher ist (s. Abbildung 7-78). Normiert auf das Verhältnis von

$\Delta PM_{10}/\Delta NO_x$ ergibt sich ein durchschnittliches Reduktionspotenzial von 12% durch CMA (s. Abbildung 7-79). Dies bedeutet umgerechnet auf den flottengemittelten PM_{10} Emissionsfaktor ein Reduktionspotenzial von 6% durch die CMA Ausbringung und erhöht sich in Bezug auf den flottengemittelten PM_{10} non-exhaust Emissionsfaktor auf 15% (s. Abbildung 7-80). Für die gesamte Messperiode an der Amlacherkreuzung entspricht das äquivalente Reduktionspotenzial in Bezug auf PM_{10} durch die CMA Ausbringung knapp 3 µg/m³ für den TMW.

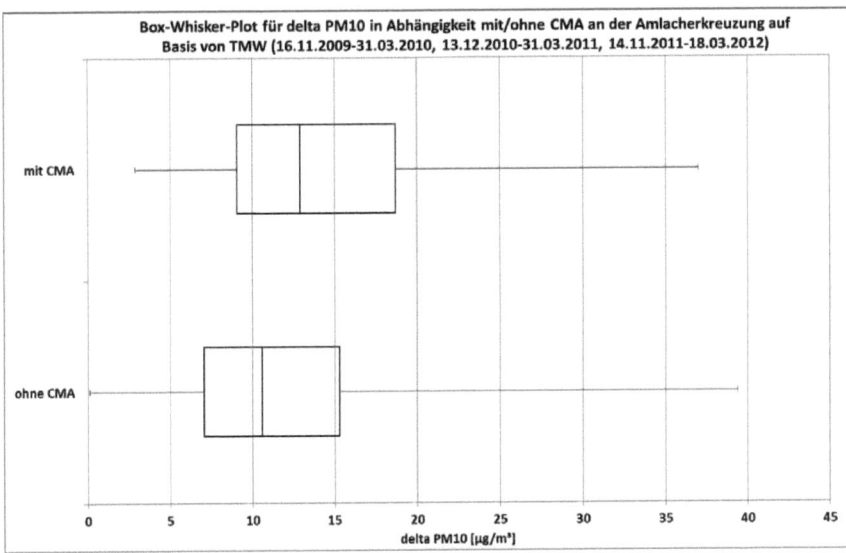

Abbildung 7-74: Einfluss mit/ohne CMA auf die Streuung von ΔPM_{10} an der Amlacherkreuzung auf Basis von TMW für den Zeitraum 16.11.2009-31.03.2010, 13.12.2010-31.03.2011, 14.11.2011-18.03.2012

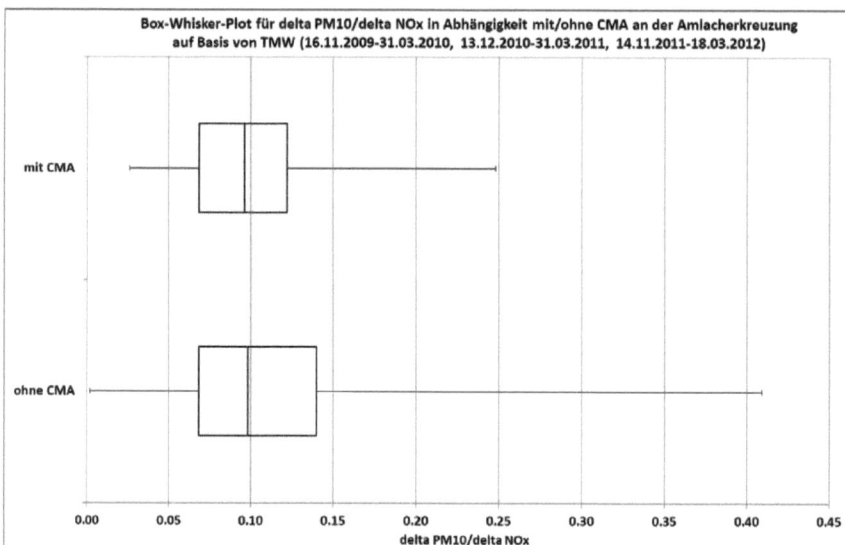

Abbildung 7-75: Einfluss mit/ohne CMA auf das Verhältnis $\Delta PM_{10}/\Delta NO_x$ an der Amlacherkreuzung auf Basis von TMW für den Zeitraum 16.11.2009-31.03.2010, 13.12.2010-31.03.2011, 14.11.2011-18.03.2012

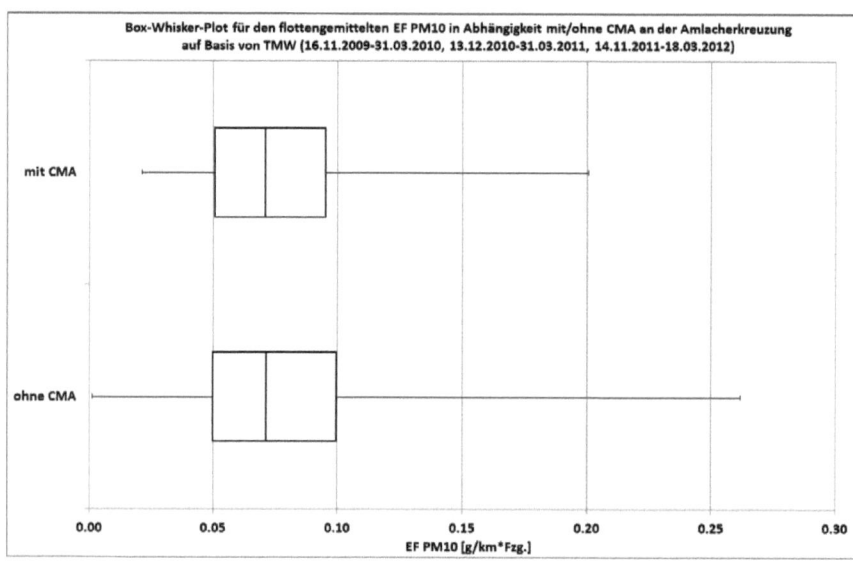

Abbildung 7-76: Einfluss mit/ohne CMA auf die Streuung des flottengemittelten EF PM_{10} an der Amlacherkreuzung auf Basis von TMW für den Zeitraum 16.11.2009-31.03.2010, 13.12.2010-31.03.2011, 14.11.2011-18.03.2012

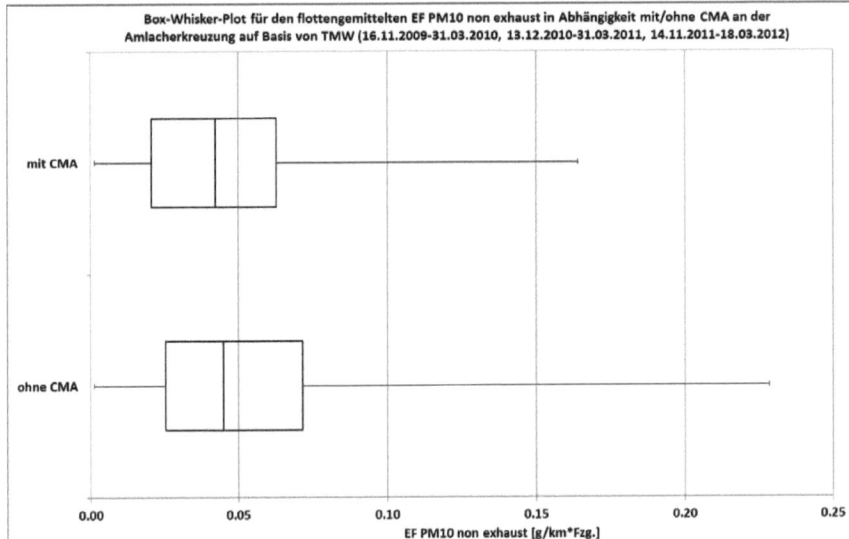

Abbildung 7-77: Einfluss mit/ohne CMA auf die Streuung des flottengemittelten EF PM_{10} non-exhaust an der Amlacherkreuzung auf Basis von TMW für den Zeitraum 16.11.2009-31.03.2010, 13.12.2010-31.03.2011, 14.11.2011-18.03.2012

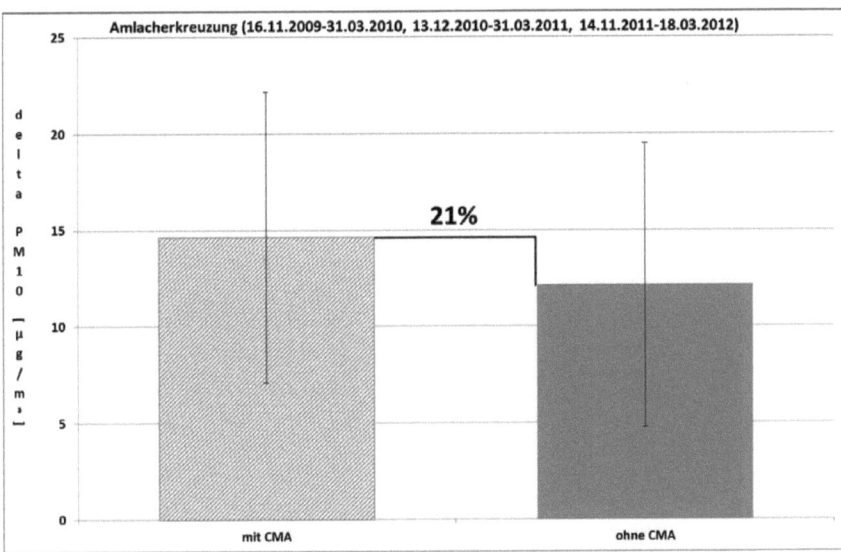

Abbildung 7-78: Durchschnittliche Veränderung von ΔPM_{10} an Tagen mit CMA gegenüber Tagen ohne CMA an der Amlacherkreuzung auf Basis von TMW für den Zeitraum 16.11.2009-31.03.2010, 13.12.2010-31.03.2011, 14.11.2011-18.03.2012

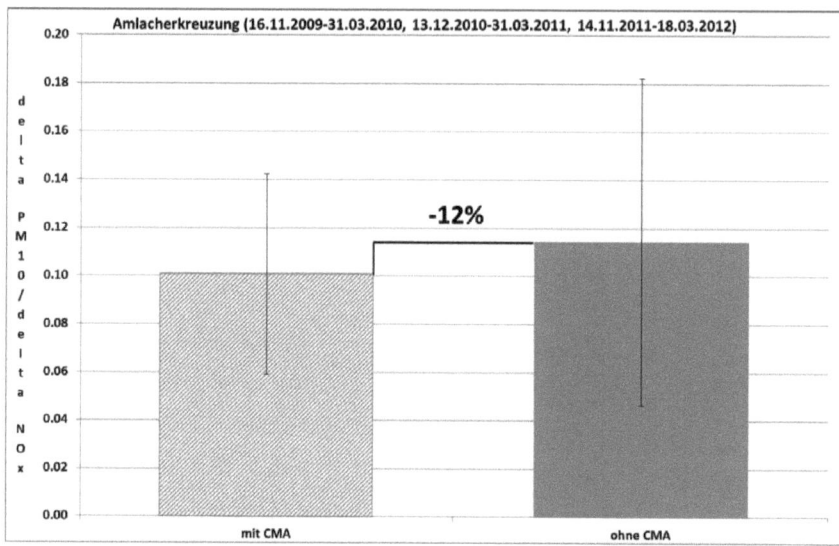

Abbildung 7-79: Durchschnittliche Veränderung des Verhältnisses $\Delta PM_{10}/\Delta NO_x$ an Tagen mit CMA gegenüber Tagen ohne CMA an der Amlacherkreuzung auf Basis von TMW für den Zeitraum 16.11.2009-31.03.2010, 13.12.2010-31.03.2011, 14.11.2011-18.03.2012

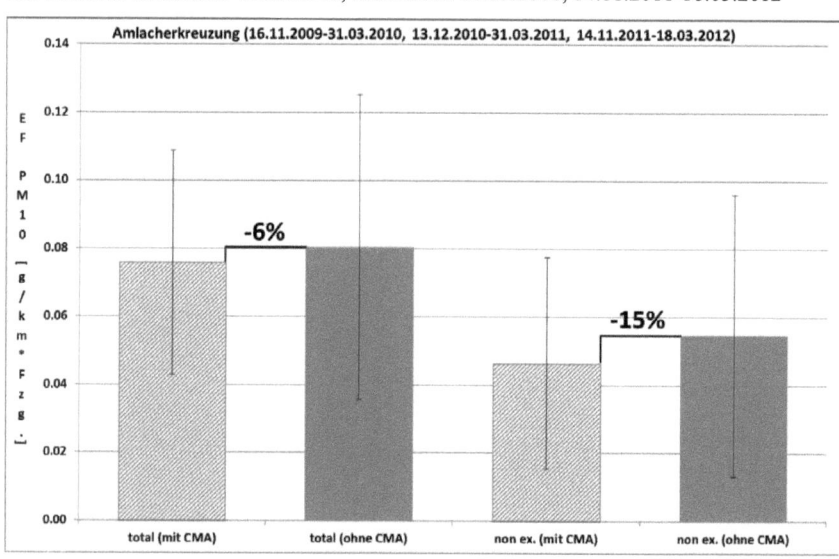

Abbildung 7-80: Durchschnittliche Veränderung des flottengemittelten EF PM_{10} bzw. EF PM_{10} non-exhaust an Tagen mit CMA gegenüber Tagen ohne CMA an der Amlacherkreuzung auf Basis von TMW für den Zeitraum 16.11.2009-31.03.2010, 13.12.2010-31.03.2011, 14.11.2011-18.03.2012

7.3 Bruneck

7.3.1 Minderung durch Niederschlag

Tagesmittelwerte

Betrachtet man die vom Verkehr an der Dantestraße verursachte durchschnittliche PM_{10} Konzentration (ΔPM_{10}) in Abhängigkeit der Niederschlagsmenge in Abbildung 7-81, so zeigt sich zunächst keine lineare Abnahme. Normiert auf das Verhältnis von $\Delta PM_{10}/\Delta NO_x$ zeigt sich in Abbildung 7-82 eine lineare Reduktion durch den Niederschlag ($R^2=0{,}79$). Diese Auswertung dient als Grundlage zur Berechnung der Auswirkungen auf den flottengemittelten PM_{10} Emissionsfaktor. Abbildung 7-83 bis Abbildung 7-86 sind Box-Whisker-Plots, um die Streuung der einzelnen Messwerte für ΔPM_{10}, $\Delta PM_{10}/\Delta NO_x$ sowie für den flottengemittelten Emissionsfaktor PM_{10} und PM_{10} non-exhaust in Abhängigkeit der Niederschlagssummen zu veranschaulichen. Erwartungsgemäß ist die Streuung der Messwerte bei geringeren Niederschlagssummen am größten. Für die Niederschlagskategorie 5-10 mm/d konnte nur 1 Tag zugeordnet werden.

Ein Vergleich des durchschnittlichen ΔPM_{10} Betrages an Niederschlagstagen ($\geq$ 1 mm/d) gegenüber Tagen ohne Niederschlag, zeigt eine Minderung von 26% (s. Abbildung 7-87). Das Verhältnis von $\Delta PM_{10}/\Delta NO_x$ reduziert sich infolge von Niederschlagsereignissen nicht (s. Abbildung 7-88). Dies ergibt umgerechnet auf den flottengemittelten Emissionsfaktor für PM_{10} und PM_{10} non-exhaust ebenfalls keine Reduktion (s. Abbildung 7-89). Dieses Ergebnis dürfte vor allem auf die geringe Anzahl an Niederschlagstagen während der Messperioden zurückzuführen sein. Darüber hinaus war auch das zur Verfügung stehende Datenmaterial begrenzt (s. Kapitel 5.2.2).

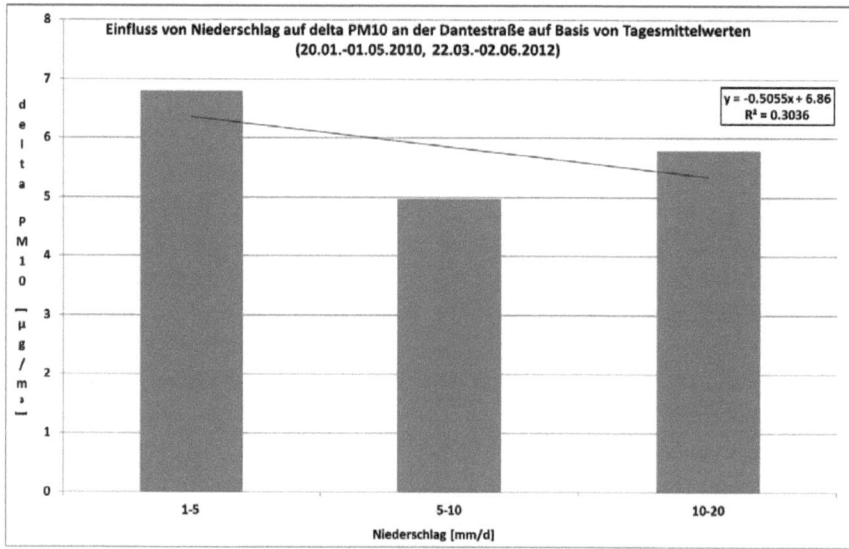

Abbildung 7-81: Einfluss von Niederschlag, unterteilt in Niederschlagsklassen, auf ΔPM_{10} an der Dantestraße auf Basis von TMW für den Zeitraum 20.01.-01.05.2010, 22.03.-02.06.2012

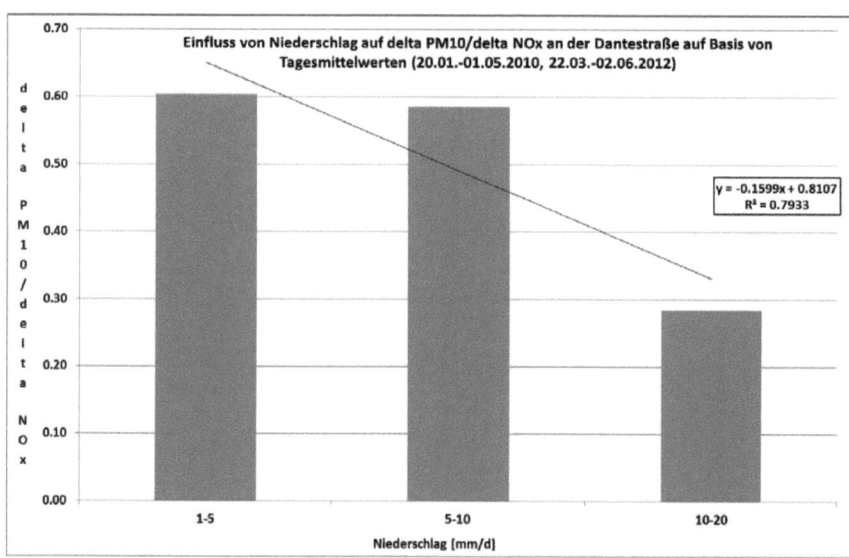

Abbildung 7-82: Einfluss von Niederschlag, unterteilt in Niederschlagsklassen, auf das Verhältnis $\Delta PM_{10}/\Delta NO_x$ an der Dantestraße auf Basis von TMW für den Zeitraum 20.01.-01.05.2010, 22.03.-02.06.2012

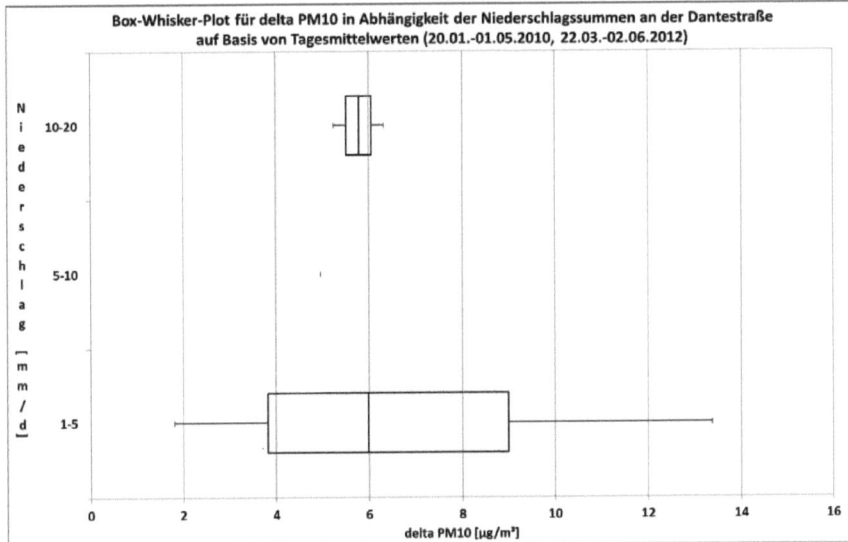

Abbildung 7-83: Einfluss von Niederschlag, unterteilt in Niederschlagsklassen, auf die Streuung von ΔPM_{10} an der Dantestraße auf Basis von TMW für den Zeitraum 20.01.-01.05.2010, 22.03.-02.06.2012

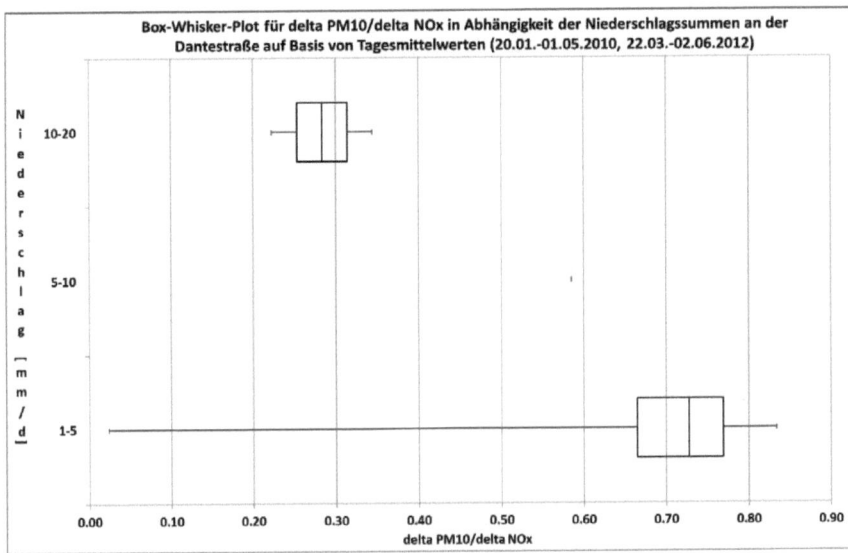

Abbildung 7-84: Einfluss von Niederschlag, unterteilt in Niederschlagsklassen, auf die Streuung des Verhältnisses $\Delta PM_{10}/\Delta NO_x$ an der Dantestraße auf Basis von TMW für den Zeitraum 20.01.-01.05.2010, 22.03.-02.06.2012

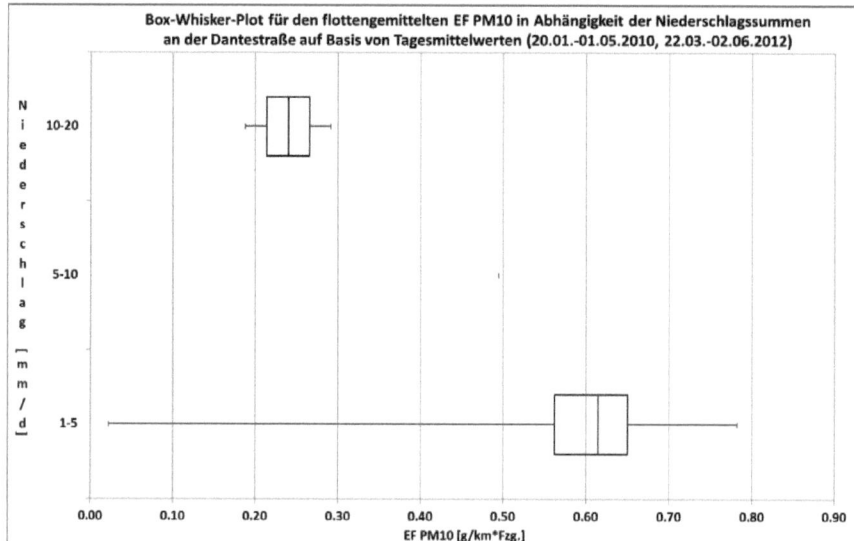

Abbildung 7-85: Einfluss von Niederschlag, unterteilt in Niederschlagsklassen, auf die Streuung des flottengemittelten EF PM_{10} an der Dantestraße auf Basis von TMW für den Zeitraum 20.01.-01.05.2010, 22.03.-02.06.2012

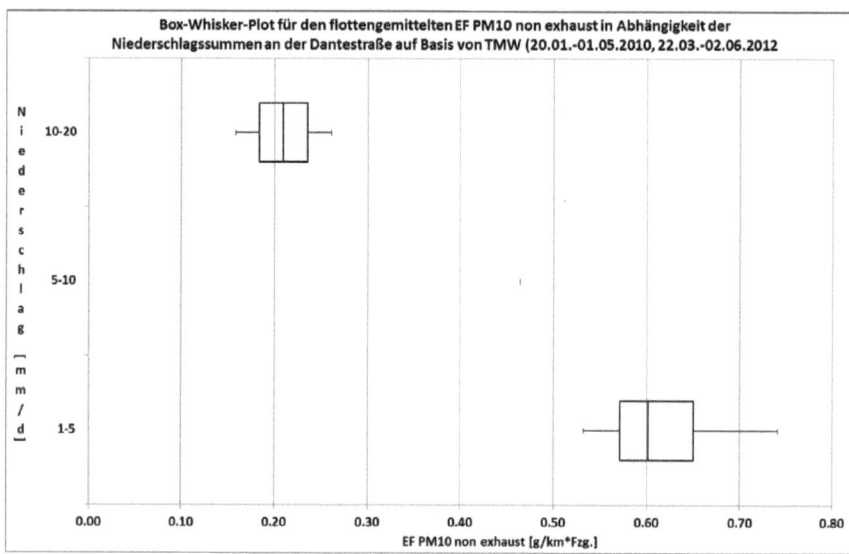

Abbildung 7-86: Einfluss von Niederschlag, unterteilt in Niederschlagsklassen, auf die Streuung des flottengemittelten EF PM_{10} non-exhaust an der Dantestraße auf Basis von TMW für den Zeitraum 20.01.-01.05.2010, 22.03.-02.06.2012

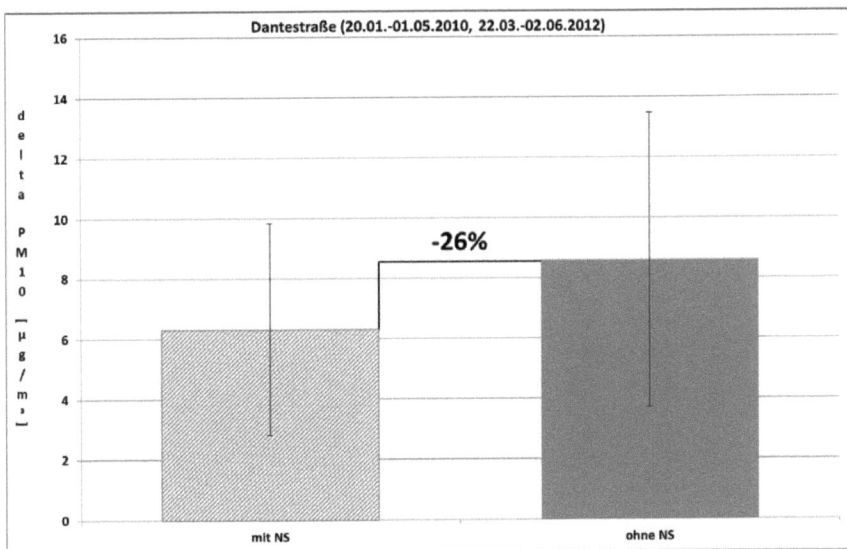

Abbildung 7-87: Durchschnittliche Veränderung von ΔPM_{10} an Tagen mit Niederschlag gegenüber Tagen ohne Niederschlag an der Dantestraße auf Basis von TMW für den Zeitraum 20.01.-01.05.2010, 22.03.-02.06.2012

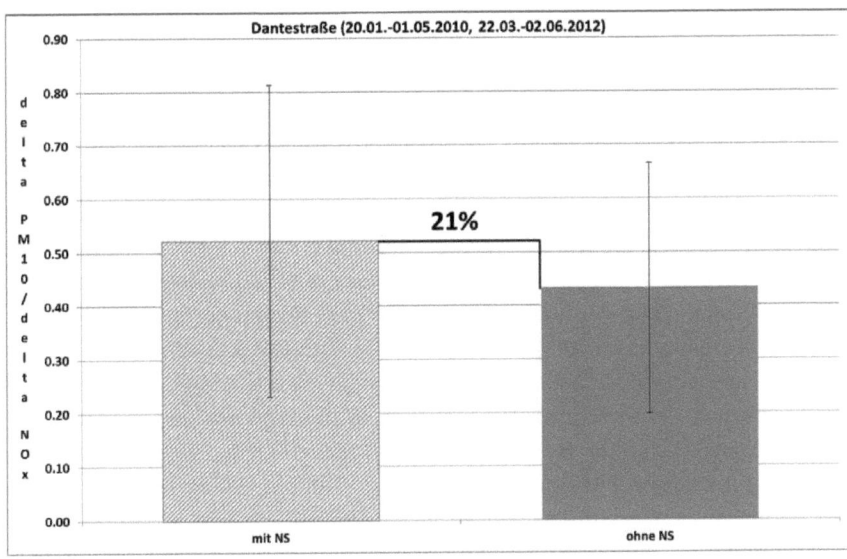

Abbildung 7-88: Durchschnittliche Veränderung des Verhältnisses $\Delta PM_{10}/\Delta NO_x$ an Tagen mit Niederschlag gegenüber Tagen ohne Niederschlag an der Dantestraße auf Basis von TMW für den Zeitraum 20.01.-01.05.2010, 22.03.-02.06.2012

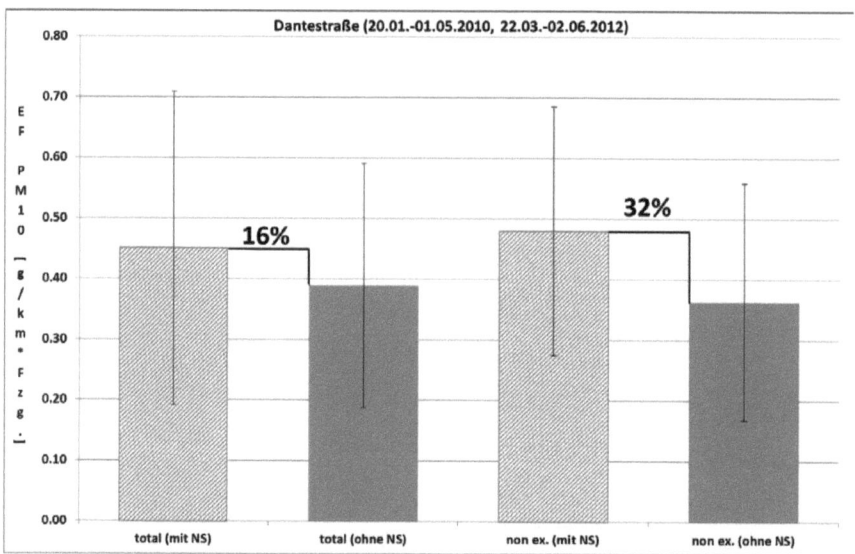

Abbildung 7-89: Durchschnittliche Veränderung des flottengemittelten EF PM_{10} bzw. EF PM_{10} non-exhaust an Tagen mit Niederschlag gegenüber Tagen ohne Niederschlag an der Dantestraße auf Basis von TMW für den Zeitraum 20.01.-01.05.2010, 22.03.-02.06.2012

7.3.2 Minderungspotenzial durch CMA

Zur Veranschaulichung der Streuung der einzelnen Parameter in Abhängigkeit mit und ohne CMA Ausbringung wurden Box-Whisker-Plots erstellt. Abbildung 7-90 zeigt die Verteilung des verkehrsbedingten Anteils von ΔPM_{10} an der Amlacherkreuzung, die sowohl mit als auch ohne CMA Ausbringung rechtssteil gerichtet ist. Darüber hinaus ist an Tagen mit CMA Ausbringung der absolute Betrag von ΔPM_{10} tendenziell höher. Normiert über das Verhältnis von $\Delta PM_{10}/\Delta NO_x$ verändert sich das Erscheinungsbild (s. Abbildung 7-91). Durch die Berücksichtigung der Verkehrsstärke (NO_x Konzentrationen) wird deutlich, dass das Verhältnis von $\Delta PM_{10}/\Delta NO_x$ an Tagen mit CMA Ausbringung tendenziell geringer ist und auch die Streuung der Messwerte abnimmt. Diese Auswertung dient mit, der in Kapitel 0 beschriebenen Methodik und den Verkehrszahlen in Kapitel 11.4, zur Berechnung der flottengemittelten Emissionsfaktoren von PM_{10} (total) und PM_{10} non-exhaust. Die Verteilung der einzelnen Werte für die flottengemittelten Emissionsfaktoren ähnelt dem berechneten Verhältnis von $\Delta PM_{10}/\Delta NO_x$ (s. Abbildung 7-92 und Abbildung 7-93). Ein Vergleich der Mittelwerte für ΔPM_{10} zeigt, dass der absolute Betrag an Tagen mit CMA Ausbringung um 25% höher ist (s. Abbildung 7-94). Normiert auf das Verhältnis von

$\Delta PM_{10}/\Delta NO_x$ ergibt sich ein durchschnittliches Reduktionspotenzial von 5% durch CMA (s. Abbildung 7-95). Dies bedeutet umgerechnet auf den flottengemittelten PM_{10} Emissionsfaktor ein Reduktionspotenzial von 5% durch die CMA Ausbringung und erhöht sich in Bezug auf den flottengemittelten PM_{10} non-exhaust Emissionsfaktor auf 16% (s. Abbildung 7-96). Für die gesamte Messperiode an der Dantestraße entspricht das äquivalente Reduktionspotenzial in Bezug auf PM_{10} durch die CMA Ausbringung 1 µg/m³ für den TMW.

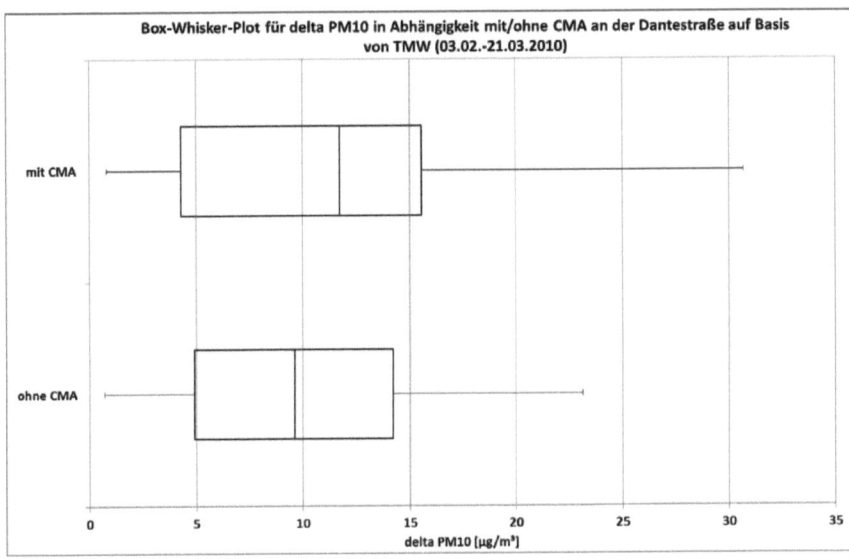

Abbildung 7-90: Einfluss mit/ohne CMA auf die Streuung von ΔPM_{10} an der Dantestraße auf Basis von TMW für den Zeitraum 03.02.-21.03.2010

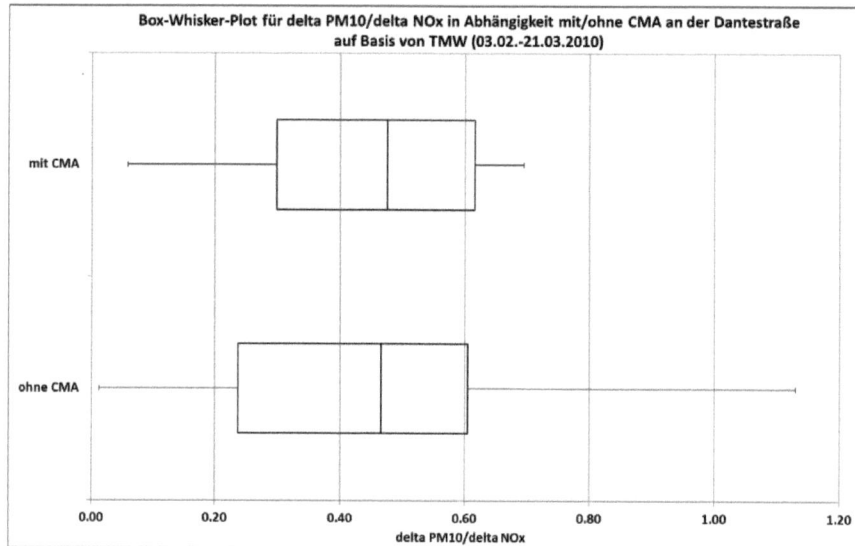

Abbildung 7-91: Einfluss mit/ohne CMA auf die Streuung des Verhältnisses $\Delta PM_{10}/\Delta NO_x$ an der Dantestraße auf Basis von TMW für den Zeitraum 03.02.-21.03.2010

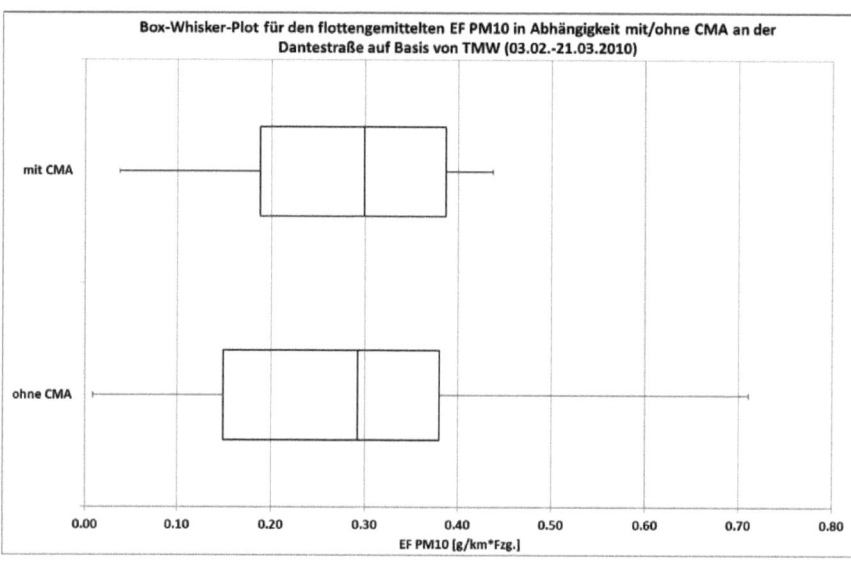

Abbildung 7-92: Einfluss mit/ohne CMA auf die Streuung des flottengemittelten EF PM_{10} an der Dantestraße auf Basis von TMW für den Zeitraum 03.02.-21.03.2010

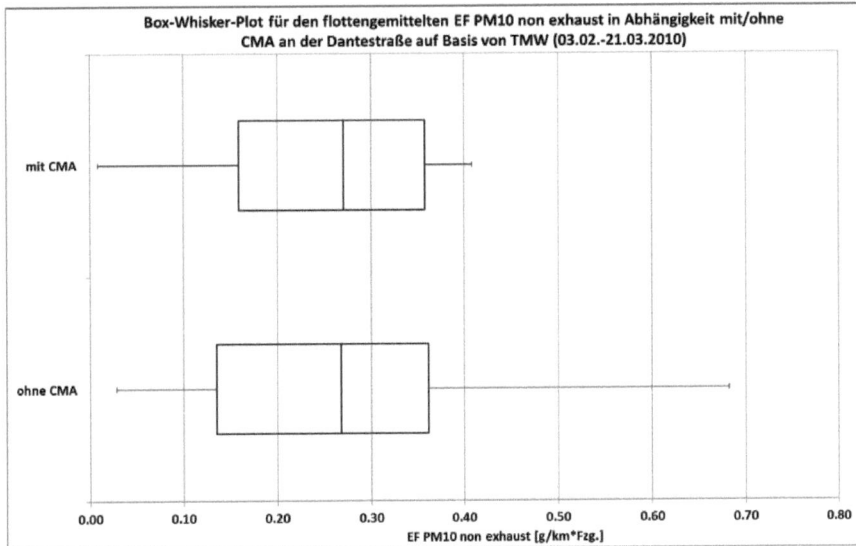

Abbildung 7-93: Einfluss mit/ohne CMA auf die Streuung des flottengemittelten EF PM_{10} non-exhaust an der Dantestraße auf Basis von TMW für den Zeitraum 03.02.-21.03.2010

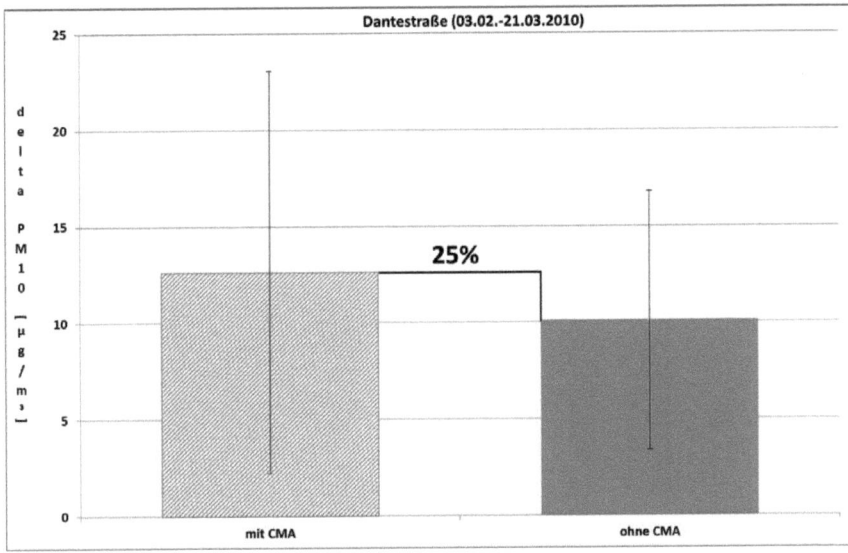

Abbildung 7-94: Durchschnittliche Veränderung von ΔPM_{10} an Tagen mit CMA gegenüber Tagen ohne CMA an der Dantestraße auf Basis von TMW für den Zeitraum 03.02.-21.03.2010

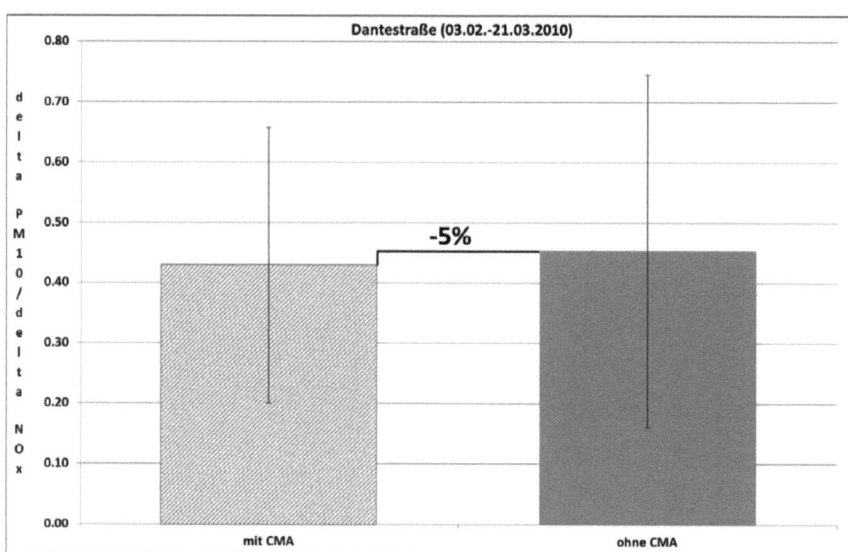

Abbildung 7-95: Durchschnittliche Veränderung des Verhältnisses $\Delta PM_{10}/\Delta NO_x$ an Tagen mit CMA gegenüber Tagen ohne CMA an der Dantestraße auf Basis von TMW für den Zeitraum 03.02.-21.03.2010

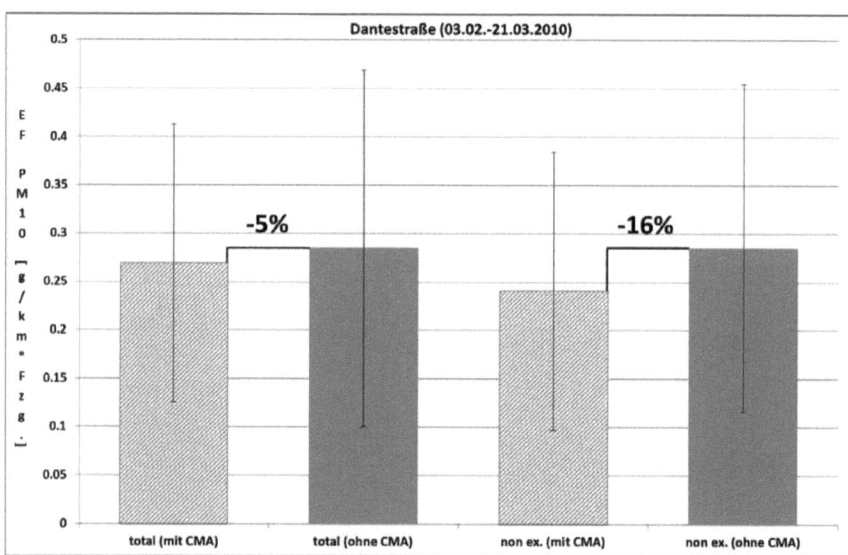

Abbildung 7-96: Durchschnittliche Veränderung des flottengemittelten EF PM_{10} bzw. EF PM_{10} non-exhaust an Tagen mit CMA gegenüber Tagen ohne CMA an der Dantestraße auf Basis von TMW für den Zeitraum 03.02.-21.03.2010

7.4 Conclusio

In diesem Kapitel werden die wichtigsten Erkenntnisse auf Basis der Auswertungen der Luftgütemesskampagnen in den einzelnen Untersuchungsgebieten zusammengefasst und die Auswirkungen von Niederschlag und CMA auf die Luftgütesituation diskutiert. Generell ist zu erwähnen, dass die Auswahl geeigneter Teststrecken und die Koordination der Errichtung von mobilen Messstationen an geeigneten Standorten eine große Herausforderung dargestellt hat. Aufgrund beschränkter finanzieller Ressourcen im EU-Life Projekt mussten Messkonzepte erarbeitet werden, die den Einsatz mobiler Messcontainer mit bereits vorhandenen Luftgütemessstationen bestmöglich verknüpfen konnten.

7.4.1 Minderung durch Niederschlag

Durch die umfassende Messreihe der Luftgütemessstationen Völkermarkter Straße und Koschat-/Sterneckstraße in Klagenfurt konnte die Minderung durch Niederschlag für den Zeitraum von 2009-2012 (jeweils 01.01.-31.12.) detailliert erhoben werden. Durch die in Kapitel 0 angeführte Methodik wurde der Einfluss der Niederschlagsmenge auf das Verhältnis $\Delta PM_{10}/\Delta NO_x$ untersucht, da dadurch die verkehrsbedingte PM_{10} Immission (ΔPM_{10}) über die tatsächliche Verkehrsstärke (ΔNO_x) berücksichtigt wird. Es zeigte sich eine annähernd lineare Abklingfunktion in der Form

$$y=-0,0106*x+0,187 \ (R^2=0,75)$$

y $\quad$ $\Delta PM_{10}/\Delta NO_x$
x $\quad$ Niederschlag [mm/d]

bei der ein Rückgang von $\Delta PM_{10}/\Delta NO_x$ mit zunehmender Niederschlagsmenge tendenziell größer wird. In Bezug auf den flottengemittelten PM_{10} und PM_{10} non-exhaust Emissionsfaktor wurde eine durchschnittliche Minderung des Niederschlags von 14% bzw. 17% an der Völkermarkter Straße bestimmt. Dies entspricht einer äquivalenten Reduktion von umgerechnet 2,4 µg/m³ PM_{10} für den TMW. Die Auswertungen des Rudolfsbahngürtels beschränkten sich auf die Dauer der Wintermessungen (2009-2012). Trotz des geringeren Datenumfangs konnte hier eine sehr deutliche lineare Abklingfunktion für $\Delta PM_{10}/\Delta NO_x$ mit

$$y=-0,0266*x+0,2609 \ (R^2=0,99)$$

berechnet werden. Dies ist vor allem auf das höhere Aufwirbelungspotenzial während der Wintermonate sowie auf den höheren Schwerverkehrsanteil von ca. 7% entlang dieses Straßenabschnittes zurückzuführen. In Bezug auf den flottengemittelten PM_{10} und PM_{10} non-exhaust Emissionsfaktor wurde eine durchschnittliche Minderung des Niederschlags von 15% bzw. 18% beim Rudolfsbahngürtel bestimmt. Dies entspricht auch in quantitativer Hinsicht einer höheren, äquivalenten Reduktion von umgerechnet 3 µg/m³ PM_{10} für den TMW.

Bei den Sommermesskampagnen wurde der Grenzweg (2011) betrachtet, da hier zumindest 6 Niederschlagstage während der 1 monatigen Messreihe zu verzeichnen waren. Das Verhältnis von $\Delta PM_{10}/\Delta NO_x$ reduziert sich infolge des Niederschlags um 80%. Da unbefestigte Straßen ein vielfach höheres Aufwirbelungspotenzial gegenüber befestigten Straßen aufweisen, ergibt sich für den Grenzweg eine äquivalente Reduktion durch Niederschlag von ca. 20 µg/m³ PM_{10} für den TMW.

Die Auswertungen in Lienz beschränkten sich ebenfalls auf die Wintermessungen (2009-2019. Auch für die Messstation Amlacherkreuzung konnte in Abhängigkeit der Niederschlagsmenge eine lineare Abklingfunktion für $\Delta PM_{10}/\Delta NO_x$ mit

$y=-0,0027*x+0,0699$ ($R^2=0,45$)

berechnet werden. In Bezug auf den flottengemittelten PM_{10} und PM_{10} non-exhaust Emissionsfaktor wurde eine durchschnittliche Minderung des Niederschlags von 28% bzw. 50% bestimmt. Dies entspricht in quantitativer Hinsicht einer äquivalenten Reduktion von umgerechnet 5 µg/m³ PM_{10} für den TMW.

Die Auswertungen in Bezug auf den Niederschlag beschränkten sich an der Dantestraße auf die Wintermessungen (2010, 2012). Trotz des vergleichbar geringen Datenumfanges an Niederschlagstagen war die lineare Abklingfunktion für $\Delta PM_{10}/\Delta NO_x$ mit

$y=-0,1599*x+0,8107$ ($R^2=0,79$)

deutlich ausgeprägt. Dies bestätigt die Verringerung des PM_{10} non-exhaust Anteils mit steigender Niederschlagsmenge.

Bei einer Gegenüberstellung von $\Delta PM_{10}/\Delta NO_x$ gegenüber Tagen ohne Niederschlag (s. Tabelle 7-1) konnte, aufgrund des begrenzten Datenmaterials, keine durchschnittliche Minderung des Niederschlags berechnet werden. Dies gilt sinngemäß auch für den flottengemittelten PM_{10} und PM_{10} non-exhaust Emissionsfaktor. Diese Ergebnisse können den negativen Zusammenhang der Abklingfunktion (beschränkt auf Niederschlagstage) nicht wiedergeben.

In den jeweiligen Untersuchungsgebieten bzw. den dazugehörigen Straßenabschnitten konnte ein eindeutig negativer, linearer Zusammenhang zwischen der Niederschlagsmenge und $\Delta PM_{10}/\Delta NO_x$ respektive der flottengemittelten PM_{10} und PM_{10} non-exhaust Emissionsfaktoren berechnet werden. Die durchschnittliche Minderung von Niederschlag auf die lokale PM_{10} Immission des Verkehrs ist neben dem zur Verfügung stehenden Datenmaterial stark vom Beobachtungszeitraum (Jahr, Sommer, Winter), der Niederschlagsintensität und -menge, dem Verkehr und dem allgemeinen Straßenzustand abhängig. Aufgrund der speziellen meteorologischen Bedingungen (s. Kapitel 11.3) in alpinen Beckenlagen ist die Reduktion von Niederschlag auf die PM_{10} Luftgütesituation für andere Regionen nur in qualitativer Hinsicht anwendbar. Um die in Zusammenhang mit Freilandmessungen vorhandenen Messunsicherheiten zu unterstreichen, werden die Ergebnisse in Bezug auf Niederschlag für alle Messkampagnen samt Standardfehler (σ) in Tabelle 7-1 zusammengefasst.

7.4.2 Minderungspotenzial von CMA

Analog zum Niederschlag wurden jene Tage betrachtet, an denen CMA in den betreffenden Untersuchungsgebieten ausgebracht wurde und jenen Tagen (ohne Niederschlag) ohne CMA Ausbringung gegenübergestellt. Gemäß der Methodik in Kapitel 0 konnten die Auswirkungen auf $\Delta PM_{10}/\Delta NO_x$ und in weiterer Folge auf den flottengemittelten PM_{10} und PM_{10} non-exhaust Emissionsfaktor berechnet werden. Die Auswertungen wurden auf Zeiträume beschränkt, in denen CMA häufig (2-3-mal wöchentlich) ausgebracht wurde. Durch diese Herangehensweise wurde eine bestmögliche Vergleichbarkeit der Wirksamkeit von CMA sichergestellt, da die vom Verkehr induzierte PM10 Immission saisonal großen Schwankungen unterliegt (s. Kapitel 11.5 Abbildung 6-10 ff.). Für die Wintermessungen an der Völkermarkter Straße (2010-2011) wurde in Bezug auf $\Delta PM_{10}/\Delta NO_x$ ein durchschnittliches Minderungspotenzial durch CMA von 19% berechnet. Auf dieser Grundlage und den Verkehrszahlen wurde für den flottengemittelten PM_{10} und PM_{10} non-exhaust Emissionsfaktor ein Minderungspotenzial von 14% bzw. 23% berechnet. Dies entspricht einem äquivalenten PM_{10} Reduktionspotenzial von knapp 3 µg/m³ für den TMW an der Völkermarkter Straße. Beim Rudolfsbahngürtel wurde während der Wintermesskampagnen (2010-2011) ein mittleres Minderungspotenzial durch CMA von 16% für das Verhältnis von $\Delta PM_{10}/\Delta NO_x$ errechnet. Umgerechnet auf den flottengemittelten PM_{10} und PM_{10} non-exhaust Emissionsfaktor ergibt dies ein Minderungspotenzial von ca. 10%. Dies entspricht, aufgrund des höheren Aufwirbelungsanteils beim Rudolfsbahngürtel, einem äquivalenten PM_{10} Reduktionspotenzial von knapp 4 µg/m³ für den TMW.

Im Rahmen der Sommermesskampagnen beim Druckerweg (2009) und Grenzweg (2011) wurden die Auswirkungen von CMA auf die lokale Luftgütesituation untersucht. Die Anzahl der Ausbringungen ist jedoch mit 1 bzw. 3-mal während des Messzeitraumes deutlich geringer, als während der Wintermessungen. Die Aussagen über die Wirksamkeit haben daher eher indikativen Charakter. Beim Druckerweg wurden zwei straßennahe Messstandorte installiert wobei auf Höhe von MP1, im Gegenzug zu MP2, CMA aufgebracht wurde. Der Vergleich von $\Delta PM_{10}/\Delta NO_x$ hat gezeigt, dass der Wert entlang von MP2 (unbehandelter Straßenabschnitt) um 119% höher gegenüber MP1 gewesen ist. Umgerechnet auf den flottengemittelten PM_{10} und PM_{10} non-exhaust Emissionsfaktor ergibt dies ein Minderungspotenzial von ca. 60%. Dies entspricht, aufgrund des wesentlich höheren Aufwirbelungsanteils an Schotterstraßen, einem äquivalenten PM_{10} Reduktionspotenzial von knapp 19 µg/m³ für den TMW. Entlang des Grenzweges (2011) konnten aufgrund von Ausfällen des NO_x Messgerätes nur die Auswirkungen auf ΔPM_{10} und $\Delta PM_{2,5}$ untersucht werden. Das Minderungspotenzial von CMA betrug diesbezüglich 50% bzw. 60%. Dies entspricht einem äquivalenten Reduktionspotenzial bei PM_{10} von 25 µg/m³ und bei $PM_{2,5}$ von 17 µg/m³.

Die Auswirkungen von CMA entlang der Amlacherkreuzung wurden für die Wintermessungen (2009-2012) untersucht. Begrenzt für die Zeiträume mit häufiger CMA Anwendung wurde ein mittleres Minderungspotenzial von 12% in Bezug auf $\Delta PM_{10}/\Delta NO_x$ berechnet. Umgerechnet auf den flottengemittelten PM_{10} und PM_{10} non-exhaust Emissionsfaktor ergibt dies ein Minderungspotenzial von 6% bzw. 15%. Dies entspricht einem äquivalenten Reduktionspotenzial von 3 µg/m³ PM_{10} für den TMW.

An der Dantestraße in Bruneck wurde die Wintermessung (2010) für die Betrachtung der Auswirkungen von CMA herangezogen, da hierfür auch Verkehrszahlen zur Verfügung standen. Für diesen Zeitraum hat sich das mittlere Verhältnis von $\Delta PM_{10}/\Delta NO_x$ infolge der CMA Ausbringung um 5% reduziert. Umgerechnet auf den flottengemittelten PM_{10} und PM_{10} non-exhaust Emissionsfaktor ergibt dies ein Minderungspotenzial von 5% bzw. 16%. Dies entspricht einem äquivalenten Reduktionspotenzial von gut 1 µg/m³ PM_{10} für den TMW.

In den jeweiligen Untersuchungsgebieten bzw. den dazugehörigen Straßenabschnitten konnte ein positiver Nachweis im Sinne einer Reduktion von nicht abgasbedingten PM_{10} Immissionen des Straßenverkehrs durch CMA Ausbringung sowohl für befestigte (Wintermessung) als auch für unbefestigte (Sommermessung) Straßen erbracht werden. An dieser Stelle ist jedoch festzuhalten, dass die Ergebnisse aufgrund der speziellen meteorologischen Bedingungen in alpinen Beckenlagen (s. Kapitel 11.3) für andere Städte mit abweichenden, meteorologischen Voraussetzungen nur qualitativen Charakter besitzen. Darüber hinaus wird bei der angewandten Methodik vorausgesetzt, dass die betreffenden NO_x Emissionsmengen des Verkehrs mit genügend großer Genauigkeit aus bekannten Emissionsmodellen, im ggs. Fall mithilfe von NEMO, und den Verkehrsdaten errechnet werden können, um auf die entsprechenden PM_{10} Emissionsmengen rückzurechnen. Die Auswertungen wurden anhand eines adaptierten Luv-Lee-Konzeptes (s. Kapitel 0) durchgeführt und auf Basis von TMW begrenzt. Detailbetrachtungen mit höherer zeitlicher Auflösung machen, mit Ausnahme entlang von unbefestigten Straßen, wenig Sinn. Neben der Tatsache, dass die Untersuchungsgebiete von ungünstigen Ausbreitungsbedingungen geprägt sind (niedrige Windgeschwindigkeiten, Inversionswetterlagen,...) können auch an straßennahen Messstandorten Hausbrand, Industrie und Gewerbe wesentlich zur PM_{10} Gesamtbelastung beitragen. Die quantitative Veränderlichkeit der einzelnen Quellbeiträge wird mit höherer zeitlicher Auflösung signifikant stärker. Hinzu kommt auch die tageszeitliche Veränderung meteorologischer Bedingungen (Windrichtung, -geschwindigkeit, Temperatur,...) die ebenfalls die Konzentrationsniveaus von Luftschadstoffen beeinflusst. Im Falle von PM_{10} werden in den Wintermonaten straßennah Konzentrationsspitzen bis über 100 µg/m³ als TMW gemessen. Dem steht ein Reduktionspotenzial von CMA auf die PM_{10} Immissionen von 1-4 µg/m³ gegenüber. Zu diesen Einflussfaktoren kommen noch Unsicherheiten bei der Luftgütemesstechnik dazu. Eine Betrachtung der Auswirkungen von CMA auf die Luftgütesituation wird, vor dem Hintergrund der Vielzahl an Einflussfaktoren auf die Luftgütemessung in Verbindung mit den komplexen Zusammenhängen, auf höherer zeitlicher Auflösung (HMW/SMW) als nicht sinnvoll erachtet. Die in Zusammenhang mit Freilandmessungen vorhandenen Messunsicherheiten sind selbst bei einer Betrachtung auf Basis TMW noch sehr hoch, wie die Berechnungen samt Standardfehler (σ) in Tabelle 7-2 zeigen. Die Ergebnisse lassen jedoch den Rückschluss zu, dass bei einer optimierten Anwendung von CMA sowohl auf befestigten als auch auf unbefestigten Straßen Minderungspotenziale auf die lokale PM_{10} Luftgütesituation, respektive auf flottengemittelte PM_{10} und PM_{10} non-exhaust Emissionsfaktoren zu erwarten sind.

7.4.3 Einfluss der Fahrzeuganzahl auf den flottengemittelten PM_{10} und PM_{10} non-exhaust Emissionsfaktor an unbefestigten Straßen

Da die Auswertungen beim Druckerweg (2009) und beim Grenzweg (2011) einen deutlichen Zusammenhang der PM_{10} Konzentrationsspitzen mit den Verkehrszahlen lieferten, wurde die Betrachtung auf eine Differenzierung in Abhängigkeit der Fahrzeuganzahl ausgedehnt. Aufgrund des geringeren Verkehrsaufkommens entlang des Druckerweges wurden die Fahrzeugkategorien auf maximal 30 Fzg./30 min begrenzt. Die Auswertungen bei MP1 (tlw. Asphaltreste vorhanden) ergaben eine eindeutig lineare Abklingfunktion des flottengemittelten PM_{10} und PM_{10} non-exhaust Emissionsfaktors mit steigender Fahrzeuganzahl mit

$y=-0,0873*x+1,2887$ ($R^2=0,84$)

für PM_{10} (gesamt) bzw.

$y=-0,0808*x+1,2448$ ($R^2=0,90$)

für PM_{10} non-exhaust.

Die Auswertungen auf Höhe von MP2, der als reine Schotterstraße zu identifizieren ist, ergaben ebenfalls eine lineare Abklingfunktion des flottengemittelten PM_{10} und PM_{10} non-exhaust Emissionsfaktors mit steigender Fahrzeuganzahl mit

$y=-0,1566*x+1,9749$ ($R^2=0,62$)

für PM_{10} (gesamt) bzw.

$y=-0,1707*x+1,9774$ ($R^2=0,61$)

für PM_{10} non-exhaust, wobei der Zusammenhang aufgrund des reinen Schotterbelages größeren Schwankungen unterliegt. Dies ist mit Sicherheit auch stark von der Snf Anzahl innerhalb einer betrachteten Kategorie abhängig. Die flottengemittelten PM_{10} und PM_{10} non-exhaust Emissionsfaktoren in Abhängigkeit der Fahrzeuganzahl sowie der dazugehörige Standardfehler (σ) sind getrennt für MP1 und MP2 in Tabelle 7-3 ersichtlich.

Die Auswertungen beim Grenzweg wurden aufgrund der höheren Fahrzeuganzahl in Kategorien bis maximal 140 Fzg./30 min unterteilt. Die Berechnungen ergaben eine deutliche lineare Abklingfunktion des flottengemittelten PM_{10} und PM_{10} non-exhaust Emissionsfaktors mit steigender Fahrzeuganzahl mit

$y=-0,5477*x+9,16\ (R^2=0,57)$

für PM_{10} (gesamt) bzw.

$y=-0,5465*x+9,1121\ (R^2=0,56)$

für PM_{10} non-exhaust.

Die einzig deutliche Abweichung im Rahmen der Messreihe bildet die Fahrzeugkategorie mit 40-50 Fzg./30 min, die entgegen dem linearen Trend einen Anstieg des flottengemittelten Emissionsfaktors widerspiegelt. Einflüsse von einzelnen Fahrzeugkategorien (v.a. Snf) und uU. geändertes Fahrverhalten (Fahrgeschwindigkeit) sind auch in diesem Fall nicht auszuschließen, konnten jedoch nicht nachgewiesen werden. Über die gesamte Messreihe betrachtet, zeigt sich jedoch eine deutliche Abnahme des flottengemittelten PM_{10} Emissionsfaktors mit steigender Fahrzeuganzahl. Dies bedeutet mit anderen Worten, dass für beide Messstandorte ein verringertes Aufwirbelungspotenzial von Straßenstaub mit steigender Fahrzeuganzahl nachgewiesen werden konnte. Die flottengemittelten PM_{10} und PM_{10} non-exhaust Emissionsfaktoren in Abhängigkeit der Fahrzeuganzahl sowie der dazugehörige Standardfehler (σ) sind in

Tabelle 7-4 zusammengefasst.

7.4.4 Zusammenfassende Darstellung

Tabelle 7-1: Statistische Auswertung der Untersuchungsgebiete für $\Delta PM_{10}/\Delta NO_x$, den flottengemittelten Emissionsfaktor PM_{10} und PM_{10} non-exhaust in Abhängigkeit mit/ohne Niederschlag auf Basis von TMW

Standort	mit NS						ohne NS					
	$\Delta PM_{10}/\Delta NO_x$		EF PM_{10}		EF PM_{10} non exh.		$\Delta PM_{10}/\Delta NO_x$		EF PM_{10}		EF PM_{10} non exh.	
	MW	σ	MW	σ	MW	σ	MW	σ	MW	σ	MW	σ
Völkermarkter Straße (Jahr)	0,17	±0,11	0,09	±0,05	0,07	±0,05	0,19	±0,12	0,11	±0,06	0,08	±0,06
Rudolfsbahngürtel (Winter)	0,22	±0,17	0,17	±0,12	0,15	±0,11	0,27	±0,18	0,22	±0,16	0,19	±0,16
Grenzweg (Sommer)	0,68	±0,84	-	-	-	-	3,39	±2,21	-	-	-	-
Amlacherkreuzung (Winter)	0,06	±0,04	0,05	±0,03	0,02	±0,03	0,09	±0,06	0,07	±0,04	0,04	±0,04
Dantestraße (Winter)	0,52	±0,29	0,45	±0,26	0,48	±0,21	0,43	±0,23	0,39	±0,20	0,36	±0,20

Tabelle 7-2: Statistische Auswertung der Untersuchungsgebiete für $\Delta PM_{10}/\Delta NO_x$, den flottengemittelten Emissionsfaktor PM_{10} und PM_{10} non-exhaust in Abhängigkeit mit/ohne CMA auf Basis von TMW

Standort	mit CMA							ohne CMA						
	$\Delta PM_{10}/\Delta NO_x$ MW	$\Delta PM_{10}/\Delta NO_x$ σ	EF PM_{10} MW	EF PM_{10} σ	EF PM_{10} non exh. MW	EF PM_{10} non exh. σ		$\Delta PM_{10}/\Delta NO_x$ MW	$\Delta PM_{10}/\Delta NO_x$ σ	EF PM_{10} MW	EF PM_{10} σ	EF PM_{10} non exh. MW	EF PM_{10} non exh. σ	
Völkermarkter Straße (Jahr)	0,17	±0,09	0,10	±0,05	0,07	±0,05		0,21	±0,13	0,11	±0,07	0,09	±0,07	
Rudolfsbahngürtel (Winter)	0,25	±0,15	0,23	±0,13	0,21	±0,13		0,30	±0,17	0,26	±0,16	0,23	±0,16	
Druckerweg MP1 (Sommer)	0,81	-	0,61	-	0,57	-		0,79	±0,58	0,67	±0,43	0,63	±0,43	
Druckerweg MP2 (Sommer)	2,33*	-	1,75*	-	1,71*	-		1,04	±0,70	0,78	±0,49	0,74	±0,49	
Anlacherkreuzung (Winter)	0,10	±0,04	0,08	±0,03	0,05	±0,03		0,11	±0,07	0,08	±0,04	0,05	±0,04	
Dantestraße (Winter)	0,43	±0,23	0,27	±0,14	0,24	±0,14		0,45	±0,29	0,28	±0,18	0,29	±0,17	

	ΔPM_{10} MW	ΔPM_{10} σ	$\Delta PM_{2,5}$ MW	$\Delta PM_{2,5}$ σ
Grenzweg (Sommer)	19,06	±1,92	7,30	±3,10

	ΔPM_{10} MW	ΔPM_{10} σ	$\Delta PM_{2,5}$ MW	$\Delta PM_{2,5}$ σ
	3,39	±2,21	35,85	±15,91	20,35	±10,60

*entspricht den Werten, die am Tag der CMA Ausbringung (25.08.2009) bei MP2 (**ohne CMA**) gemessen wurden

Tabelle 7-3: Statistische Auswertung der Messung beim Druckerweg für $\Delta PM_{10}/\Delta NO_x$, den flottengemittelten Emissionsfaktor PM_{10} und PM_{10} non-exhaust in Abhängigkeit der Fahrzeuganzahl auf Basis von HMW

Fahrzeugan-zahlkategorie	MP1 (Druckerweg)						MP2 (Druckerweg)					
	$\Delta PM_{10}/\Delta NO_x$ MW	$\Delta PM_{10}/\Delta NO_x$ σ	EF PM_{10} MW	EF PM_{10} σ	EF PM_{10} non exh. MW	EF PM_{10} non exh. σ	$\Delta PM_{10}/\Delta NO_x$ MW	$\Delta PM_{10}/\Delta NO_x$ σ	EF PM_{10} MW	EF PM_{10} σ	EF PM_{10} non exh. MW	EF PM_{10} non exh. σ
1-5	1,76	±3,32	1,16	±2,56	1,13	±2,58	2,56	±4,80	1,67	±3,19	1,65	±3,21
5-10	1,55	±3,93	1,16	±2,12	1,11	±2,13	2,47	±7,07	1,82	±3,87	1,79	±3,89
10-20	1,30	±1,95	1,07	±1,39	1,03	±1,40	2,14	±4,86	1,62	±2,56	1,62	±2,60
20-30	1,05	±1,15	0,90	±0,72	0,89	±0,70	1,13	±0,68	1,22	±0,87	1,14	±0,83

Tabelle 7-4: Statistische Auswertung der Messung beim Grenzweg für $\Delta PM_{10}/\Delta NO_x$, den flottengemittelten Emissionsfaktor PM_{10} und PM_{10} non-exhaust in Abhängigkeit der Fahrzeuganzahl auf Basis von HMW

Fahrzeugan-zahlkategorie	Grenzweg							
	$\Delta PM_{10}/\Delta NO_x$ MW	$\Delta PM_{10}/\Delta NO_x$ σ	EF PM_{10} MW	EF PM_{10} σ	EF PM_{10} non exh. MW	EF PM_{10} non exh. σ		
1-10	4,26	±7,68	6,10	±7,87	6,03	±7,85		
10-20	8,28	±7,08	9,43	±9,07	9,39	±9,07		
20-30	9,73	±9,91	8,52	±7,00	8,48	±7,00		
30-40	5,07	±3,37	4,07	±2,49	4,04	±2,49		
40-50	14,16	±13,49	11,50	±11,19	11,46	±11,19		
50-60	8,73	±11,13	7,25	±7,75	7,21	±7,75		
60-70	5,38	±5,67	4,08	±4,01	4,05	±4,01		
70-80	4,78	±1,75	4,19	±1,63	4,15	±1,63		
80-90	2,95	±1,45	2,73	±1,56	2,69	±1,56		
90-100	3,83	±3,05	3,59	±3,39	3,56	±3,39		
100-110	2,93	±0,00	3,15	±0,00	3,11	±0,00		

Flottengemittelte Emissionsfaktoren

Fahrzeugan-zahlkategorie	Grenzweg					
	MW $\Delta PM_{10}/\Delta NO_x$	σ $\Delta PM_{10}/\Delta NO_x$	MW EF PM_{10}	σ EF PM_{10}	MW EF PM_{10} non exh.	σ EF PM_{10} non exh.
110-120	1,85	±1,22	1,41	±0,86	1,38	±0,86
120-130	2,34	±0,00	2,00	±0,00	1,96	±0,00
130-140	3,43	±1,93	2,71	±1,05	2,68	±1,06

8 Ergebnisse spezifischer Emissionsfaktoren

Im Zuge der in Kapitel 4.2.1 angeführten spezifischen PM_{10} non-exhaust Emissionsfaktoren, wurde im Rahmen dieser Arbeit der Versuch unternommen, ebenfalls PM_{10} non-exhaust Emissionsfaktoren getrennt für Pkw/Lnf und Snf zu bestimmen. Aufgrund der Erkenntnisse bisheriger wissenschaftlicher Arbeiten wurden Pkw und Lnf zu einer Fahrzeugkategorie zusammengefasst. Erste Analysen (Box-Whisker-Plots) auf Basis von TMW haben gezeigt, dass eine reine Betrachtung für Tage mit Niederschlag ($\geq$ 1mm/d) bzw. mit CMA Ausbringung, aufgrund des geringen Stichprobenumfanges und der weitgehend linkssteilen Verteilung der Daten, keine validen Aussagen für diese Fahrzeugkategorien ermöglicht. Die mittels multipler Regressionsanalysen durchgeführten Berechnungen konzentrierten sich daher auf den verbleibenden Datensatz ohne Niederschlagstage und CMA Ausbringung. Die Analysen der befestigten Straßen haben sowohl für die Jahresmesskampagnen (Völkermarkter Straße) als auch für die Wintermesskampagnen ergeben, dass der Einfluss der Fahrzeugkategorie Pkw/Lnf deutlich überwiegt und kein spezifischer PM_{10} non-exhaust Emissionsfaktor für die Fahrzeugkategorie Snf bestimmt werden konnte. Dies bestätigt die Herausforderung von Luftgütemessungen in meteorologisch stark beeinflussten alpinen Beckenlagen, die eine valide Bestimmung von spezifischen PM_{10} non-exhaust Emissionsfaktoren nicht ermöglichte. Neben dieser Tatsache können auch an straßennahen Messstandorten, vor allem während der Wintermonate, andere PM_{10} Quellen einen quantitativ hohen Beitrag zur PM_{10} Gesamtbelastung leisten. Die tageszeitliche Variabilität der einzelnen Quellen erschwert im Allgemeinen eine konkrete Zuordnung, der vom Verkehr induzierten PM_{10} Immissionen und im Speziellen eine Unterteilung in einzelne Fahrzeugkategorien. Einzig die Detailbetrachtung der Sommermesskampagnen (Druckerweg 2009 und Grenzweg 2011) mittels multipler Regressionsanalysen ermöglichte, aufgrund der minimalen Beeinflussung von anderen PM_{10} Quellen während dieser Jahreszeit und der hohen PM_{10} Konzentrationen infolge der Aufwirbelung von Straßenstaub (PM_{10} non-exhaust), eine Differenzierung des PM_{10} non-exhaust Emissionsfaktors nach Fahrzeugkategorien. Die Berechnungen wurden mit der Statistiksoftware SPSS (Version 18) durchgeführt.

8.1 Unbefestigte Straße - Druckerweg (2009)

Analog zur Berechnung von flottengemittelten PM_{10} non-exhaust Emissionsfaktoren für MP1 und MP2, wurden die spezifischen PM_{10} non-exhaust Emissionsfaktoren für beide Straßenabschnitte bestimmt. Auf Basis von HMW stand eine ausreichend große Stichprobe (N=717) für MP1 zur Verfügung. Als abhängige

Variable wurde der flottengemittelte PM_{10} non-exhaust Emissionsfaktor definiert. Die unabhängigen Variablen bildeten die beiden Fahrzeugkategorien Pkw/Lnf und Snf. In einem ersten Schritt wurde eine Korrelation nach Pearson (P-Korrelation) durchgeführt, die bei intervallskalierten Merkmalen eine annähernde Normalverteilung der Daten voraussetzt. Trotz der Tatsache, dass die geforderte Voraussetzung nicht zur Gänze erfüllt wird (linkssteile Verteilung), wurde diese Methode der Korrelation nach Spearman vorgezogen. Aufgrund der ausreichend großen Stichprobe gemäß Tabachnick und Fidell [47] und des explorativen Charakters dieser Arbeit ist von einer stabileren Ergebnisstruktur im Sinne einer valideren Interpretation der Ergebnisse auszugehen. Es zeigte sich eine 2-seitige Signifikanz der beiden Fahrzeugkategorien in Abhängigkeit des PM_{10} non-exhaust Emissionsfaktors auf dem Niveau von 0,01 (s. Tabelle 8-1). Zur Absicherung der Ergebnisstruktur wurde zusätzlich eine Korrelation nach Spearman berechnet, die die beschriebenen Ergebnisse in vergleichbarer Form wiedergibt (s. Anhang Kapitel 11.6).

Tabelle 8-1: Korrelation nach Pearson für MP1 entlang des Druckerweges (2009)

		Pkw/Lnf	Snf	PM_{10} non-exhaust
Pkw/Lnf	Korrelation nach Pearson	1	0,193**	0,320**
	Signifikanz (2-seitig)		0,000	0,000
	N	717	717	717
Snf	Korrelation nach Pearson	0,193**	1	0,278**
	Signifikanz (2-seitig)	0,000		0,000
	N	717	717	717
PM_{10} non-exhaust	Korrelation nach Pearson	0,320**	0,278**	1
	Signifikanz (2-seitig)	0,000	0,000	
	N	717	717	717

**Die Korrelation ist auf dem Niveau von 0,01 (2-seitig) signifikant.

Auf dieser Grundlage wurde eine schrittweise, multiple Regressionsanalyse für MP1 durchgeführt, welche die Variable mit dem stärksten Einfluss als erstes in die Regression aufnimmt. Zudem werden nur jene Variablen in die Regressionsgleichung aufgenommen, die einen Einfluss haben (im Gegensatz zur Standard-Einschluss-Methode). Da aufgrund des großen Stichprobenumfanges (N>100) die relevanteste Voraussetzung zur Berechnung einer Regression erfüllt ist, sind die folgenden Ergebnisse ohne Einschränkungen interpretierbar (s. Tabelle 8-2).

Tabelle 8-2: Koeffizienten für Pkw/Lnf und Snf im Rahmen der schrittweisen, multiplen Regressionsanalyse für MP1 beim Druckerweg (2009)

Modell		Nicht standardisierte Koeffizienten		Standardisierte Koeffizienten		
		Regressionskoeffizient B	Standardfehler	Beta	T	Sig.
1	(Konstante)	1,237	0,857		1,444	0,149
	Pkw/Lnf	0,896	0,099	0,320	9,043	0,000
2	(Konstante)	0,925	0,835		1,108	0,268
	Pkw/Lnf	0,775	0,098	0,277	7,882	0,000
	Snf	6,285	0,986	0,224	6,372	0,000

Aus den berechneten Koeffizienten lässt sich die Gleichung in folgender Form aufstellen:

$$y = 0,775 * x_1 + 6,285 * x_2 + 0,925$$

y	PM_{10} non-exhaust Emissionen [g/km]
x_1	Pkw/Lnf [#]
x_2	Snf [#]

Zur Absicherung der Ergebnisse wurde eine zusätzliche Regression nach der Standard-Einschluss-Methode durchgeführt, die zu vergleichbaren Ergebnissen führte (s.Anhang Kapitel 11.6).

Auf Basis von HMW stand ebenfalls für MP2 eine ausreichend große Stichprobe (N=761) zur Verfügung. Als abhängige Variable wurde der flottengemittelte PM_{10} non-exhaust Emissionsfaktor definiert. Die unabhängigen Variablen bildeten die beiden Fahrzeugkategorien Pkw/Lnf und Snf. Die Pearson-Korrelation zeigte eine 2-seitige Signifikanz der beiden Fahrzeugkategorien in Abhängigkeit des PM_{10} non-exhaust Emissionsfaktors auf dem Niveau von 0,01 (s. Tabelle 8-3). Zur Absicherung wurde eine Korrelation nach Spearman berechnet, die eine Interpretation der Ergebnisse in die gleiche Richtung erlaubt (s. Anhang Kapitel 11.6).

Tabelle 8-3: Korrelation nach Pearson für MP2 entlang des Druckerweges (2009)

		Pkw/Lnf	Snf	PM_{10} non-exhaust
Pkw/Lnf	Korrelation nach Pearson	1	0,279**	0,302**
	Signifikanz (2-seitig)		0,000	0,000
	N	761	761	761
Snf	Korrelation nach Pearson	0,279**	1	0,266**
	Signifikanz (2-seitig)	0,000		0,000
	N	761	761	761
PM_{10} non-exhaust	Korrelation nach Pearson	0,302**	0,266**	1
	Signifikanz (2-seitig)	0,000	0,000	
	N	761	761	761

**Die Korrelation ist auf dem Niveau von 0,01 (2-seitig) signifikant.

Auf dieser Grundlage wurde eine schrittweise, multiple Regressionsanalyse analog zu MP1 durchgeführt, welche die Variable mit dem stärksten Einfluss als erstes in die Regression aufnimmt. Aufgrund des Stichprobenumfanges [47] sind die folgenden Ergebnisse ohne Einschränkungen interpretierbar (s. Tabelle 8-4).

Tabelle 8-4: Koeffizienten für Pkw/Lnf und Snf im Rahmen der schrittweisen, multiplen Regressionsanalyse für MP2 beim Druckerweg (2009)

Modell		Nicht standardisierte Koeffizienten		Standardisierte Koeffizienten		
		Regressionskoeffizient B	Standardfehler	Beta	T	Sig.
1	(Konstante)	1,109	1,544		0,718	0,473
	Pkw/Lnf	1,538	0,176	0,302	8,728	0,000
2	(Konstante)	1,960	1,522		1,288	0,198
	Pkw/Lnf	1,257	0,180	0,247	6,987	0,000
	Snf	4,714	0,845	0,197	5,578	0,000

Aus den berechneten Koeffizienten stellt sich die Gleichung in folgender Form dar:

$$y = 1{,}257 * x_1 + 4{,}714 * x_2 + 1{,}960$$

y PM_{10} non-exhaust Emissionen [g/km]
x_1 Pkw/Lnf [#]
x_2 Snf [#]

Zusammenfassend lässt sich aus den Ergebnissen für MP1 und MP2 rückschließen, dass die Koeffizienten für Pkw/Lnf und Snf einen starken Einfluss auf die flottengemittelten PM_{10} non-exhaust Emissionsfaktoren haben. Erwartungsgemäß trägt ein einzelnes Snf in quantitativer Hinsicht ein Vielfaches im Vergleich zu einem Pkw/Lnf bei. Die Gleichungen für MP1 und MP2 lassen den Schluss zu, dass es für beide Messpunkte eine ähnliche Grundbelastung an PM_{10} non-exhaust Emissionen gibt. Dies resultiert unter anderem aus der Betrachtung von HMW für die Stichprobe. In konkreter Abhängigkeit der Anzahl der Pkw/Lnf und der Snf lässt sich für den Druckerweg die daraus resultierende Menge an PM_{10} non-exhaust Emissionen gut prognostizieren. Zur Absicherung der Ergebnisse wurde eine zusätzliche Regression nach der Standard-Einschluss-Methode durchgeführt, welche die Ergebnisstruktur absichert (s.Anhang Kapitel 11.6).

8.2 Unbefestigte Straße - Grenzweg (2011)

Aufgrund von Messausfällen des Verkehrszählgerätes und des NO_x Gerätes während der Sommermessung beim Grenzweg (2011) stand eine deutlich geringere Stichprobe (N=136) für die Detailbetrachtung zur Verfügung. Als abhängige Variable wurde der flottengemittelte PM_{10} non-exhaust Emissionsfaktor definiert. Die unabhängigen Variablen bildeten die beiden Fahrzeugkategorien Pkw/Lnf und Snf. Die Pearson-Korrelation zeigte eine 2-seitige Signifikanz der beiden Fahrzeugkategorien in Abhängigkeit des PM_{10} non-exhaust Emissionsfaktors auf dem Niveau von 0,01 (s. Tabelle 8-5). Die Korrelation von Snf in Bezug auf PM_{10} non-exhaust ist mit 0,112 allerdings schwächer ausgeprägt, weshalb die unabhängige Variable Snf im Zuge der schrittweisen, multiplen Regressionsanalyse ausgeschlossen wird (s. Tabelle 8-6 und Tabelle 8-7).

Tabelle 8-5: Korrelation nach Pearson für die Messung beim Grenzweg (2011)

		Pkw/Lnf	Snf	PM_{10} non-exhaust
Pkw/Lnf	Korrelation nach Pearson	1	0,312**	0,380**
	Signifikanz (2-seitig)		0,000	0,000
	N	136	136	136
Snf	Korrelation nach Pearson	0,312**	1	0,112
	Signifikanz (2-seitig)	0,000		0,193
	N	136	136	136
PM_{10} non-exhaust	Korrelation nach Pearson	0,380**	0,112	1
	Signifikanz (2-seitig)	0,000	0,193	
	N	136	136	136

**Die Korrelation ist auf dem Niveau von 0,01 (2-seitig) signifikant.

Tabelle 8-6: Koeffizient für Pkw/Lnf im Rahmen der schrittweisen, multiplen Regressionsanalyse beim Grenzweg (2011)

Modell		Nicht standardisierte Koeffizienten		Standardisierte Koeffizienten		
		Regressionskoeffizient B	Standardfehler	Beta	T	Sig.
1	(Konstante)	82,377	33,030		2,494	0,014
	Pkw/Lnf	2,969	0,625	0,380	4,753	0,000

Tabelle 8-7: Snf als ausgeschlossene Variable im Zuge der schrittweisen, multiplen Regressionsanalyse beim Grenzweg (2011)

Modell					Partielle Korrelation	Kollinearitätsstatistik
		Beta In	T	Sig.		Toleranz
1	Snf	-0,007^a	-0,080	0,936	-,007	,903

Aus den berechneten Koeffizienten bildet sich die Gleichung in der Form ab:

y=2,969*x+82,377

y   *PM$_{10}$ non-exhaust Emissionen [g/km]*

x   *Pkw/Lnf [#]*

Im Gegensatz zu den Ergebnissen in Kapitel 8.1 beschreiben die Ergebnisse der Gleichung für den Grenzweg einen exploratorischen Trend, da wider Erwarten die Snf zu wenig Einfluss in der schrittweisen, multiplen Regressionsanalyse haben, um statistisch als relevant aufzuscheinen. Dies scheint der geringen Anzahl an Snf auf Basis von HMW im Rahmen der Untersuchung und des damit einhergehenden geringeren Stichprobenumfanges gegenüber dem Druckerweg geschuldet zu sein. Dies erklärt auch die Tatsache, dass sich für Pkw/Lnf ein besonders starker Einfluss auf die flottengemittelten PM$_{10}$ non-exhaust Emissionen zeigt bei einer gleichzeitig sehr hohen Grundbelastung an PM$_{10}$ non-exhaust Emissionen. Diese Konstante ist mit 82,377 deutlich höher als beim Druckerweg, da sie indirekt den Einfluss der Snf abbildet. Zur Absicherung der Ergebnisse wurde eine zusätzliche Regression nach der Standard-Einschluss-Methode durchgeführt, die eine vergleichbare Interpretation der Ergebnisse zulässt (s.Anhang Kapitel 11.6).

9 Validierung der Messergebnisse anhand von PM_{10} und NO_x Simulationen in Klagenfurt

9.1 Emissionen

Im Rahmen des EU Projektes PMinter wurde ein Verkehrsmodell vom Ingenieurbüro Fallast entwickelt, das die Verkehrsströme im Straßennetz von Klagenfurt für das Bezugsjahr 2010 abbildet. Das Verkehrsmodell berücksichtigt im Wesentlichen alle befestigten Haupt- und Nebenverkehrsstraßen des Stadtgebietes. Die daraus resultierende Verkehrsspinne stand als geoinformationsbasierte Shapedatei zur Verfügung. Insgesamt wurden in der Simulation ca. 6.000 Straßenabschnitte mit einer Gesamtlänge von ca. 900 km berücksichtigt. Mit dieser Verkehrsdatenbasis wurden die PM_{10} und NO_x Emissionen von Klagenfurt gemäß der Methodik in Kapitel 4 mit dem Emissionsmodell NEMO ([18], [41], [42], [44] und [45]) berechnet. Da der Themenschwerpunkt dieser Arbeit dem Luftschadstoff PM10 gewidmet ist, werden die NO_x Emissionen im nachfolgenden Kapitel nicht näher beschrieben. Im Rahmen der Modellvalidierung in Kapitel 9.4.4 spielen die simulierten NO_x Immissionen jedoch eine wichtige Rolle.

9.1.1 PM_{10} exhaust

Generell ist zu sagen, dass die PM_{10} Emissionen des Verkehrs entlang der Südautobahn (A2), der Hauptverkehrsstraßen und der Ringstraßen aufgrund der hohen Verkehrsbelastung die größte Quellstärke aufweisen. In Abhängigkeit des Straßentyps und der dazugehörigen JDTV-Werte ergeben sich die höchsten Belastungen in Bezug auf den PM_{10} exhaust Anteil entlang der Hauptverkehrsstraßen und der Ringstraßen mit bis knapp 0,05 kg/km*h (s. Abbildung 9-1). Entlang der Südautobahn (A2) sind die abgasbedingten Belastungen aufgrund der konstanteren Fahrgeschwindigkeiten niedriger, als beim innerstädtischen Verkehr (Stop&Go) deshalb auch.

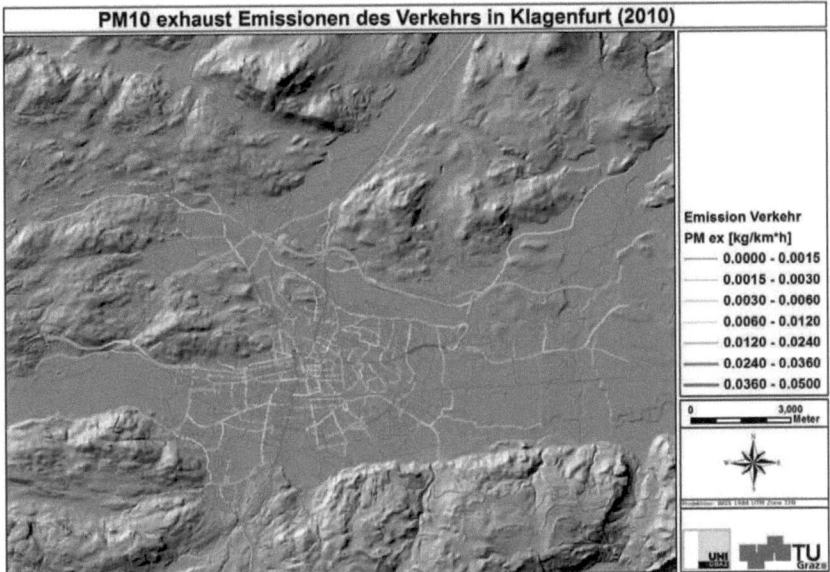

Abbildung 9-1: PM$_{10}$ exhaust Emissionen des Verkehrs in Klagenfurt (2010)

9.1.2 PM$_{10}$ non-exhaust

Die in Abbildung 9-2 dargestellten PM$_{10}$ non-exhaust Emissionen wurden in Abhängigkeit des Straßentyps und der Fahrzeugkategorie mit standardisierten Emissionsfaktoren nach [20] berechnet (s. Kapitel 4.2). Die Ergebnisse für diesen Anteil der PM$_{10}$ Emissionen werden in Kapitel 9.4.5, aufgrund der Ergebnisse aus den Luftgütemessstationen, noch zur Diskussion stehen. Auf Basis des Emissionsmodells NEMO ergeben sich Belastungen bis maximal 0,07 kg/km*h entlang der Hauptverkehrsrouten.

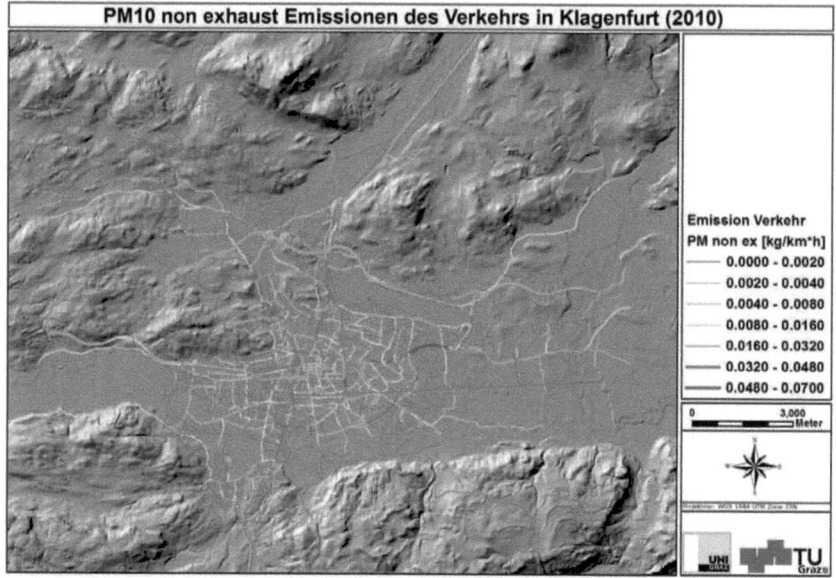

Abbildung 9-2: PM_{10} non-exhaust Emissionen des Verkehrs in Klagenfurt (2010)

9.1.3 $PM_{2,5}$

Die $PM_{2,5}$ Emissionen des Verkehrs setzen sich zu 100% aus dem exhaust Anteil und gemäß RVS 04.02.12 [4] zu 30% aus dem non-exhaust Anteil zusammen. Die Belastungen entsprechen damit dem Niveau für den PM_{10} non-exhaust Anteil und betragen auf den verkehrsintensiven Streckenabschnitten zwischen 0,05 und 0,07 kg/km*h (s. Abbildung 9-3).

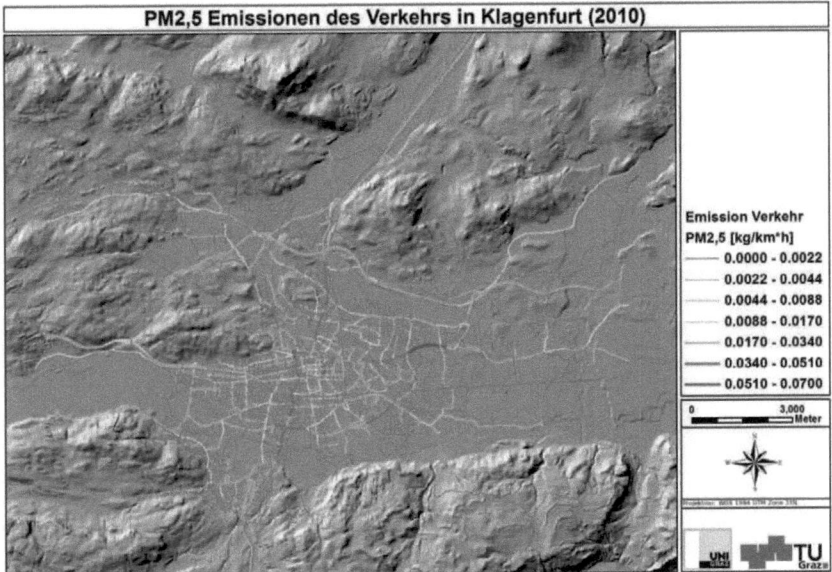

Abbildung 9-3: $PM_{2,5}$ Emissionen des Verkehrs in Klagenfurt (2010)

9.1.4 PM_{10} gesamt

Die PM_{10} Gesamtbelastung setzt sich in etwa zu 40% aus dem exhaust und zu 60% aus dem non-exhaust Anteil zusammen. Entlang der Hauptverkehrs- und Ringstraßen sowie der Südautobahn (A2) sind zwischen 0,05 und 0,12 kg/km*h (s. Abbildung 9-4) zu erwarten. Um einen Eindruck über die jährlichen Emissionsmengen im Stadtgebiet von Klagenfurt zu vermitteln, werden diese, getrennt nach Schadstoffkomponente und Fahrzeugkategorie, für das Bezugsjahr 2010 in Tabelle 9-1 zusammengefasst. Durch den Verkehr wurden 723 t/a an NO_x emittiert wovon knapp 148 t/a dem primär freigesetzten NO2 zuzuordnen sind. Die PM_{10} Emissionen setzen sich zu 29 t/a aus dem exhaust Anteil und zu 41 t/a aus dem non-exhaust Anteil zusammen. Die gesamten $PM_{2,5}$ Emissionen wurden gemäß RVS 04.02.12 [4] ermittelt. Die CO_2 Emissionen des Verkehrs betragen 183.530 t/a.

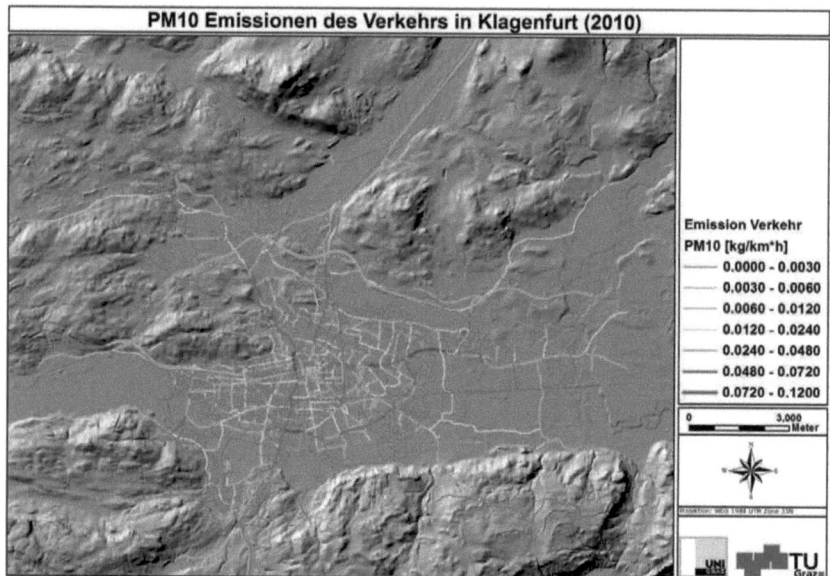

Abbildung 9-4: PM_{10} Emissionen des Verkehrs in Klagenfurt (2010)

Tabelle 9-1: Gesamtemissionen des Verkehrs in [t/a] im Stadtgebiet von Klagenfurt (2010)

Fahrzeugkategorie	NO_x [t/a]	NO_2 [t/a]	PM_{10} ex-haust [t/a]	PM_{10} non-exhaust [t/a]	PM_{10} gesamt [t/a]	$PM_{2,5}$ [t/a]	CO_2 [100 t/a]
Kfz gesamt	722,76	147,66	29.07	41.15	70.22	41.42	1835,29
PKW	360.81	102.95	17.11	26.80	43.91	25.15	1321.17
LNF	73.71	20.75	6.33	2.85	9.17	7.18	162.92
Solo LKW	140.95	11.20	2.94	5.62	8.56	4.63	146.98
LSZ	102.39	9.20	1.78	4.34	6.11	3.08	156.63
Rbus	43.00	3.42	0.88	1.46	2.34	1.32	45.80
LBus	1.89	0.15	0.04	0.08	0.12	0.06	1.79

9.1.5 Jahres- und Tagesgang der Emissionsstärke

Um die unterschiedlichen Ausbreitungsbedingungen (Winter – Sommer, Tag – Nacht) der Schadstoffe des Verkehrs mit dem Ausbreitungsmodell bestmöglich abbilden zu können, wurden Jahres- und Tagesgänge der relativen Emissionsstärke berücksichtigt. Der von der Witterung stark abhängige Jahresgang wurde auf Basis der in Kapitel 6.3.1.1 angeführten Methodik und Auswertung der Luftgütedaten für die Messstation Völkermarkter Straße ermittelt. Aufgrund der langjährigen Messreihe wurde der Auswertezeitraum von 2007-2012 erweitert und die relative Emissionsstärke berechnet. Durch diese Herangehensweise wird eine Glättung des Jahresganges sichergestellt, die für eine Berechnung der durchschnittlich zu erwartenden Belastung von Vorteil ist. Der in Abbildung 9-5 dargestellte Jahresgang zeigt, dass in Bezug auf den flottengemittelten Emissionsfaktor PM_{10} non-exhaust vor allem die Monate Februar bis April von besonderer Bedeutung sind. Während dieser Zeit ist mit einem doppelt so hohen non-exhaust Anteil, als in den Sommer-/Herbstmonaten zu rechnen. Die abgasbedingte Emissionsstärke verändert sich nur geringfügig und bleibt ganzjährig unverändert. Die tageszeitliche Veränderung der relativen Emissionsstärke wurde getrennt nach Straßenkategorie (AB, B, L und IO) und auf Basis österreichischer Verkehrszähldaten aus dem Jahr 2009 berücksichtigt. Vor allem der Verlauf für die innerorts Straßen zeigt deutlich die Morgen- und Abendspitze des Verkehrs, die auch bei den Verkehrszählungen in dieser Arbeit festgestellt wurden (s. Kapitel 6.2).

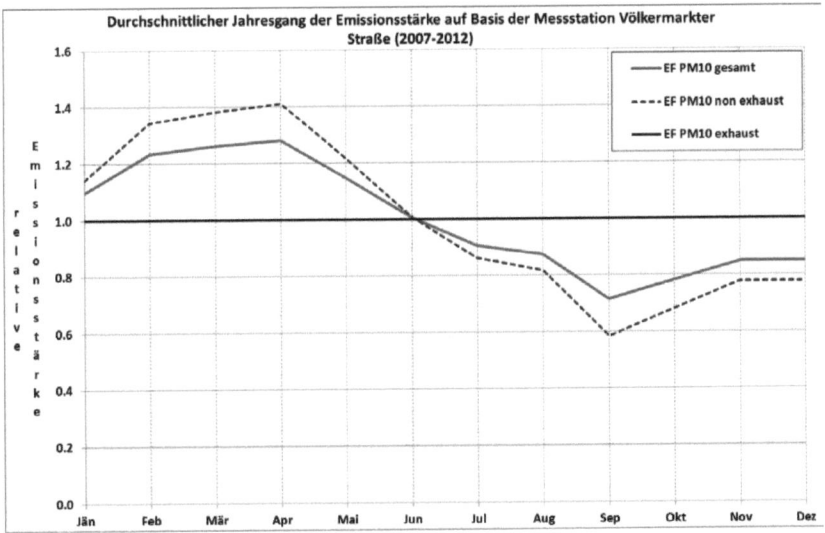

Abbildung 9-5: Durchschnittlicher Jahresgang der Emissionsstärke des Verkehrs auf Basis der Messstation Völkermarkter Straße (2007-2012)

Validierung

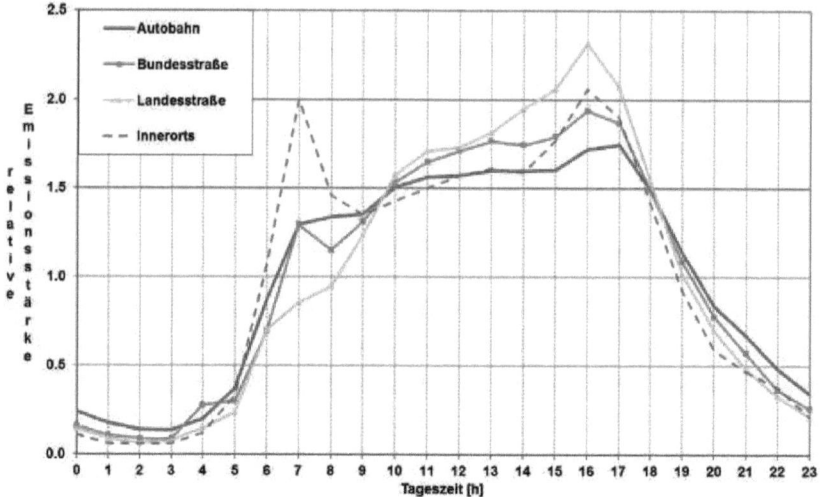

Abbildung 9-6: Durchschnittlicher Tagesgang der Emissionsstärke des Verkehrs auf Basis österreichischer Verkehrszähldaten für das Jahr 2009

9.2 Meteorologie

Der Auswahl einer geeigneten meteorologischen Messung kommt besondere Bedeutung zu, da sie die treibende Größe für die Berechnung von dreidimensionalen Windfeldern darstellt, welche in weiterer Folge für die Ausbreitungsberechnung benötigt werden.

Da nur eine meteorologische Station für die Initialisierung verwendet werden kann, ist die Standortwahl von hoher Bedeutung. Das Grundkonzept für die Wahl des Messstandortes orientiert sich an folgenden Kriterien:

- Möglichst gute Erfassung des übergeordneten Windsystems (z.B. Berg-Talwindsystem).
- Repräsentativität der Windmessung für das Untersuchungsgebiet, insbesondere für Siedlungsgebiete bzw. für die Schadstoffausbreitung
- Technische Möglichkeit der Errichtung der Station

Im Rahmen des EU Projektes PMinter wurden umfangreiche Tests mit unterschiedlichen Meteorologiedaten durchgeführt und die Ergebnisse mit den gemessenen Werten verglichen. Die vom Amt der Kärntner Landesregierung Abteilung 15 zur Verfügung gestellte halbstündliche Zeitreihe zu Globalstrahlung und Temperaturgradient, für den Zeitraum von 01.01.2010 bis zum 31.12.2010, lieferte die besten Ergebnisse und wird auch im Rahmen dieser Arbeit herangezogen. Die weiteren, meteorologischen Messdaten zu Windgeschwindigkeit und -richtung (Ultraschallanemometer bzw. Schalenkreuzanemometer und Windfahne) wurden von der Messstation Hörtendorf - Limmersdorferstraße, des Magistrat Klagenfurt, verwendet. Auf dieser Grundlage konnten mit der sogenannten SRDT-Methode (solar radiation Δtemperature vertical temperature gradient) nach US-EPA [51] die Ausbreitungsklassen (Pasquill Gifford Turner) bestimmt werden. Diese Ausbreitungsklassen wurden dann gemäß ÖNORM M9440 [3] klassifiziert.

Die Windmessung erfolgte in 10 m Höhe über Grund. Die Lage der meteorologischen Messstation ist in Abbildung 9-7 dargestellt.

Abbildung 9-7: Meteorologische Messstation Hörtendorf - Limmersdorferstraße 14°23'18.8" geogr. Länge, 46°37'12.1" geogr. Breite, Seehöhe 426 müA

Für die Ausbreitung von Schadstoffen in der Atmosphäre ist neben der Windrichtung und Windgeschwindigkeit vor allem auch die Durchmischung der Atmosphäre (Turbulenz) von Bedeutung. Sie wird mittels Ausbreitungsklassen charakterisiert. Die Ausbreitungsklassen sind von 2 bis 7 nummeriert und stellen ein Maß für das turbulente Verhalten (vertikales Austauschvermögen) der bodennahen Atmosphäre dar. Die Klassen 2 und 3 repräsentieren ein gutes, Klasse 4 ein mittleres und die Klassen 5 bis 7 ein herabgesetztes vertikales Austauschvermögen bzw. eine gute, mittlere und herabgesetzte Schadstoffverdünnung.

In Tabelle 9-2 sind die Häufigkeitsverteilungen der Ausbreitungsklassen für das Untersuchungsgebiet für den Gesamtzeitraum sowie getrennt nach Tag und Nacht dargestellt.

Validierung

Tabelle 9-2: Häufigkeitsverteilung der Ausbreitungsklassen in (‰)

Klasse	2	3	4	5	6	7
Gesamt	56	163	55	278	151	297
Tag	56	163	55	241	59	100
Nacht	0	1	0	37	91	197

Die Häufigkeitsverteilung der Windgeschwindigkeitsklassen ist in Abbildung 9-8 dargestellt. Windschwache Wetterlagen mit Geschwindigkeiten unter 0,8 m/s kommen in 27% des Jahres vor. Windgeschwindigkeiten zwischen 0,8 m/s und 1,5 m/s sind mit 41% am häufigsten. Die durchschnittliche Windgeschwindigkeit betrug 1,3 m/s während des Beobachtungszeitraumes.

Betrachtet man die mittlere Häufigkeitsverteilung der Windrichtungen, so treten hauptsächlich Windrichtungen aus WNW-SW und Windrichtungen aus NE-ESE (s. Abbildung 9-9) auf.

Der mittlere Tagesgang der Windrichtungen ist in Abbildung 9-10 dargestellt. Tagsüber treten hauptsächlich Windrichtungen aus NE-ESE auf und in der Nacht Windrichtungen aus WNW-SW. Der mittlere Tagesgang der Kalmenhäufigkeit und der Windgeschwindigkeit ist in Abbildung 9-11 dargestellt. Die höchsten Windgeschwindigkeiten treten während der Nachmittagsstunden auf.

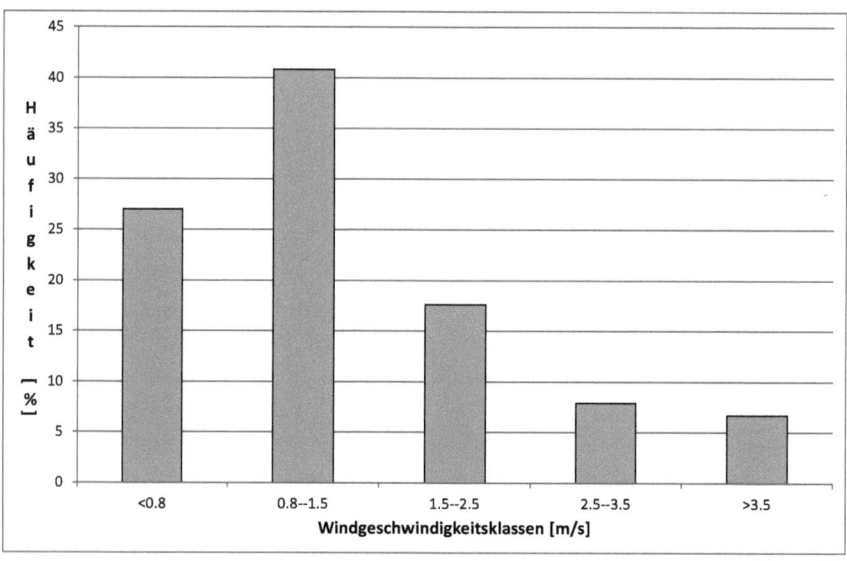

Abbildung 9-8: Mittlere Häufigkeitsverteilung der Windgeschwindigkeit am Standort Hörtendorf - Limmersdorferstraße

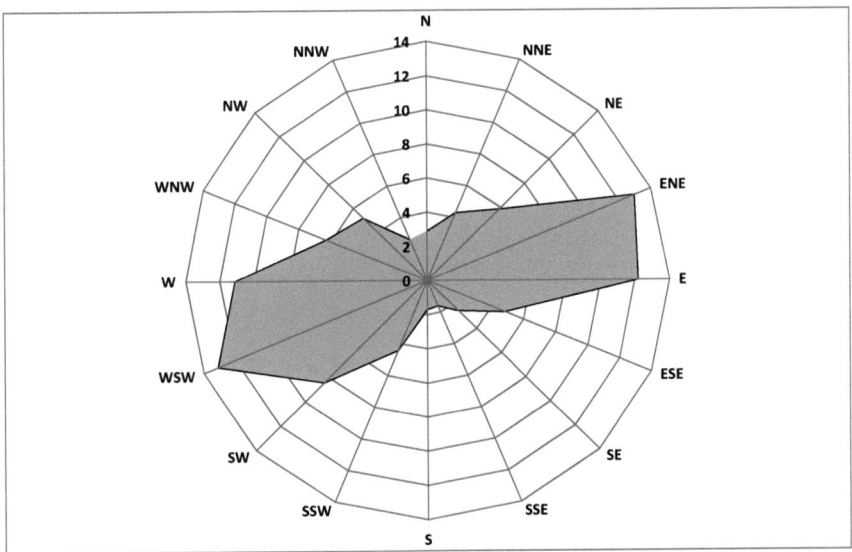

Abbildung 9-9: Mittlere Windrichtungsverteilung am Standort Hörtendorf - Limmersdorferstraße

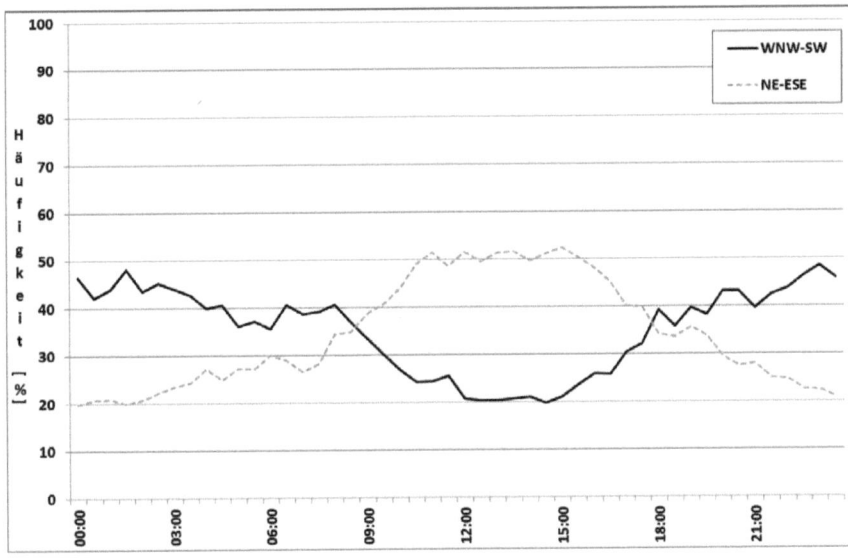

Abbildung 9-10: Mittlere Häufigkeit der beiden Hauptwindrichtungen am Standort Limmersdorf

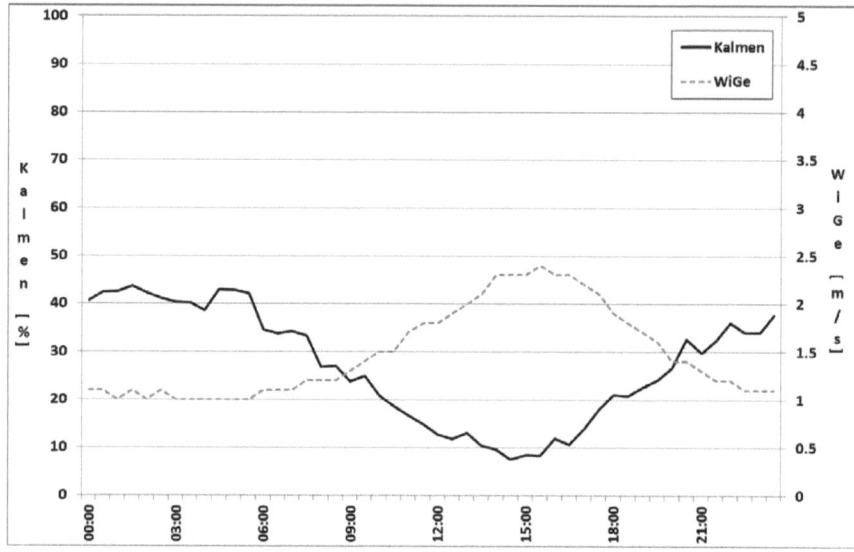

Abbildung 9-11: mittlerer Tagesgang der Kalmenhäufigkeit und der Windgeschwindigkeit

9.3 Windfeldmodellierung

Die Modellierung der Strömungssituationen im Klagenfurter Becken wurde mit dem Modell GRAMM (<u>Gra</u>z <u>M</u>esoscale <u>M</u>odel [9], [10] und [38]) mit einer horizontalen Auflösung von 250 x 250 m durchgeführt. Als Eingangsdaten wurde die meteorologische Messzeitreihe aus Kapitel 9.2 verwendet. Die Daten wurden klassifiziert und in eine Ausbreitungsklassenstatistik umgewandelt. Insgesamt wurden ca. 700 klassifizierte Wetterlagen simuliert. Nähere Details zu den Eingabeparametern sind dem Anhang (s. Kapitel 11.1) zu entnehmen.

9.4 Feinstaub (PM_{10}) – Immissionen

In diesem Kapitel werden die Ergebnisse der Ausbreitungsmodellierung der bodennahen, jahresdurchschnittlichen PM_{10} Konzentrationen getrennt für exhaust, non-exhaust und gesamt dargestellt und diskutiert. Die immissionsseitigen Auswertungen für das Straßennetz basieren auf den in Kapitel 9.1 angeführten Verkehrsemissionen sowie den meteorologischen Daten in Kapitel 9.2 und der Windfeldmodellierung (s. Kapitel 9.3). Diese bildeten die Grundlage zur Durchführung von Ausbreitungsmodellierungen mit dem Modell GRAL (<u>Gra</u>z <u>L</u>agrangian Model) [11]. Die entsprechenden Eingangsparameter sind im Anhang (s. Kapitel 11.1) angeführt. Generell ist zu erwähnen, dass die Unsicherheiten in der Berechnung von Luftschadstoffen bei der Betrachtung von Kurzzeitmittelwerten zunehmen. Aus diesem Grund wird das Hauptaugenmerk auf die Auswertung von Langzeitmittelwerten gelegt. Neben dem JMW wurde auch der, für die PM_{10} non-exhaust Immissionen relevante, Wintermittelwert (WMW) betrachtet. Dieser umfasst die Monate Dezember, Jänner und Februar für das Jahr 2010. Sowohl für den JMW als auch für den WMW wurden die Simulationsergebnisse von PM_{10} mit den Messwerten verglichen, um eine Evaluation der Modellkette zu ermöglichen. Analog zur Berechnung von PM_{10} Emissionsfaktoren in Kapitel 0 wurden neben PM_{10} auch die NO_x Konzentrationen für die Validierung verwendet, da diese mit dem Emissionsmodell gut wiedergegeben werden können.

9.4.1 PM_{10} exhaust

Die Berechnungen für den PM_{10} exhaust Anteil zeigen eine starke Abhängigkeit der Zusatzkonzentrationen von der Verkehrsstärke an den einzelnen Straßenabschnitten (s. Abbildung 9-12). Darüber hinaus ist der Konzentrationsgradient an verkehrsbelasteten Straßen steil (starke Konzentrationsänderung innerhalb kurzer Entfernungen von der Straßenachse) und nimmt mit einiger Entfernung rasch ab. Im Nahbereich der A2 Südautobahn und am höherrangigen Straßennetz der Bundes-und Landesstraßen sind Belastungen von 5 bis 10 µg/m³ zu erwarten. Im Bereich der Tunnelportale sind Konzentrationen bis 40 µg/m³ wahrscheinlich. Im übrigen Straßennetz betragen die PM_{10} exhaust Immissionen 1 bis 3 µg/m³.

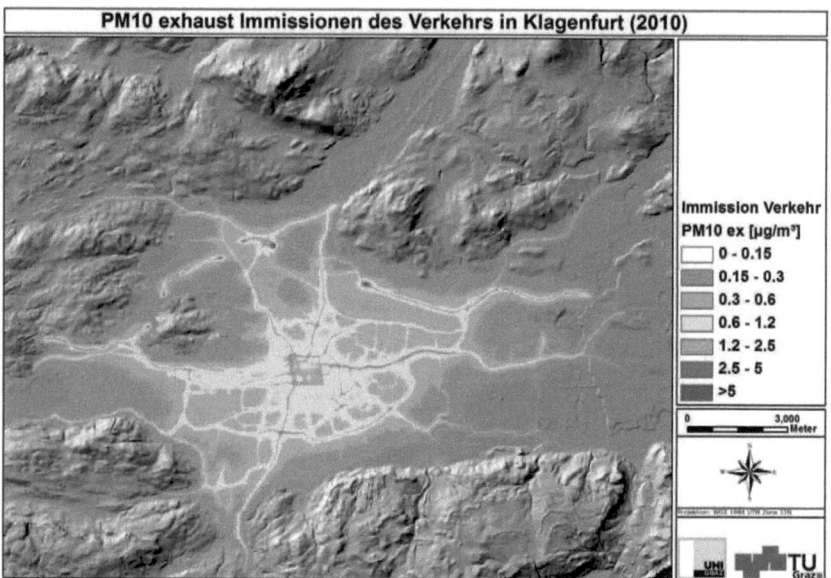

Abbildung 9-12: Modellierte jahresdurchschnittliche PM_{10} exhaust Immissionen durch den Verkehr für das Jahr 2010

9.4.2 PM_{10} non-exhaust

Analog zu den Berechnungen für den PM_{10} exhaust Anteil zeigt sich für die PM_{10} non-exhaust Immissionen eine starke Abhängigkeit der Zusatzkonzentrationen von der Verkehrsstärke (s. Abbildung 9-13). Demnach sind im Nahbereich der A2 Südautobahn sowie auf den Landes- und Bundesstraßen im Großraum Klagenfurt Zusatzbelastungen von 10 bis 20 µg/m³ zu erwarten. Im Bereich der Tunnelportale steigen die Zusatzbelastungen auf über 40 µg/m³ an. Im übrigen Straßennetz liegen die Zusatzbelastungen für den non-exhaust Anteil zwischen 2 und 4 µg/m³. Diese, mit der Modellkette berechnete Zusatzbelastung steht in Kapitel 9.4.4 noch zur Diskussion. Anhand von sogenannten Aufpunkten werden die simulierten, den gemessenen PM_{10} non-exhaust Immissionen gegenübergestellt, um Aussagen über die Qualität der Modellkette zu ermöglichen.

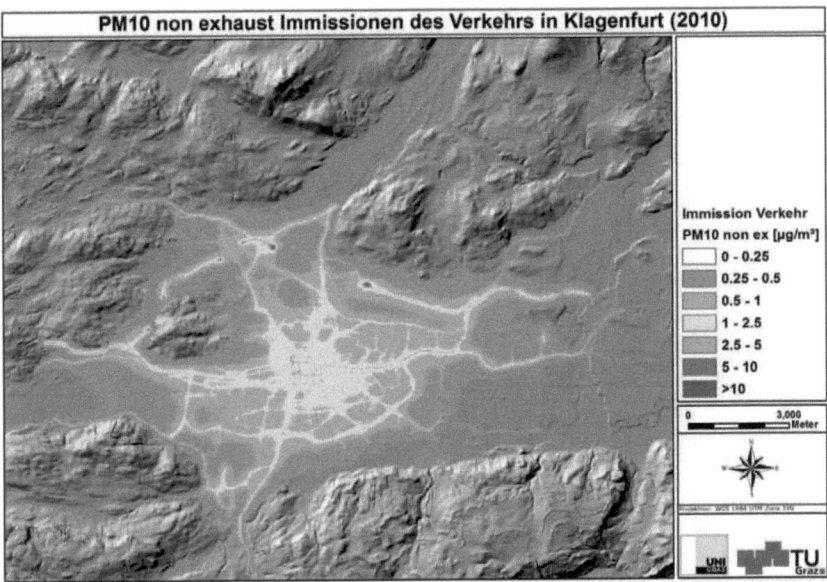

Abbildung 9-13: Modellierte jahresdurchschnittliche PM$_{10}$ non-exhaust Immissionen durch den Verkehr für das Jahr 2010

9.4.3 PM$_{10}$ gesamt

Die gesamten berechneten PM$_{10}$ Zusatzbelastungen durch den Straßenverkehr ergeben sich aus der Summe von exhaust und non-exhaust Anteil (s. Abbildung 9-14). Wie bereits aus den Darstellungen zuvor ersichtlich, beträgt das Verhältnis in etwa 4/10 (exhaust) zu 6/10 (non-exhaust). Die höchsten Belastungen betreffen die Abschnitte entlang der A2 Südautobahn und der Landes- und Bundesstraßen mit 15 bis 30 µg/m³.

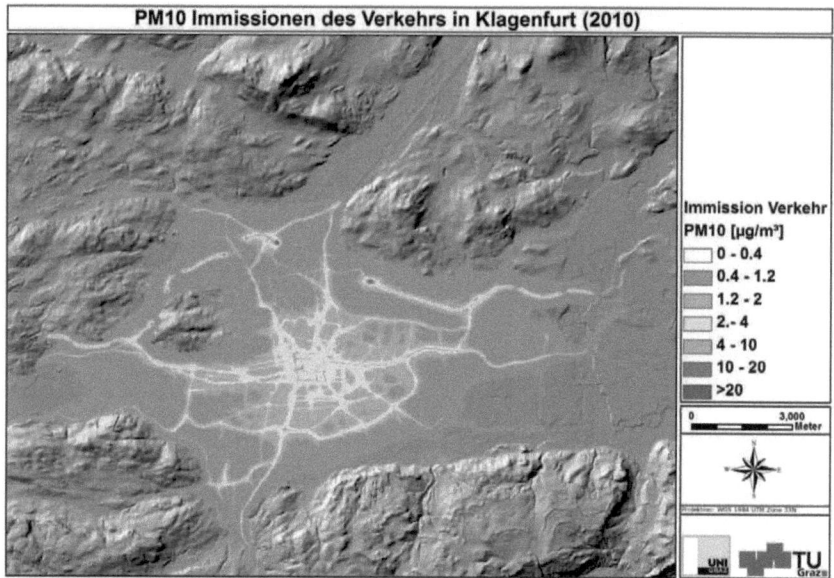

Abbildung 9-14: Modellierte jahresdurchschnittliche PM_{10} gesamt Immissionen durch den Verkehr für das Jahr 2010

9.4.4 Messung versus Modellierung

9.4.4.1 NO_x

Wie bereits zuvor erwähnt, ist die Ausbreitungsmodellierung von Luftschadstoffen immer mit gewissen Unsicherheiten verbunden, die bei der Betrachtung von Langzeitmittelwerten deutlich geringer sind, als bei Kurzzeitmittelwerten. Neben dem Modell selbst sind vor allem die Eingangsdaten (Verkehrsmodell, Emissionen, Meteorologie, Geländedaten,...) bedeutende Einflussgrößen in der Gesamtheit der Modellkette. Der Vergleich zwischen gemessenen Daten anhand von Luftgütemessstationen im Untersuchungsgebiet mit modellierten Daten anhand von sogenannten Aufpunkten ist ein approbates Mittel, um die Qualität der Ausbreitungsmodellierung zu validieren. Im Rahmen dieser Arbeit werden die Modellergebnisse anhand der Luftgütemessstellen Völkermarkter Straße, Rudolfsbahngürtel, Sterneck- und Koschatstraße für das Bezugsjahr 2010 ausgewertet und diskutiert. Da die gemessene NO_x Belastung an diesen Aufpunkten zum Großteil dem lokalen Verkehrsaufkommen zugeordnet werden kann und auch die NO_x Emissionen modellseitig am besten abgebildet werden können, erfolgt die Validierung anhand von NO_x. Abbildung 9-15 zeigt einen Vergleich der gemessenen und simulierten NO_x Zusatzbelastung durch den Verkehr. Die gemessenen NO_x Konzentrationen der Völkermarkter Straße und des Rudolfsbahngürtels wurden mittels Differenzenbildung zur Hintergrundmessstation Koschat-/Sterneckstraße gebildet. Der verkehrsbedingte NO_x Anteil bei den Stationen Koschat- und Sterneckstraße wurde, in Ermangelung einer möglichst unbeeinflussten Hintergrundmessstation, mittels Analogieschluss (2-Punkt-Regression) aus den beiden anderen Messstationen abgeleitet. Die Regression der Luftgütedaten für den gemeinsamen Messzeitraum von 11.09.2010 bis 17.01.2011 diente zur Rückrechnung des verkehrsbedingten Anteils an NO_x. Auf dieser Grundlage ist ersichtlich, dass die Simulation an der Koschat-, Sterneckstraße und beim Rudolfsbahngürtel leicht unterschätzend ist. Im Gegenteil dazu ist die Simulation an der Völkermarkter Straße überschätzend. Betrachtet man allerdings die Auswertung in Abbildung 9-16 für den WMW so fällt auf, dass die Simulation an allen Aufpunkten unterschätzt. Dieser Umstand ist vor allem der Tatsache geschuldet, dass mithilfe des Modells nur klassifizierte Wetterlagen berücksichtigt werden können (s. Kapitel 9.2 und 9.3). Extreme Situationen, wie starke Inversionen die zur Akkumulation und Rezirkulation von Luftschadstoffen beitragen können oder äußerst niedrige Windgeschwindigkeiten (<0,8 m/s), werden nicht realitätsnah wiedergegeben. Die Regression zwischen der gemessenen und simulierten NO_x Zusatzbelastung durch den Verkehr ist für den JMW in Abbildung 9-17 und für den WMW in Abbildung 9-18 dargestellt. Aufgrund des Analogieschlusses für die Koschat- und die Sterneckstraße, aus der Zusatzbelastung der beiden anderen Messstationen, ist das Bestimmtheitsmaß mit $R^2=0,99$ nahezu ident. Die tendenzielle Unterschätzung der Simulation erklärt sich zum Teil aufgrund der starken Konzentrationsgradienten entlang von Straßenachsen und der Gesamtheit der Modellrechenkette, die zwangsläufig mit Vereinfachungen einhergeht. In quantitativer Hinsicht ist die Differenz jedoch als gering zu bewerten, da zum einen nur die verkehrsbedingten NO_x Konzentrationen betrachtet und zum anderen keine NO_x-NO_2-Umwandlungsraten berücksichtigt werden, die das Ergebnis glätten würden.

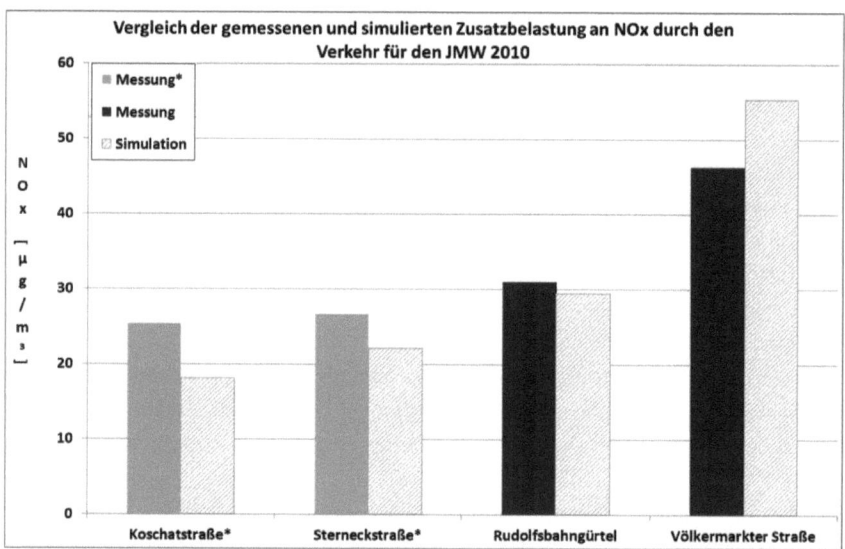

Abbildung 9-15: Vergleich der gemessenen und simulierten NO$_x$ Zusatzbelastung durch den Verkehr für den JMW 2010

*Messung berechnet durch Schätzwert

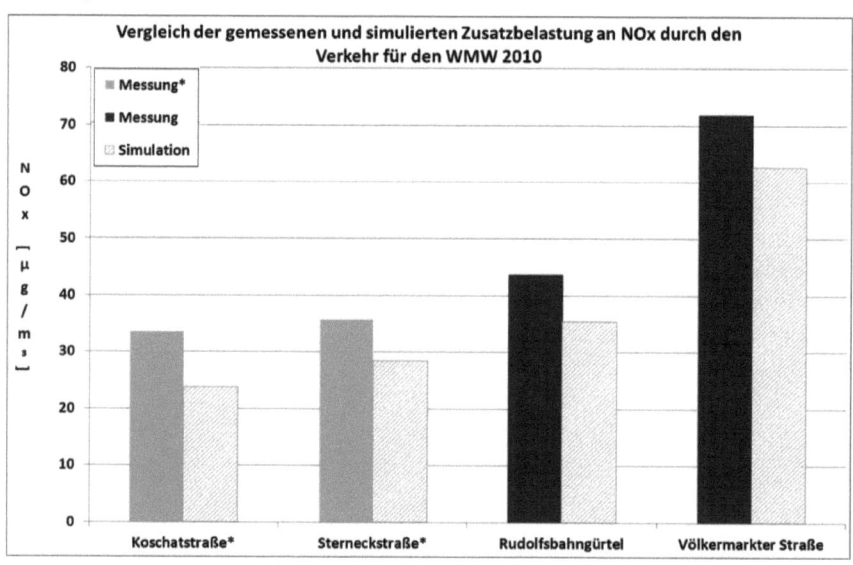

Abbildung 9-16: Vergleich der gemessenen und simulierten NO$_x$ Zusatzbelastung durch den Verkehr für den WMW 2010

*Messung berechnet durch Schätzwert

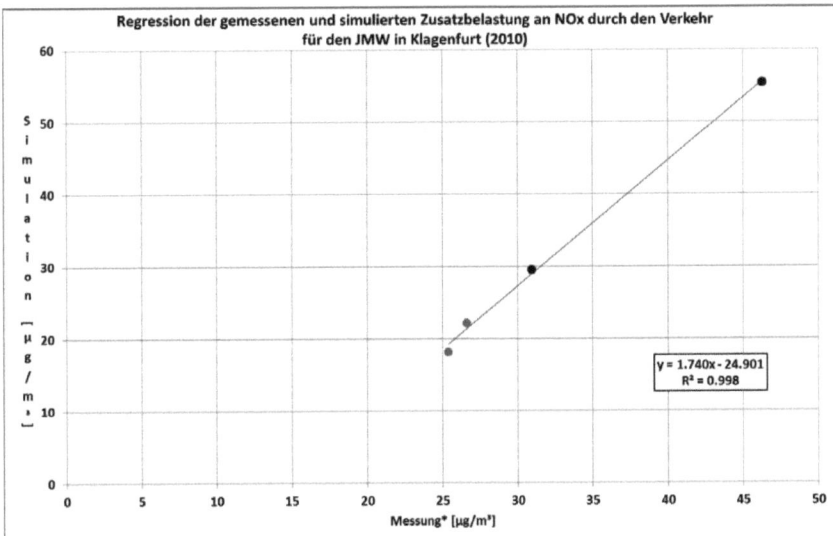

Abbildung 9-17: Regression der gemessenen und simulierten NO$_x$ Zusatzbelastung durch den Verkehr für den JMW 2010

*Messung berechnet durch Schätzwert (graue Datenpunkte)

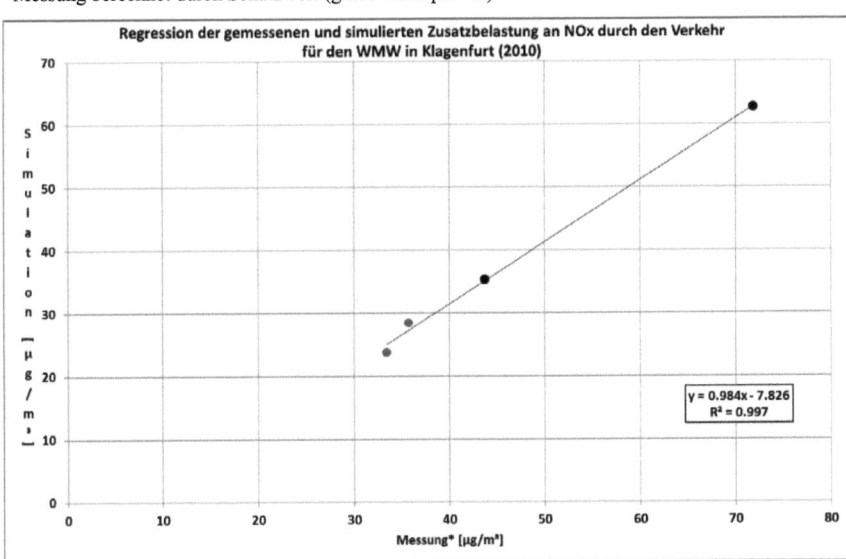

Abbildung 9-18: Regression der gemessenen und simulierten NO$_x$ Zusatzbelastung durch den Verkehr für den WMW 2010

*Messung berechnet durch Schätzwert (graue Datenpunkte)

9.4.4.2 PM$_{10}$

Analog zu NO$_x$, werden die PM$_{10}$ Ergebnisse anhand der Luftgütemessstellen Völkermarkter Straße, Rudolfsbahngürtel, Sterneck- und Koschatstraße für das Bezugsjahr 2010 ausgewertet und diskutiert. Abbildung 9-19 zeigt einen Vergleich der gemessenen und simulierten PM$_{10}$ Zusatzbelastung durch den Verkehr für den JMW. Die gemessenen PM$_{10}$ Konzentrationen der Völkermarkter Straße und des Rudolfsbahngürtels wurden mittels Differenzenbildung zur Hintergrundmessstation Koschat-/Sterneckstraße gebildet und repräsentieren den Gesamtanteil (exhaust und non-exhaust) des lokalen Verkehrs. Der verkehrsbedingte PM$_{10}$ Anteil bei den Stationen Koschat- und Sterneckstraße wurde, in Ermangelung einer möglichst unbeeinflussten Hintergrundmessstation, mittels Analogieschluss (2-Punkt-Regression) aus den beiden anderen Messstationen abgeleitet. Die Regression der Luftgütedaten für den gemeinsamen Messzeitraum von 11.09.2010 bis 17.01.2011 diente zur Rückrechnung des verkehrsbedingten Anteils an PM$_{10}$ (exhaust und non-exhaust). Auf dieser Grundlage ist ersichtlich, dass die Simulation an der Koschat- und der Sterneckstraße deutlich unterschätzt (s. Abbildung 9-19). Mit zunehmender Verkehrsstärke werden die Unterschiede zwischen Messung und Simulation geringer und sind bei der Völkermarkter Straße nur noch sehr gering. Dies lässt den Rückschluss zu, dass die standardisierten PM$_{10}$ non-exhaust Emissionsfaktoren nach [20] in NEMO vor allem entlang von verkehrsbelasteten Straßen, wie der Völkermarkter Straße, eine gute Übereinstimmung liefern. Mit abnehmender Verkehrsstärke dürfte der PM$_{10}$ non-exhaust Emissionsfaktor pro Fahrzeug jedoch deutlich höher sein. Dies gilt sinngemäß auch für den WMW (s. Abbildung 9-20), wobei hier analog zu NO$_x$ vor allem die Schwächen in der Modellrechenkette stärker zu Tage treten. Die Regression zwischen der gemessenen und simulierten PM$_{10}$ Zusatzbelastung durch den Verkehr ist für den JMW in Abbildung 9-21 und für den WMW in Abbildung 9-22 dargestellt. Aufgrund des Analogieschlusses für die Koschat- und die Sterneckstraße aus den beiden anderen Messstationen ist das Bestimmtheitsmaß mit R²=0,94 sehr hoch. Die tendenzielle Unterschätzung der Simulation erklärt sich neben den starken Konzentrationsgradienten entlang von Straßenachsen vor allem in den standardisierten PM$_{10}$ non-exhaust Emissionfaktoren. Zweitere sind stark von der Verkehrsstärke, der Flottenzusammensetzung, der Straßenoberfläche, den Fahrgeschwindigkeiten und den lokalen meteorologischen Bedingungen abhängig. Um die flottengemittelten PM$_{10}$ non-exhaust Emissionsfaktoren zumindest punktuell in Klagenfurt besser prognostizieren zu können, werden auf Basis dieser Erkenntnisse Rückrechnungen durchgeführt. Die Ergebnisse dazu stehen in Kapitel 9.4.5 ausführlich zur Diskussion.

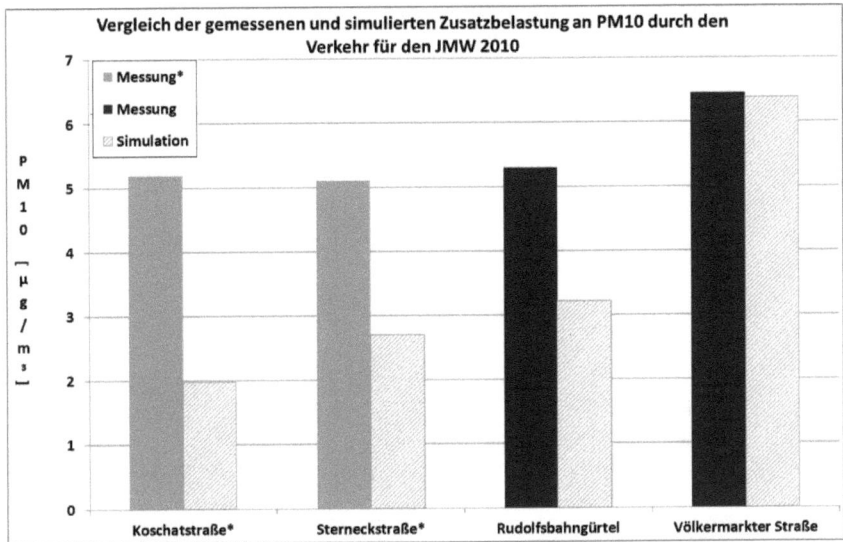

Abbildung 9-19: Vergleich der gemessenen und simulierten PM_{10} Zusatzbelastung durch den Verkehr für den JMW 2010

*Messung berechnet durch Schätzwert

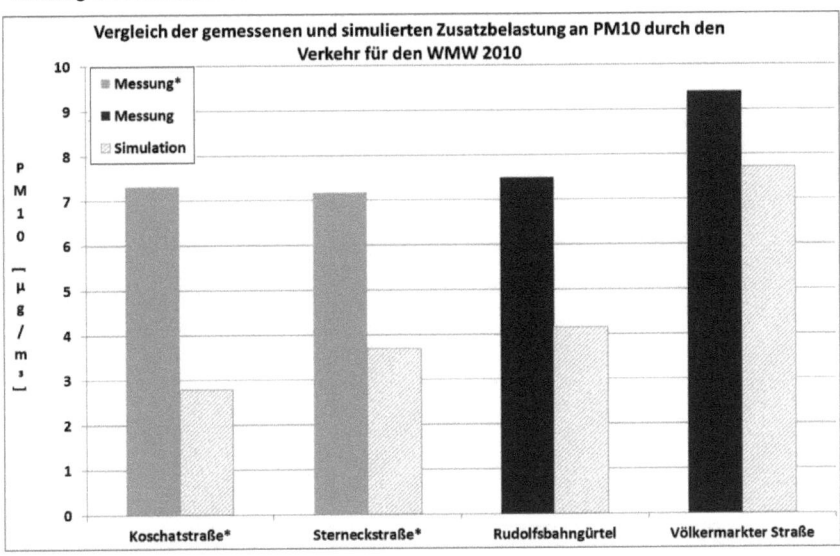

Abbildung 9-20: Vergleich der gemessenen und simulierten PM_{10} Zusatzbelastung durch den Verkehr für den WMW 2010

*Messung berechnet durch Schätzwert

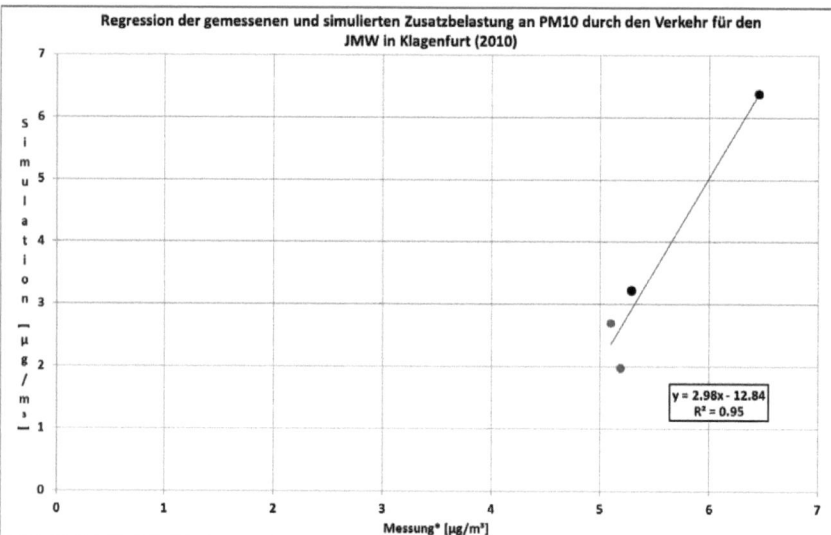

Abbildung 9-21: Regression der gemessenen und simulierten PM$_{10}$ Zusatzbelastung durch den Verkehr für den JMW 2010

*Messung berechnet durch Schätzwert (graue Datenpunkte)

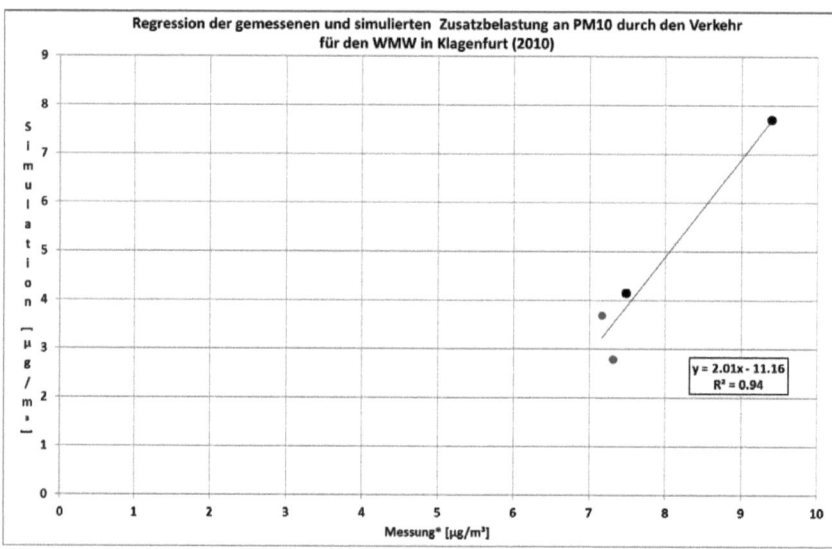

Abbildung 9-22: Regression der gemessenen und simulierten PM$_{10}$ Zusatzbelastung durch den Verkehr für den WMW 2010

*Messung berechnet durch Schätzwert (graue Datenpunkte)

9.4.5 Adaptierte PM$_{10}$ Emissionsfaktoren

Auf Basis der in Kapitel 9.4.4 gewonnenen Erkenntnisse wird im Folgenden versucht für die betrachteten Messstationen, respektive die Aufpunkte, adaptierte PM$_{10}$ non-exhaust Emissionsfaktoren abzuleiten, um die lokalen Gegebenheiten besser abbilden zu können. Zu diesem Zweck wurde der aus den Luftgütemessdaten bestimmte flottengemittelte Emissionsfaktor von PM$_{10}$ und NO$_x$ den mittels Emissionsmodell bestimmten flottengemittelten Emissionsfaktor von PM$_{10}$ und NO$_x$ gleichgesetzt (s. Formel 4).

$$\frac{EF\,PM_{10\,(Flotte-Messung)}}{EF\,NO_{x\,(Flotte-Messung)}} = \frac{EF\,PM_{10\,(Flotte-NEMO)}}{EF\,NO_{x\,(Flotte-NEMO)}} \qquad \text{Formel 4}$$

Durch diese Herangehensweise bleibt die mittels GRAMM/GRAL bestimmte NO$_x$ Zusatzbelastung durch den Verkehr unangetastet. Die Differenz, die sich zwischen Messung und Simulation für den flottengemittelten PM$_{10}$ Emissionsfaktor ergibt, wurde separat für die 4 Aufpunkte (Völkermarkter Straße, Rudolfsbahngürtel, Koschat-, Sterneckstraße) berechnet und der mittels Ausbreitungsmodellierung bestimmten PM$_{10}$ Konzentration zugerechnet. Bricht man dieses Ergebnis auf den flottengemittelten PM$_{10}$ Emissionsfaktor herunter, so ergibt sich eine durchgehende Unterschätzung der standardisierten, flottengemittelten PM$_{10}$ Emissionsfaktoren (NEMO) gegenüber der aus der Messung abgeleiteten flottengemittelten PM$_{10}$ Emissionsfaktoren (adaptiert). In Tabelle 9-3 ist ersichtlich, dass der mit NEMO berechnete PM$_{10}$ Emissionsfaktor an der Völkermarkter Straße um 20% den mittels Luftgütemessung berechneten PM$_{10}$ Emissionsfaktor unterschätzt. Unter Berücksichtigung der Unsicherheiten sowohl bei der Modellkette als auch bei den Messungen ist dieses Ergebnis aussagekräftig. Bei den übrigen Stationen ist die Unterschätzung des mit NEMO berechneten PM$_{10}$ Emissionsfaktors mit 57-87% deutlich größer. Dieses Ergebnis lässt sich vor allem damit erklären, dass die Unsicherheiten bei quantitativ geringer werdenden (Verkehrs-) Quellen zunehmen. Darüber hinaus wirken sich ggf. lokale Einflüsse von anderen Quellen auf die mithilfe der in Kapitel 0 erwähnte Methode zur Bestimmung des verkehrsbedingten Immissionsanteils (ΔPM$_{10}$/ΔNO$_x$) stärker aus. Aus diesem Grund sollten die prozentuellen Abweichungen von den standardisierten, flottengemittelten PM$_{10}$ Emissionsfaktoren nicht überbewertet werden. Die Ergebnisse sind allerdings als deutliches Indiz für eine tendenzielle Unterschätzung des Emissionsmodells mit abnehmender Verkehrsstärke zu verstehen. Dies bedeutet, dass der spezifische PM$_{10}$ Emissionsfaktor pro Fahrzeug bei einem geringer werdenden Verkehrsaufkommen ansteigt. Abbildung 9-23 zeigt einen Vergleich der gemessenen und mittels Adaption simulierten PM_{10} Zusatzbelastung durch den Verkehr für die Luftgütemessstationen. Durch die Korrektur der flottengemittelten PM_{10} Emissionsfaktoren überschätzt die Simulation an der Völkermarkter Straße, wie auch bei NOx (s. Kapitel 9.4.4.1). Der Vergleich beim Rudolfsbahngürtel liefert eine sehr gute Übereinstimmung zwischen Messung und Simulation. Bei den urbanen Hintergrundmessstationen Koschat- und Sterneckstraße konnte durch die Adaption des flottengemittelten PM_{10} Emissionsfaktors ebenfalls eine deutliche Verbesserung zwischen Messung und Simulation erreicht werden. Die Unterschätzung der Simulation lässt sich vor allem durch die mittels Analogieschluss (2-Punkt-Regression) bestimmte PM_{10} und NO_x Konzentration aus den beiden anderen Messstationen erklären. Mögliche lokale Einflüsse könnten das Ergebnis aus der Messung ebenfalls stark beeinflussen. Aufgrund der erwähnten Unsicherheiten (bei Messung und Modellrechenkette) wurde auf eine weitere Adaption der flottengemittelten PM_{10} Emissionsfaktoren für den WMW verzichtet.

Tabelle 9-3: Vergleich der mit NEMO berechneten und mittels Luftgütemessungen adaptierten flottengemittelten PM_{10} Emissionsfaktoren in [g/km*Fzg.]

	EF-Flotte (NEMO)	EF-Flotte (adaptiert)	Abweichung (%)
Koschatstraße	0.064	0.121	87
Sterneckstraße	0.068	0.107	57
Rudolfsbahngürtel	0.086	0.135	57
Völkermarkter Straße	0.069	0.083	21

Die Regression zwischen der gemessenen (real bzw. berechnet durch Schätzwert) und der mittels Adaption simulierten PM_{10} Zusatzbelastung durch den Verkehr ist für den JMW in Abbildung 9-24 dargestellt. Aufgrund des Analogieschlusses für die Koschat- und die Sterneckstraße aus den beiden anderen Messstationen ist das Bestimmtheitsmaß der Regression mit $R^2=0,94$ sehr hoch. Die tendenzielle Unterschätzung der Simulation bleibt nur für die beiden Hintergrundmessstationen Koschat-/Sterneckstraße bestehen. Durch die Normierung des flottengemittelten PM_{10} Emissionsfaktors über NO_x (s. Formel 4) ergibt sich wie bei NO_x (s. Abbildung 9-15) eine Überschätzung der Simulation bei der Völkermarkter Straße. Die Situation beim Rudolfsbahngürtel wird aufgrund des adaptierten PM10 Emissionsfaktors sehr gut wiedergegeben. Eine gewisse Unsicherheit zwischen Messung und Simulation bleibt jedoch aufgrund der starken Konzentrationsgradienten entlang von Straßenachsen bestehen.

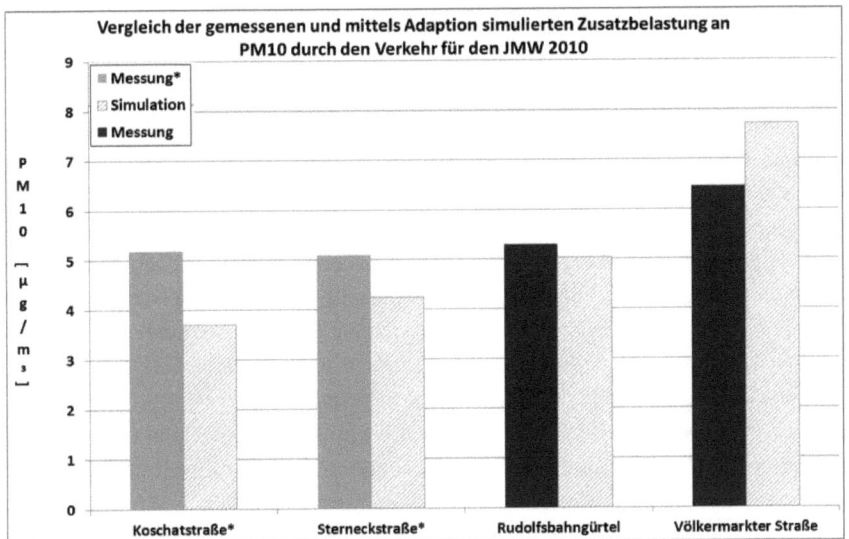

Abbildung 9-23: Vergleich der gemessenen und mittels Adaption simulierten PM$_{10}$ Zusatzbelastung durch den Verkehr für den JMW 2010

*Messung berechnet durch Schätzwert

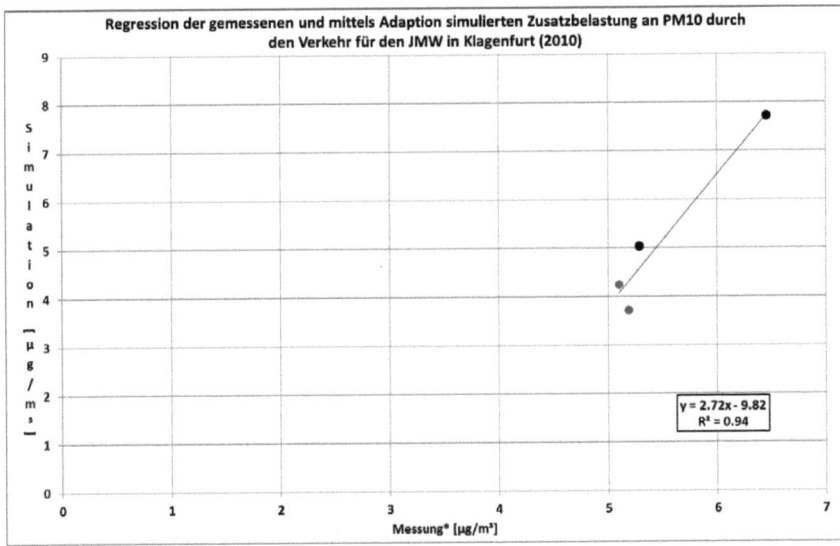

Abbildung 9-24: Regression der gemessenen und mittels Adaption simulierten PM$_{10}$ Zusatzbelastung durch den Verkehr für den JMW 2010

*Messung berechnet durch Schätzwert (graue Datenpunkte)

10 Zusammenfassung & Ausblick

10.1 Luftgüte

Mit dem IG-L [1] wurden die Vorgaben von europäischer Ebene in nationales Recht transferiert und teilweise verschärft. Vor allem mit der Festlegung der zulässigen Anzahl von 25 Überschreitungstagen des TMW an PM_{10} >50 µg/m³ gegenüber 35 Überschreitungstagen nach europäischem Recht wurde ein ehrgeiziges Ziel formuliert, das an vielen (straßennahen) österreichischen Messstationen nicht eingehalten wird. Neben den ungünstigen meteorologischen Ausbreitungsbedingungen in inneralpinen Beckenlagen ist mitunter auch der Winterdienst (Salz- und tlw. Splittstreuung) zu einem wesentlichen Teil für die hohe PM_{10} Belastung an straßennahen Arealen mitverantwortlich. Vor diesem Hintergrund wurde das EU-Life Projekt CMA+ [39] initiiert, um Maßnahmen zu identifizieren die geeignet sind, die Luftgütesituation von PM_{10} während der Wintermonate zu verbessern. Neben der Weiterentwicklung von CMA bildete vor allem die wissenschaftliche Begleitung von Luftgütemesskampagnen in den Partnerstädten Klagenfurt, Lienz und Bruneck einen zentralen Themenschwerpunkt. Messkonzepte für befestigte und unbefestigte Straßen wurden erarbeitet und die positiven Auswirkungen von CMA und Niederschlag auf die Luftgütesituation evaluiert. Dabei konnten Reduktionspotenziale für den flottengemittelten PM_{10} Emissionsfaktor (exhaust & non-exhaust) an Tagen mit CMA Ausbringung gegenüber Tagen ohne CMA Ausbringung bestimmt werden. Zusätzlich wurden die Auswirkungen von Niederschlägen in den jeweiligen Untersuchungsgebieten auf die PM_{10} Luftgütesituation berechnet.

10.2 Emissionen des Straßenverkehrs

Der Straßenverkehr bildet, neben Hausbrand und Industrie, einen der Hauptemittenten in städtischen Agglomerationen. Trotz motorischer Weiterentwicklung und Verschärfung der Emissionsstandards nach Fahrzeugklassen werden die Emissionen des Straßenverkehrs, zumindest in vom Verkehr stark frequentierten Bereichen, ein diskussionswürdiges Thema in Bezug auf die Luftqualität und die gesundheitlichen Aspekte bleiben. Vor allem der von strengeren Emissionsgrenzwerten unberührte Anteil von PM_{10} non-exhaust wird, bedingt durch die Verkehrszunahme in den nächsten Jahrzehnten, weiterhin zunehmen. Mit dem alternativen Streumittel CMA wurde eine Möglichkeit zur Reduktion der nicht abgasbedingten PM_{10} Emissionen aufgezeigt, die sich bei effizientem und korrektem Einsatz sowohl auf befestigten als auch auf unbefestigten Straßen einsetzen lässt. Unter Berücksichtigung von Fragen der Verkehrssicherheit, Kosteneffizienz sowie geeigneter Maßnahmen zur Adaption bestehender Streugeräte konnten Reduktionen in Bezug auf den flottengemittelten PM_{10} Emissionsfaktor (exhaust & non-exhaust) an einzelnen Straßenabschnitten berechnet werden. Das Reduktionspotenzial für den flottengemittelten PM_{10} Emissionsfaktor betrug auf befestigten Straßen zwischen 5-14% und erhöhte sich für den flottengemittelten PM_{10} non-exhaust Emissionsfaktor auf 9-23%. Die differenzierte Betrachtung an Niederschlagstagen hat ebenfalls Reduktionen in Bezug auf den flottengemittelten PM_{10} Emissionsfaktor (exhaust & non-exhaust) an einzelnen Straßenabschnitten ergeben. Die Reduktion durch Niederschlag betrug auf befestigten Straßen zwischen 14-28% für PM_{10} gesamt und erhöhte sich für den flottengemittelten PM_{10} non-exhaust Emissionsfaktor auf 17-47%. Neben der (künstlichen) Nasshaltung von Straßen in der frostfreien Jahreszeit könnte somit vor allem CMA ganzjährig, als planbares Instrument zur Reduktion der PM_{10} non-exhaust Emissionen, angewandt werden.

10.3 Immissionen des Straßenverkehrs

Ungeachtet der Menge an Emissionen die durch den Straßenverkehr freigesetzt werden, ist es vor allem die bodennahe Emissionsfreisetzung durch Fahrzeuge, die in gesundheitlicher Hinsicht von Relevanz ist. Durch ein adaptiertes Messkonzept, angelehnt an den Luv-Lee-Ansatz, wurde für die betreffenden Untersuchungsgebiete eine Methode angewandt, um den immissionsseitigen Beitrag des Verkehrs in meteorologisch komplexen Regionen, wie inneralpinen Beckenlagen, bestmöglich zu erfassen. Dabei ist zu erwähnen, dass aufgrund der Vielzahl an Einflussparametern auf diese Messgröße Erkenntnisse in quantitativer Hinsicht nur bedingt auf andere Regionen anwendbar sind. Aufgrund der Komplexität der Einflussfaktoren sind lokale Untersuchungen erforderlich, um belastbare Aussagen über das Minderungspotenzial von CMA auf die PM_{10} Luftgütesituation ableiten zu können. Da die gemessenen NO_x Konzentrationen im Nahbereich von Straßen zum größten Teil dem Verkehr zugeordnet werden können, ist eine Nachrechnung der Verdünnung aufgrund von NO_x Emissionsfaktoren mithilfe eines geeigneten Emissionsmodells (im ggs. Fall NEMO) möglich. Durch diese Herangehensweise konnte von der Immission des Verkehrs auf die Emission des Verkehrs rückgeschlossen und die immissionsseitigen Auswirkungen (äquivalentes Reduktionspotenzial) von CMA und Niederschlag auf PM_{10} bestimmt werden. Diese aus Messungen abgeleiteten Erkenntnisse wurden, mittels der an der TU Graz entwickelten Modellkette von GRAMM und GRAL, in umfassenden Ausbreitungsmodellierungen für das Stadtgebiet von Klagenfurt eingebunden. Die Ergebnisse lieferten die Basis für eine Validierung der Modellkette. Anhand der Luftgütemessstationen (Aufpunkte) wurden die simulierten PM_{10} Konzentrationen des Verkehrs mithilfe der gemessenen PM_{10} Konzentrationen verglichen. Vor allem auf den PM_{10} non-exhaust Anteil an den gesamten PM_{10} Immissionen wurde besonderes Augenmerk gelegt. In dem das aus der Messung bestimmte Verhältnis zwischen den flottengemittelten PM_{10} und NO_x Emissionsfaktor, dem Verhältnis zwischen den flottengemittelten PM_{10} und NO_x Emissionsfaktor von NEMO gleichgesetzt wurde, konnten adaptierte (korrigierte) flottengemittelte PM_{10} Emissionsfaktoren für die Völkermarkter Straße und den Rudolfsbahngürtel berechnet werden. Die Validierung der Messergebnisse mittels Simulationen zeigte, dass die in NEMO standardisierten PM_{10} non-exhaust Emissionsfaktoren [20] für Straßen mit hohem Verkehrsaufkommen (~20.000 JDTV) eine gute Übereinstimmung liefern. Dies trifft im gegenständlichen Fall auf die Auswertung der Völkermarkter Straße zu. Beim Rudolfsbahngürtel, der Koschat- und der Sterneckstraße hat sich aufgrund der Luftgütemessungen gezeigt, dass das Modell die tatsächlichen Auswirkungen auf die verkehrsbedingten PM_{10} non-exhaust Immissionen unterschätzt, wobei der Grad der Abweichung mit abnehmender Verkehrsstärke tendenziell ansteigt. Dies bedeutet im Umkehrschluss, dass sich die spezifischen PM_{10} non-exhaust Emissionsfaktoren für Abrieb und Aufwirbelung mit abnehmender Verkehrsstärke erhöhen.

In Bezug auf Niederschlag hat sich trotz der vorhandenen Messunsicherheiten gezeigt, dass es eine tendenziell negativ lineare Funktion zwischen der verkehrsbedingten PM_{10} Immission und der Niederschlagsmenge gibt. Bis auf die Dantestraße, bei der eine zu geringe Stichprobe vorhanden war, hat sich gezeigt, dass die verkehrsbedingte PM_{10} Immission mit steigender Niederschlagsmenge abnimmt. Die Minderung der lokalen PM_{10} Luftgütebelastung betrug an befestigten Straßen im Mittel 2-5 µg/m³ in Bezug auf den TMW. Diese Reduktionen sind eher als Maximalabschätzung an den betreffenden Straßenabschnitten zu verstehen, da sich die Messperioden (bis auf die Völkermarkter Straße) ausschließlich auf den Winter beschränkten. Bei der Sommermesskampagne am Grenzweg war die Minderung durch Niederschlag, aufgrund der unbefestigten Straßenoberfläche, in quantitativer Hinsicht mit 20 µg/m³ deutlich größer. Aufgrund der begrenzten Anzahl an Niederschlagstagen haben diese Erkenntnisse einen indikativen Charakter.

Die Ausbringung von CMA, als Maßnahme zur PM_{10} Reduktion von Abrieb und Wiederaufwirbelung sowohl für befestigte als auch unbefestigte Straßen einen eindeutigen Nachweis der Wirksamkeit ergeben. Im Rahmen der Wintermessungen konnte an Tagen mit CMA die PM_{10} Konzentration um 1-4 µg/m³ in Bezug auf den TMW gesenkt werden. Analog zum Niederschlag war das Minderungspotenzial von CMA entlang von unbefestigten Straßen in quantitativer Hinsicht deutlich größer. Trotz der begrenzten Anzahl an Tagen mit CMA Ausbringung (1-mal beim Druckerweg bzw. 3-mal beim Grenzweg) konnte ein äquivalentes Reduktionspotenzial von 19-25 µg/m³ auf die lokale PM_{10} Konzentration berechnet werden.

10.4 Ausblick

Mit den Luftgütemesskampagnen im Rahmen des EU-Life Projektes CMA+ [39] konnten quantitativ belegbare Aussagen über die Auswirkungen des Verkehrs auf die lokale PM_{10} Luftgütesituation in inneralpinen Beckenlagen gewonnen werden. Anhand der Messstandorte in Klagenfurt, Lienz und Bruneck wurde ein umfassendes Bild der positiven Wirkung von CMA und Niederschlag auf den flottengemittelten PM_{10} Emissionsfaktor an befestigten und unbefestigten Straßen nachgewiesen. Die Auswertungen mithilfe statistischer Analyseverfahren haben jedoch gezeigt, dass im Rahmen von Freilandmessungen stets externe Einflussgrößen (Meteorologie, lokale Quellen, Bebauung) Berücksichtigung finden müssen. Bei der Interpretation der Ergebnisse ist daher auf die spezifischen Gegebenheiten dieser Arbeit Acht zu geben, die vor allem in quantitativer Hinsicht nicht gänzlich auf andere Standorte umgelegt werden können. Dennoch liefern sie wertvolle Anhaltspunkte für das Forschungsfeld der PM_{10} non-exhaust Emissionen und Immissionen des Verkehrs bzw. im Speziellen für die Entwicklung von Maßnahmen zur Reduktion des verkehrsbedingten Anteils von Feinstaub. Aufgrund der zum Teil geringen Datenmengen (bedingt durch Geräteausfälle und begrenzte Messzeiträume) waren die Ergebnisse eingeschränkt interpretierbar bzw. unzureichend statistisch verrechenbar. Dies gilt im Besonderen für die Berechnung der Wirksamkeit von CMA auf unbefestigten Wegen. Hier ist eine Durchführung von weiteren Luftgütemessungen zu empfehlen, um eine Reproduzierbarkeit der bisherigen Ergebnisse zu erzielen und statistisch abgesicherte Aussagen tätigen zu können. Vor allem in Hinblick auf die Berechnung von flottengemittelten PM_{10} non-exhaust Emissionsfaktoren wäre eine Datenreihe mit höherer zeitlicher Auflösung (Minutenmittelwerte) erforderlich, um die Inhomogenität bzw. Grundbelastung entlang des betrachteten Straßenabschnittes im konkreten analysieren zu können. Dies würde in quantitativer Hinsicht eine exaktere, fahrzeugspezifische Zuordnung von PM_{10} non-exhaust Emissionsfaktoren ermöglichen, die auch in Abhängigkeit der Fahrzeuganzahl untersucht werden könnte. Das indikative Reduktionspotenzial von

CMA für diesen Anwendungsbereich ist jedoch unbestritten und könnte vor allem in sensiblen Gebieten (PM_{10} Sanierungsgebiet) als staubmindernde Maßnahme im Rahmen von Baustellen zum Einsatz kommen. Zur Hebung der Datenqualität empfiehlt der Verfasser für zukünftige Studien die allgemeine zeitliche Ausdehnung von Messkampagnen auf einen mehrjährigen Zeitraum an Standorten, die nach Möglichkeit von Bebauung und Bewuchs weitgehend unbeeinflusst sind. Zudem könnte unter Berücksichtigung des tageszeitlichen Windsystems, welches im Idealfall orthogonal zur Straßenachse gerichtet sein sollte, eine Verbesserung der Datenqualität erzielt werden. Dies würde auch maßgeblich zu einer besseren Vergleichbarkeit der Messergebnisse untereinander beitragen. Im Bewusstsein darüber, dass bei Luftgütemesskampagnen keine Laborbedingungen erreicht werden können, ist deren Bedeutsamkeit zur Erweiterung des aktuellen Kenntnisstandes von PM_{10} non-exhaust Emissionsfaktoren unbestritten. Vor allem in Regionen mit häufigen, windschwachen Wetterlagen sind straßennahe Luftgütemesskampagnen zu empfehlen, da dort die Auswirkungen des Verkehrs auf die lokale PM_{10} Luftgütesituation stärkeren Schwankungen unterworfen ist. Die dem Stand der Wissenschaft entsprechenden PM_{10} non-exhaust Emissionsfaktoren sind im Rahmen von Immissionskatastern, vor allem für Städte in inneralpinen Beckenlagen, nur bedingt anwendbar. In diesem Zusammenhang ist eine Evaluierung der Modellergebnisse mithilfe eines Ausbreitungsmodells anhand von lokalen Luftgütemessungen zu empfehlen. Nur unter diesen Voraussetzungen sind konkrete Handlungsanleitungen und gegebenenfalls Maßnahmenpläne für interessierende Standorte zu entwickeln (zB: Einsatz alternativer Streumittel wie CMA), die für den Verkehrssektor generalisierbar sind.

11 Anhang
11.1 Statistik der Messdaten

Tabelle 11-1: Statistische Auswertung der Messdaten für den Messzeitraum 01.01.2009 bis 31.12.2012 (Jahresmesskampagne)

Station	Wert	PM_{10} (µg/m³)	NO_x (µg/m³)	Temp. (°C)	WiGe (m/s)
Koschat-/Sterneckstraße	MPMW	22,3	51,3	9,2	0,2
	TMWmax	91,7	342,4	28,1	1,9
	HMWmax	399,2	838,2	36,2	4,1
	P97,5	65,5	224,3	27,2	1,3
	P98	68,9	241,6	27,9	1,4
	P99,8	76,6	281,2	29,1	1,7
Völkermarkter Straße	MPMW	28,6	91,2	10,1	0,3
	TMWmax	123,9	494,8	28,3	1,9
	HMWmax	552,7	1206,7	37,9	5,5
	P97,5	81,6	352,0	28,3	1,6
	P98	86,0	376,5	29,0	1,7
	P99,8	95,1	434,5	30,5	2,0

Tabelle 11-2: Statistische Auswertung der Messdaten für den Messzeitraum 01.10. bis 31.03.2009/10, 2010/11, 2011/12 (Wintermesskampagne)

Station	Wert	PM_{10} (µg/m³)	NO_x (µg/m³)	Temp. (°C)	WiGe (m/s)
Koschat-/Sterneckstraße	MPMW	28,9	82,1	2,3	0,2
	TMWmax	91,7	342,4	16,7	1,2
	HMWmax	399,2	838,2	23,7	3,2
	P97,5	75,5	287,5	15,4	1,0
	P98	78,4	309,0	16,0	1,1
	P99,8	85,0	347,8	17,1	1,4
Völkermarkter Straße	MPMW	36,4	134,7	2,8	0,3
	TMWmax	123,9	494,8	17,5	1,7
	HMWmax	552,7	1206,7	24,1	4,4
	P97,5	93,1	435,9	16,6	1,6
	P98	96,3	459,1	17,3	1,7
	P99,8	106,1	519,3	18,5	2,0

Tabelle 11-3: Statistische Auswertung der Messdaten für den Messzeitraum 18.11.2009-08.04.2010, 08.10.2010-10.05.2011 und 01.11.2011-30.04.2012 (Wintermesskampagne)

Station	Wert	PM_{10} (µg/m³)	NO_x (µg/m³)	Temp. (°C)	WiGe (m/s)
Koschat-/Sterneckstraße	MPMW	30,5	81,6	1,3	0,2
	TMWmax	91,7	342,4	12,4	1,2
	HMWmax	198,6	687,9	17,9	3,2
	P97,5	77,8	294,4	13,3	1,1
	P98	81,1	317,3	13,8	1,2
	P99,8	108,2	512,6	17,1	2,2
Rudolfsbahn-gürtel	MPMW	38,0	109,5	1,9	0,7
	TMWmax	103,5	462,7	19,4	2,8
	HMWmax	243,1	879,4	28,0	19,7
	P97,5	94,2	387,8	16,8	1,9
	P98	98,6	408,3	17,6	2,1
	P99,8	156,6	687,0	23,7	3,8

Tabelle 11-4: Statistische Auswertung der Messdaten für den Messzeitraum 30.07. bis 25.08.2009 (Sommermesskampagne - Druckerweg)

Station	Wert	PM_{10} (µg/m³)	NO_x (µg/m³)	Temp. (°C)	WiGe (m/s)
Messpunkt 1 (MP1) (Druckerweg)	MPMW	43,6	-	20,5	0,9
	TMWmax	86,6	-	23,1	1,3
	HMWmax	341,7	-	31,3	4,1
	P97,5	156,2	-	30,0	2,7
	P98	168,4	-	30,1	2,8
	P99,8	278,1	-	31,2	3,9
Messpunkt 2 (MP2) (Druckerweg)	MPMW	33,2	34,1	-	-
	TMWmax	67,4	48,5	-	-
	HMWmax	207,3	279,7	-	-
	P97,5	104,4	71,8	-	-
	P98	109,3	75,1	-	-
	P99,8	164,5	111,5	-	-
Hintergrundmess-	MPMW	17,0	16,6	19,4	0,7
	TMWmax	27,5	19,9	22,8	1,0
	HMWmax	129,9	112,3	32,0	5,2

Station	Wert	PM$_{10}$ (µg/m³)	NO$_x$ (µg/m³)	Temp. (°C)	WiGe (m/s)
station (Druckerweg)	P97,5	38,0	47,3	29,2	1,9
	P98	39,5	49,9	29,5	2,0
	P99,8	89,3	85,8	31,7	4,6

Tabelle 11-5: Statistische Auswertung der Messdaten für den Messzeitraum 03.08. bis 06.09.2011 (Sommermesskampagne - Grenzweg)

Station	Wert	PM$_{10}$ (µg/m³)	NO$_x$ (µg/m³)	Temp. (°C)	WiGe (m/s)
Straßennahe Messstation (Grenzweg)	MPMW	37,8	28,5	19,2	0,8
	TMWmax	78,0	56,3	24,2	1,4
	HMWmax	480,5	265,5	35,1	7,1
	P97,5	204,8	108,7	31,7	2,5
	P98	223,1	117,0	31,9	2,6
	P99,8	418,4	174,8	33,7	4,0
Hintergrundmessstation (Andrähofweg)	MPMW	19,7	18,7	19,9	0,4
	TMWmax	41,0	23,5	24,5	0,8
	HMWmax	309,3	87,8	34,0	2,2
	P97,5	49,3	39,8	31,2	1,2
	P98	54,2	42,7	31,9	1,3
	P99,8	205,5	65,1	33,5	1,9

Tabelle 11-6: Statistische Auswertung der Messdaten für den Messzeitraum 01.10. bis 31.03.2009/10, 2010/11, 2011/12 (Wintermesskampagne)

Station	Wert	PM$_{10}$ (µg/m³)	NO$_x$ (µg/m³)	Temp. (°C)	WiGe* (m/s)
Tiefbrunnen	MPMW	17,8	34,1	1,0	1,4
	TMWmax	54,3	136,1	14,4	6,1
	HMWmax	-	269,2	23,4	10,6
	P97,5	39,4	126,9	15,4	6,3
	P98	39,8	134,6	16,4	6,6
	P99,8	48,2	196,6	21,6	8,2
	MPMW	28,6	163,8	-	3,6

Station	Wert	PM$_{10}$ (µg/m³)	NO$_x$ (µg/m³)	Temp. (°C)	WiGe* (m/s)
Amlacherkreuzung	TMWmax	84,0	500,0	-	18,5
	HMWmax	371,0	1171,6	-	27,6
	P97,5	80,1	544,0	-	17,4
	P98	84,4	571,1	-	18,2
	P99,8	136,4	807,1	-	24,0

*WiGe: in 10 m gemessen und nur für den Zeitraum 01.10.-31.05.2009 und 01.10.-03.11.2010 verfügbar.

Tabelle 11-7: Statistische Auswertung der Messdaten für den Messzeitraum 20.01. bis 30.04.2010 und 21.03. bis 11.06.2012 (Wintermesskampagne)

Station	Wert	PM$_{10}$ (µg/m³)	NO$_x$ (µg/m³)	Temp. (°C)	WiGe* (m/s)
Goetheparkplatz	MPMW	16,6	29,7	6,7	1,7
	TMWmax	57,8	124,6	20,2	7,7
	SMWmax	95,0	422,3	29,7	10,8
	P97,5	51,0	130,1	22,2	6,7
	P98	54,0	137,9	22,7	7,0
	P99,8	84,0	200,8	27,5	9,8
Dantestraße	MPMW	26,0	52,1	6,5	1,6
	TMWmax	69,8	196,2	20,4	11,6
	SMWmax	199,4	569,4	29,8	15,1
	P97,5	86,3	222,6	22,2	8,8
	P98	93,5	231,4	22,7	9,7
	P99,8	155,8	343,8	27,6	13,3

11.2 Verfügbarkeit der Messdaten

Tabelle 11-8: Verfügbarkeit der Daten während der Jahresmesskampagnen 2009 bis 2012 für den Luftschadstoff PM_{10} (Messzeitraum 01.01. bis 31.12.)

Station	PM_{10}	Gesamt	Ausfälle	Rest	Verfügbarkeit
Koschat-/Sterneckstraße	HMW	70128	536	69592	99%
	TMW	1461	15	1446	99%
Völkermarkter Straße	HMW	70128	547	69581	99%
	TMW	1461	20	1441	99%

Tabelle 11-9: Verfügbarkeit der Daten während der Jahresmesskampagnen 2009 bis 2012 für den Luftschadstoff NO_x (Messzeitraum 01.01. bis 31.12.)

Station	NO_x	Gesamt	Ausfälle	Rest	Verfügbarkeit
Koschat-/Sterneckstraße	HMW	70128	3036	67092	96%
	TMW	1461	25	1436	98%
Völkermarkter Straße	HMW	70128	3277	66851	95%
	TMW	1461	21	1440	99%

Tabelle 11-10: Verfügbarkeit der Daten während der Wintermesskampagnen 2009 bis 2012 für den Luftschadstoff PM_{10} (Messzeitraum 01.10. bis 31.03.)

Station	PM_{10}	Gesamt	Ausfälle	Rest	Verfügbarkeit
Koschat-/Sterneckstraße	HMW	34992	94	34898	100%
	TMW	729	2	727	100%
Völkermarkter Straße	HMW	34992	90	34902	100%
	TMW	729	3	726	100%

Tabelle 11-11: Verfügbarkeit der Daten während der Wintermesskampagnen 2009 bis 2012 für den Luftschadstoff NO_x (Messzeitraum 01.10. bis 31.03.)

Station	NO_x	Gesamt	Ausfälle	Rest	Verfügbarkeit
Koschat-/Sterneckstraße	HMW	34992	1337	33655	96%
	TMW	729	8	721	99%
Völkermarkter Straße	HMW	34992	1653	33339	95%
	TMW	729	11	718	98%

Tabelle 11-12: Verfügbarkeit der Daten während der Wintermesskampagnen 2009 bis 2012 für den Luftschadstoff PM_{10} (Messzeitraum 18.11.2009-08.04.2010, 08.10.2010-10.05.2011 und 01.11.2011-30.04.2012)

Station	PM_{10}	Gesamt	Ausfälle	Rest	Verfügbarkeit
Koschat-/Sterneckstraße	HMW	25776	276	25500	99%
	TMW	537	8	529	99%
Rudolfsbahngürtel	HMW	25776	2339	23437	91%
	TMW	537	52	485	90%

Tabelle 11-13: Verfügbarkeit der Daten während der Wintermesskampagnen 2009 bis 2012 für den Luftschadstoff NO_x (Messzeitraum 18.11.2009-08.04.2010, 08.10.2010-10.05.2011 und 01.11.2011-30.04.2012)

Station	NO_x	Gesamt	Ausfälle	Rest	Verfügbarkeit
Koschat-/Sterneckstraße	HMW	25776	999	24777	96%
	TMW	537	9	528	98%
Rudolfsbahngürtel	HMW	25776	408	25368	98%
	TMW	537	11	526	98%

Tabelle 11-14: Verfügbarkeit der Daten während der Sommermesskampagne 2009 für den Luftschadstoff PM_{10} (Messzeitraum 30.07. – 25.08.2009)

Station	PM_{10}	Gesamt	Ausfälle	Rest	Verfügbarkeit
Hintergrundmessstation (Druckerweg)	HMW	1296	163	1133	87%
	TMW	27	10	17	63%
Messpunkt 1 (MP1) (Druckerweg)	HMW	1296	2	1294	100%
	TMW	27	0	27	100%
Messpunkt 2 (MP2) (Druckerweg)	HMW	1296	0	1296	100%
	TMW	27	0	27	100%

Tabelle 11-15: Verfügbarkeit der Daten während der Sommermesskampagne 2009 für den Luftschadstoff NOx (Messzeitraum 30.07. – 25.08.2009)

Station	NOx	Gesamt	Ausfälle	Rest	Verfügbarkeit
Hintergrundmessstation (Druckerweg)	HMW	1296	166	1130	87%
	TMW	27	10	17	63%
Messpunkt 1 (MP1) (Druckerweg)	HMW	1296	-	-	-
	TMW	27	-	-	-
Messpunkt 2 (MP2) (Druckerweg)	HMW	1296	28	1268	98%
	TMW	27	0	27	100%

Tabelle 11-16: Verfügbarkeit der Daten während der Sommermesskampagne 2011 für den Luftschadstoff PM_{10} (Messzeitraum 03.08. – 06.09.2011)

Station	PM_{10}	Gesamt	Ausfälle	Rest	Verfügbarkeit
Hintergrundmessstation (Andrähofweg)	HMW	1680	1	1679	100%
	TMW	35	0	35	100%
Straßennahe Messstation (Grenzweg)	HMW	1680	92	1588	95%
	TMW	35	3	32	91%

Tabelle 11-17: Verfügbarkeit der Daten während der Sommermesskampagne 2011 für den Luftschadstoff NO_x (Messzeitraum 03.08. – 06.09.2011)

Station	NO_x	Gesamt	Ausfälle	Rest	Verfügbarkeit
Hintergrundmessstation (Andrähofweg)	HMW	1680	0	1680	100%
	TMW	35	0	35	100%
Straßennahe Messstation (Grenzweg)	HMW	1680	727	953	57%
	TMW	35	15	20	57%

Tabelle 11-18: Verfügbarkeit der Daten während der Wintermesskampagnen 2009 bis 2012 für den Luftschadstoff PM_{10} (Messzeitraum 01.10. bis 31.03.)

Station	PM_{10}	Gesamt	Ausfälle	Rest	Verfügbarkeit
Tiefbrunnen	HMW	-	-	-	-
	TMW	547	0	547	100%
Amlacherkreuzung	HMW	26256	173	26083	99%
	TMW	547	1	546	100%

Tabelle 11-19: Verfügbarkeit der Daten während der Wintermesskampagnen 2009 bis 2012 für den Luftschadstoff NO_x (Messzeitraum 01.10. bis 31.03.)

Station	NO_x	Gesamt	Ausfälle	Rest	Verfügbarkeit
Tiefbrunnen	HMW	26256	581	25676	98%
	TMW	547	5	542	99%
Amlacherkreuzung	HMW	26256	677	25579	97%
	TMW	547	7	540	99%

Tabelle 11-20: Verfügbarkeit der Daten während der Wintermesskampagnen 2010 und 2012 für den Luftschadstoff PM_{10} (Messzeitraum 20.01. bis 30.04.2010 und 21.03. bis 11.06.2012)

Station	PM_{10}	Gesamt	Ausfälle	Rest	Verfügbarkeit
Goetheparkplatz	SMW	4416-	165	4251	96%
	TMW	184	10	174	95%
Dantestraße	SMW	4416	467	3949	89%
	TMW	184	21	163	89%

Tabelle 11-21: Verfügbarkeit der Daten während der Wintermesskampagnen 2010 und 2012 für den Luftschadstoff NO_x (Messzeitraum 20.01. bis 30.04.2010 und 21.03. bis 11.06.2012)

Station	NO_x	Gesamt	Ausfälle	Rest	Verfügbarkeit
Goetheparkplatz	SMW	4416-	43	4373	99%
	TMW	184	3	181	99%
Dantestraße	SMW	4416-	592	3824	87%
	TMW	184	42	142	77%

11.3 Grundlagendaten - Meteorologie

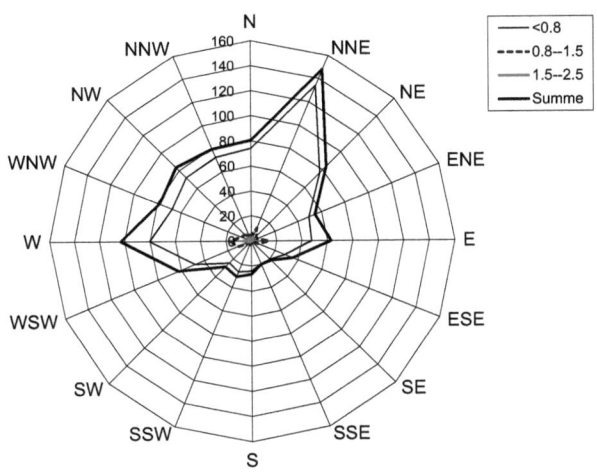

Abbildung 11-1: Windrichtungsverteilung in Promille an der Koschatstraße

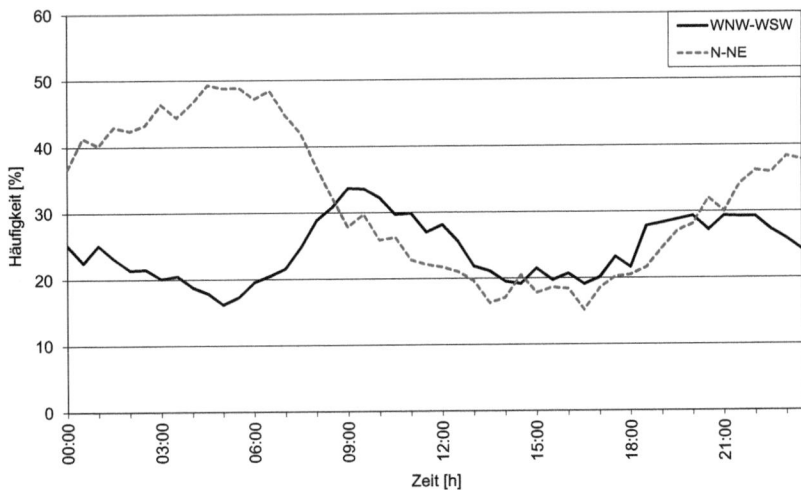

Abbildung 11-2: Tagesgang der Windrichtung an der Koschatstraße

Abbildung 11-3: Tagesgang der Windrichtung an der Koschatstraße für Windgeschwindigkeiten <0.8 m/s

Abbildung 11-4: Tagesgang der Windrichtung an der Koschatstraße für Windgeschwindigkeiten >0.8 m/s

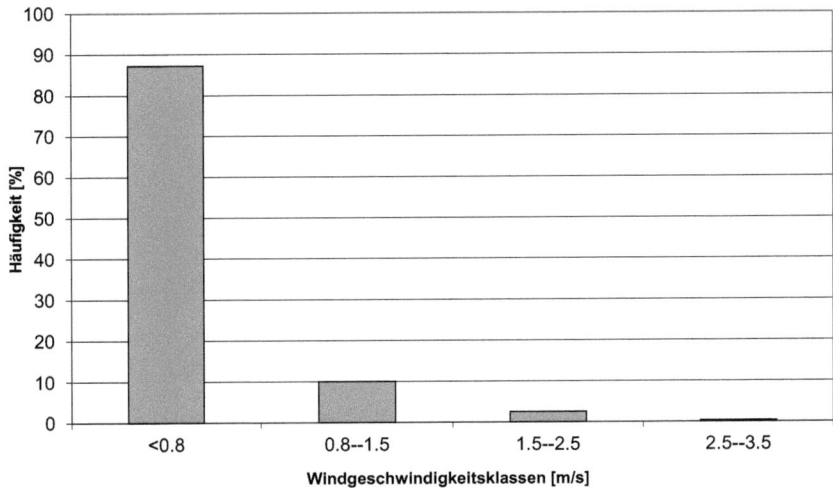

Abbildung 11-5: Mittlere Häufigkeitsverteilung nach Windgeschwindigkeitsklassen an der Koschatstraße

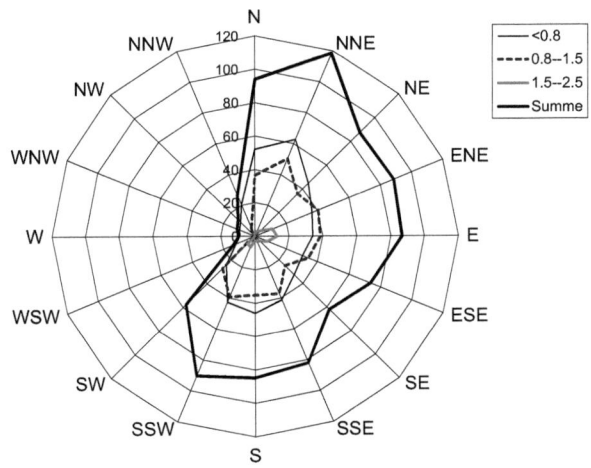

Abbildung 11-6: Windrichtungsverteilung in Promille beim Rudolfsbahngürtel

Abbildung 11-7: Tagesgang der Windrichtung beim Rudolfsbahngürtel

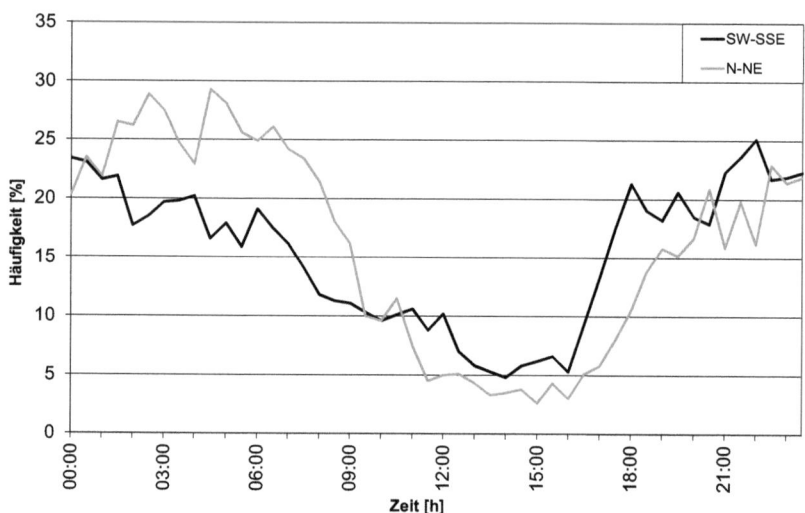

Abbildung 11-8: Tagesgang der Windrichtung beim Rudolfsbahngürtel für Windgeschwindigkeiten <0.8 m/s

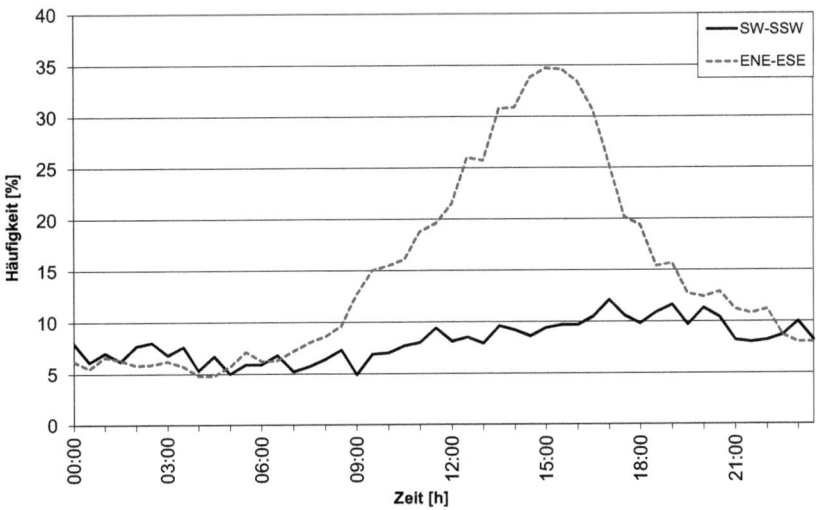

Abbildung 11-9: Tagesgang der Windrichtung beim Rudolfsbahngürtel für Windgeschwindigkeiten >0.8 m/s

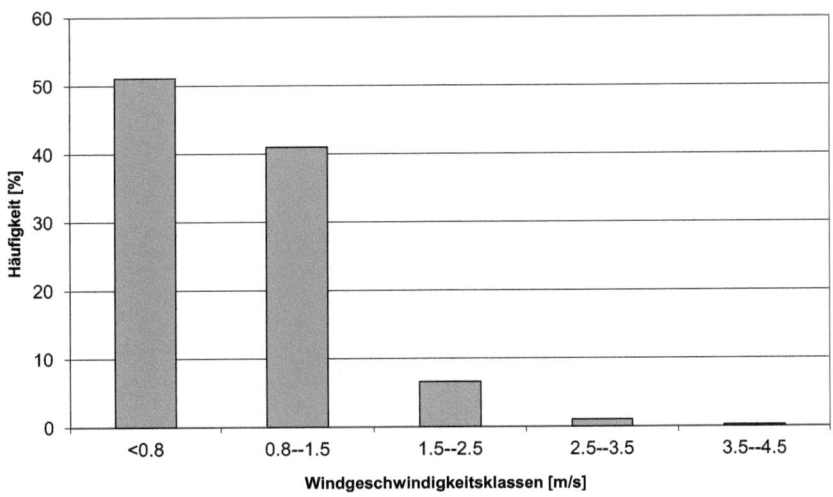

Abbildung 11-10: Mittlere Häufigkeitsverteilung nach Windgeschwindigkeitsklassen beim Rudolfsbahngürtel

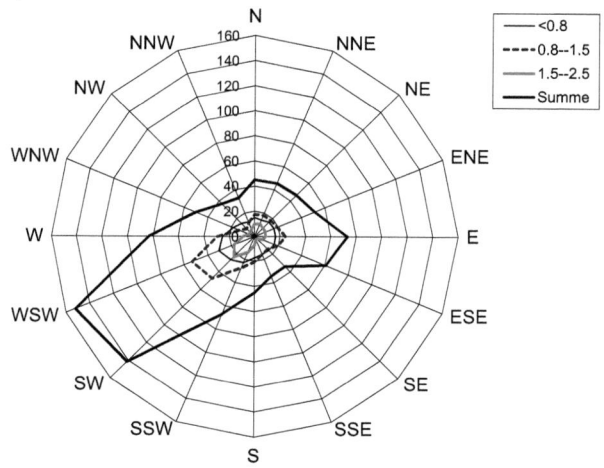

Abbildung 11-11: Windrichtungsverteilung in Promille an der Station Tiefbrunnen

Abbildung 11-12: Tagesgang der Windrichtung an der Station Tiefbrunnen

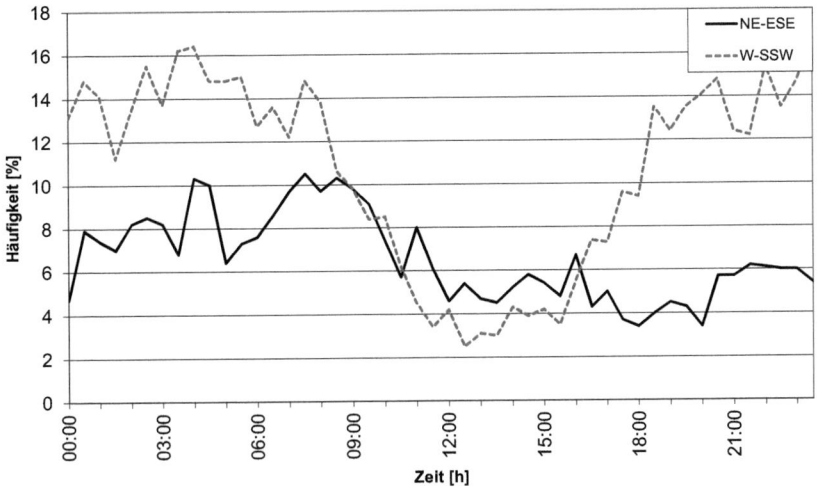

Abbildung 11-13: Tagesgang der Windrichtung an der Station Tiefbrunnen für Windgeschwindigkeiten <0.8 m/s

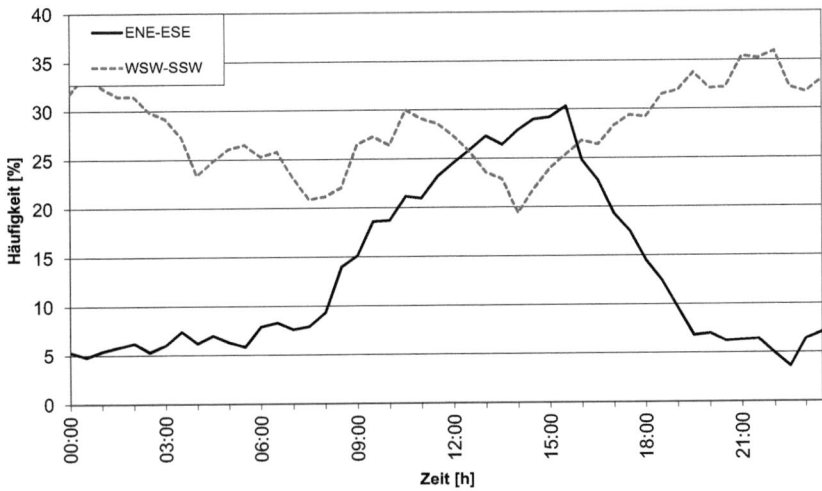

Abbildung 11-14: Tagesgang der Windrichtung an der Station Tiefbrunnen für Windgeschwindigkeiten >0.8 m/s

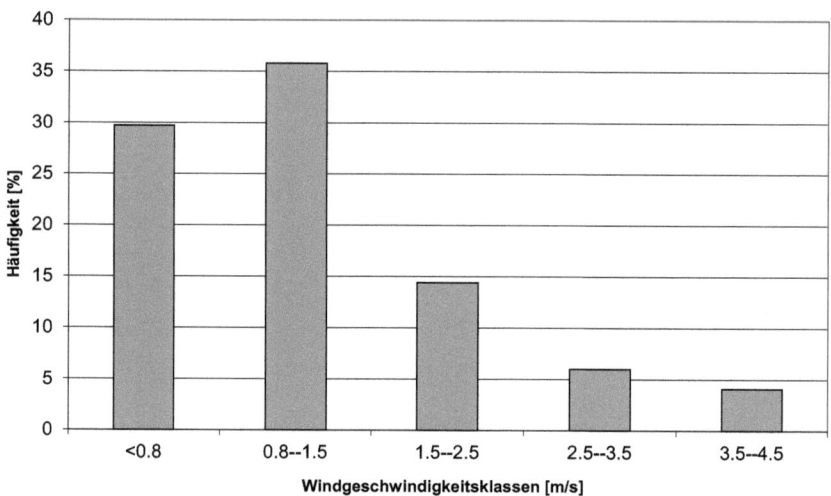

Abbildung 11-15: Mittlere Häufigkeitsverteilung nach Windgeschwindigkeitsklassen an der Station Tiefbrunnen

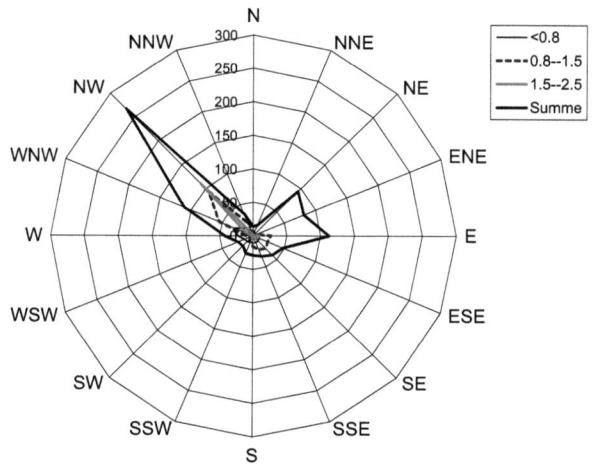

Abbildung 11-16: Windrichtungsverteilung in Promille am Dolomitenplatz

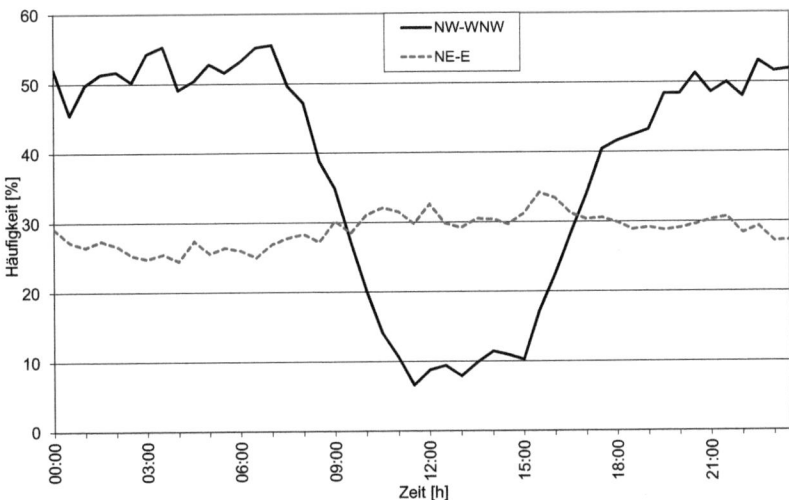

Abbildung 11-17: Tagesgang der Windrichtung am Dolomitenplatz

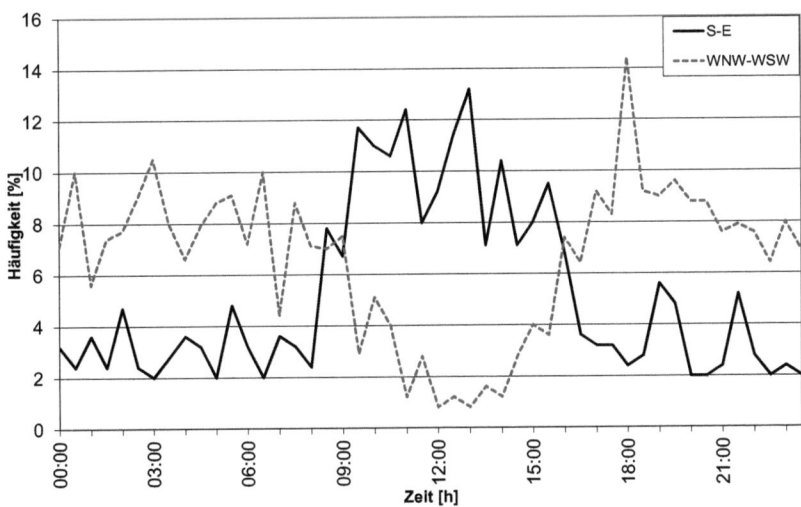

Abbildung 11-18: Tagesgang der Windrichtung an der Station Dolomitenplatz für Windgeschwindigkeiten <0.8 m/s

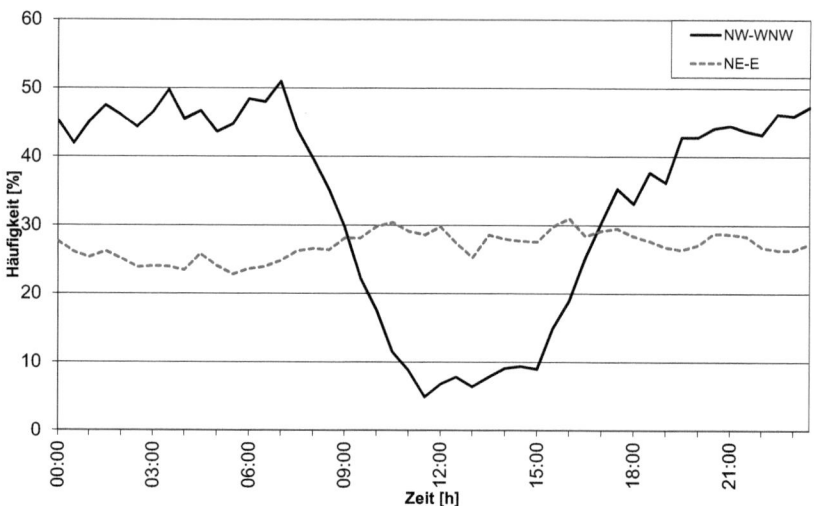

Abbildung 11-19: Tagesgang der Windrichtung an der Station Dolomitenplatz für Windgeschwindigkeiten >0.8 m/s

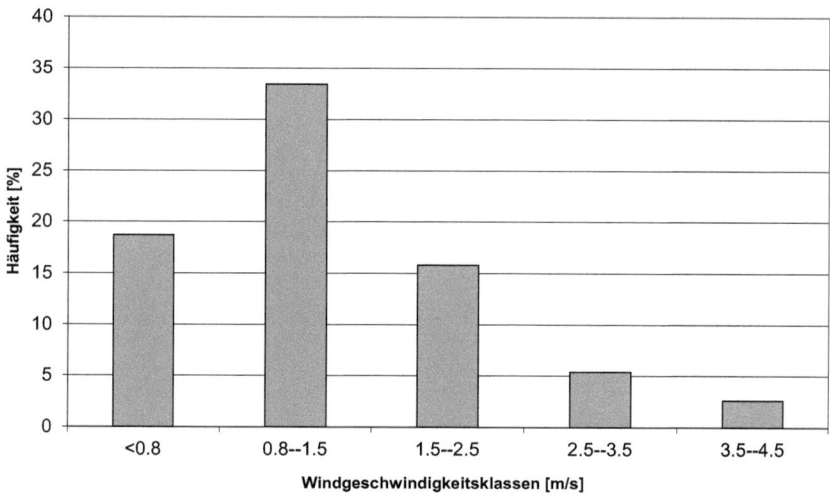

Abbildung 11-20: Mittlere Häufigkeitsverteilung nach Windgeschwindigkeitsklassen an der Station Dolomitenplatz

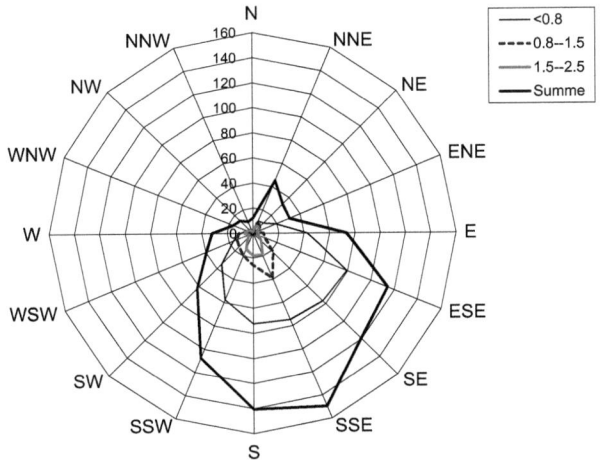

Abbildung 11-21: Windrichtungsverteilung in Promille an der Dantestraße

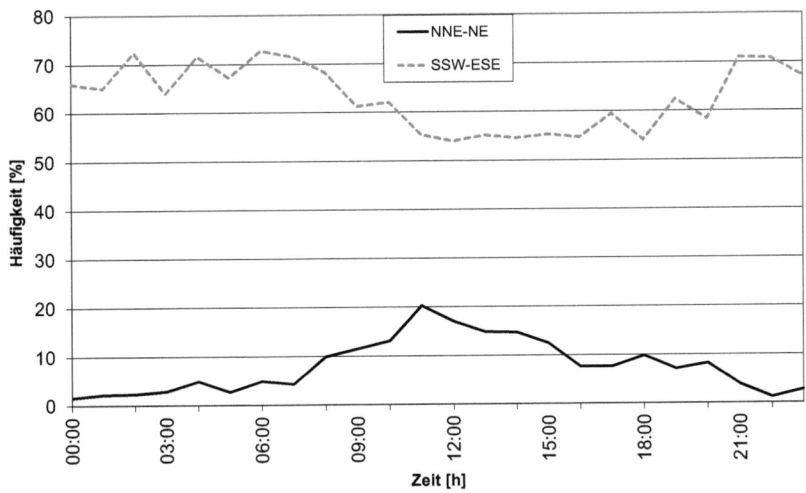

Abbildung 11-22: Tagesgang der Windrichtung an der Dantestraße

Abbildung 11-23: Tagesgang der Windrichtung an der Dantestraße für Windgeschwindigkeiten <0.8 m/s

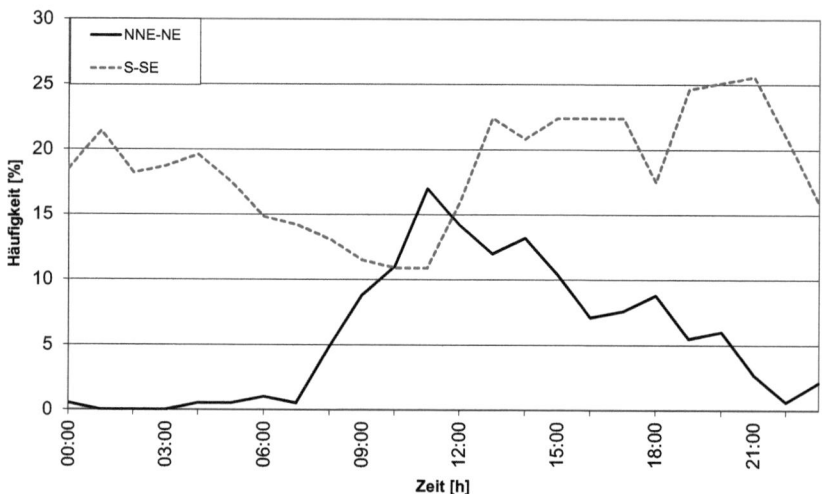

Abbildung 11-24: Tagesgang der Windrichtung an der Dantestraße für Windgeschwindigkeiten >0.8 m/s

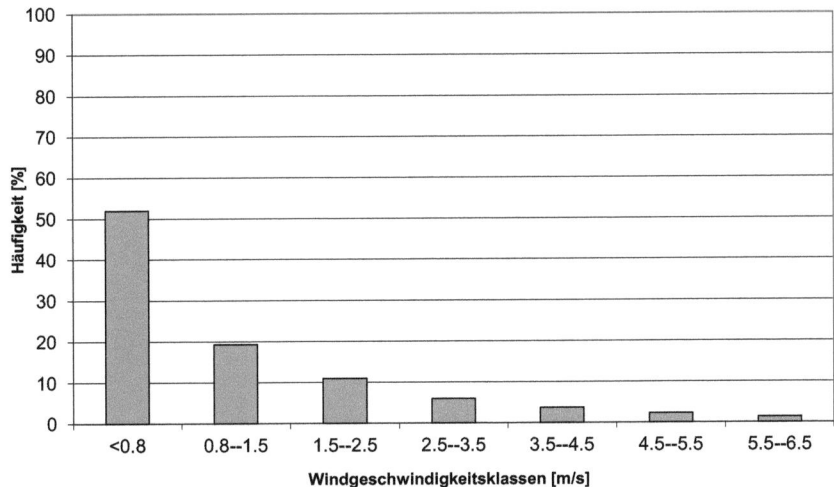

Abbildung 11-25: Mittlere Häufigkeitsverteilung nach Windgeschwindigkeitsklassen an der Dantestraße

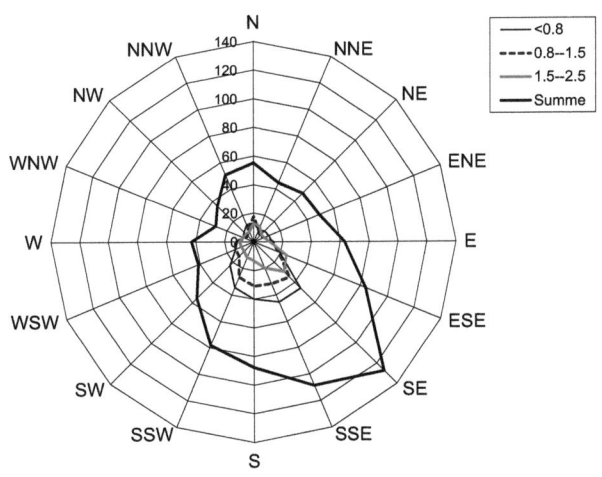

Abbildung 11-26: Windrichtungsverteilung in Promille beim Goetheparkplatz

Abbildung 11-27: Tagesgang der Windrichtung beim Goetheparkplatz

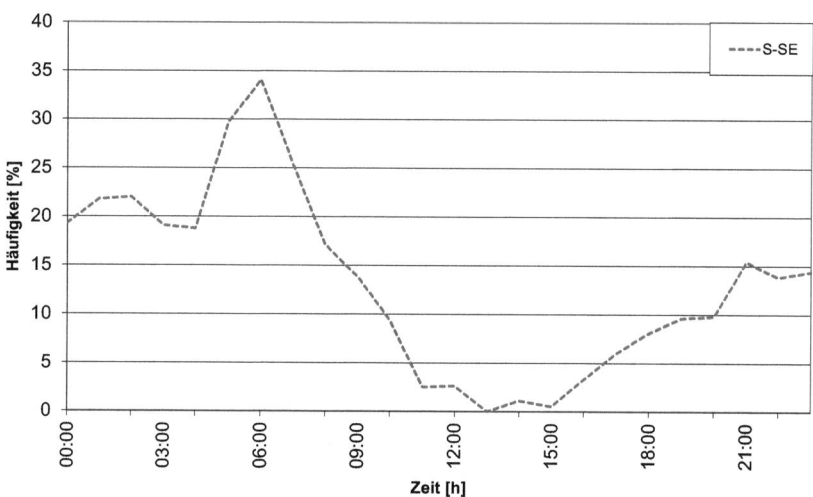

Abbildung 11-28: Tagesgang der Windrichtung beim Goetheparkplatz für Windgeschwindigkeiten <0.8 m/s

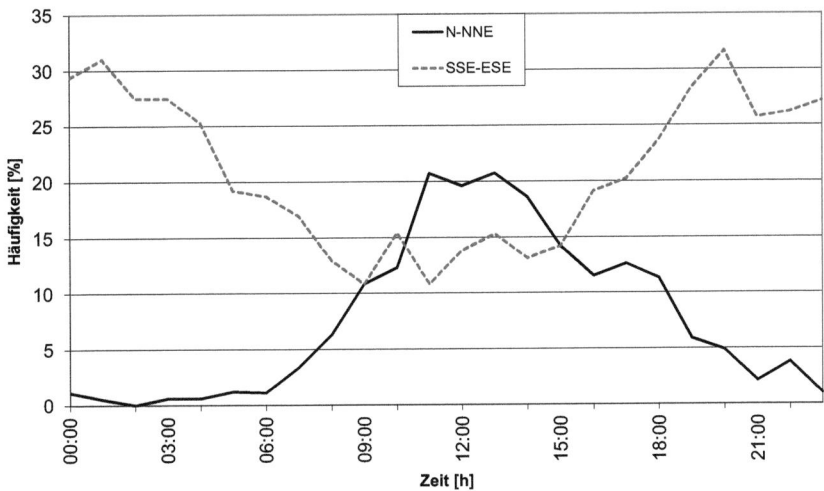

Abbildung 11-29: Tagesgang der Windrichtung beim Goetheparkplatz für Windgeschwindigkeiten >0.8 m/s

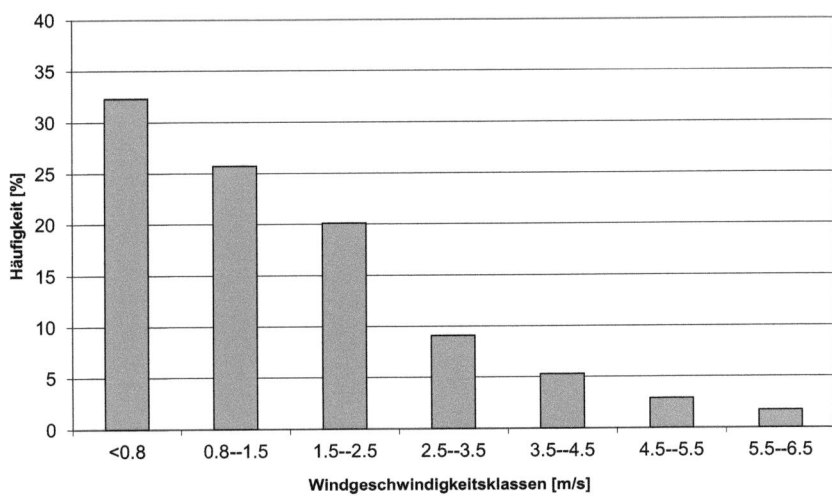

Abbildung 11-30: Mittlere Häufigkeitsverteilung nach Windgeschwindigkeitsklassen beim Goetheparkplatz

11.4 Grundlagendaten - Verkehr

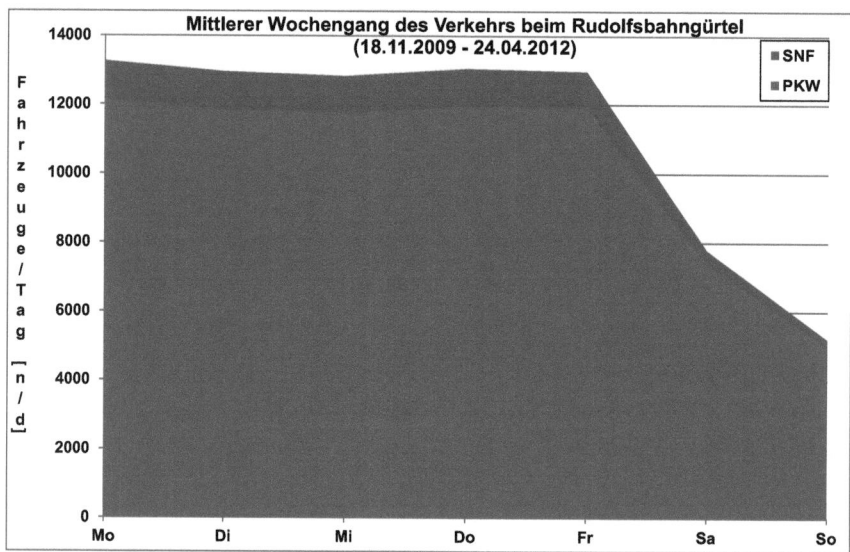

Abbildung 11-31: Mittlerer Wochengang des täglichen Verkehrsaufkommens beim Rudolfsbahngürtel für den Zeitraum 18.11.2009 – 24.04.2012

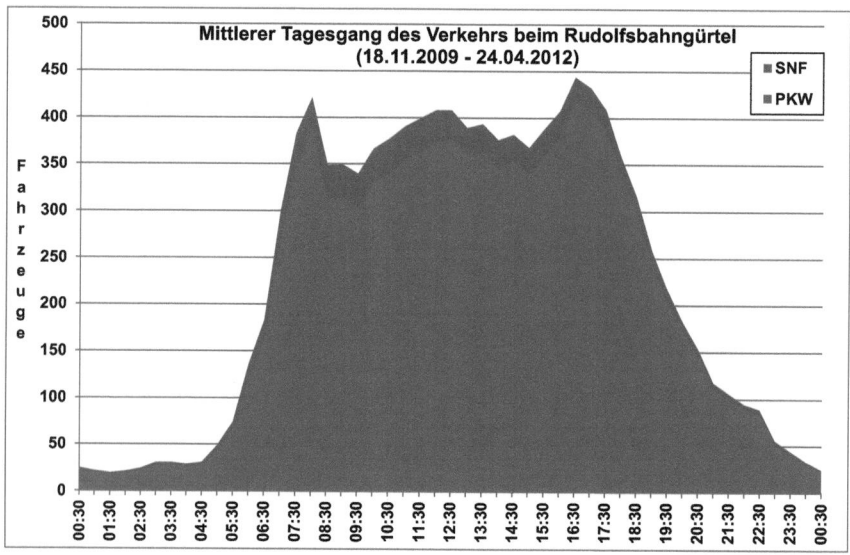

Abbildung 11-32: Mittlerer Tagesgang des Verkehrsaufkommens beim Rudolfsbahngürtel für den Zeitraum 18.11.2009 – 24.04.2012

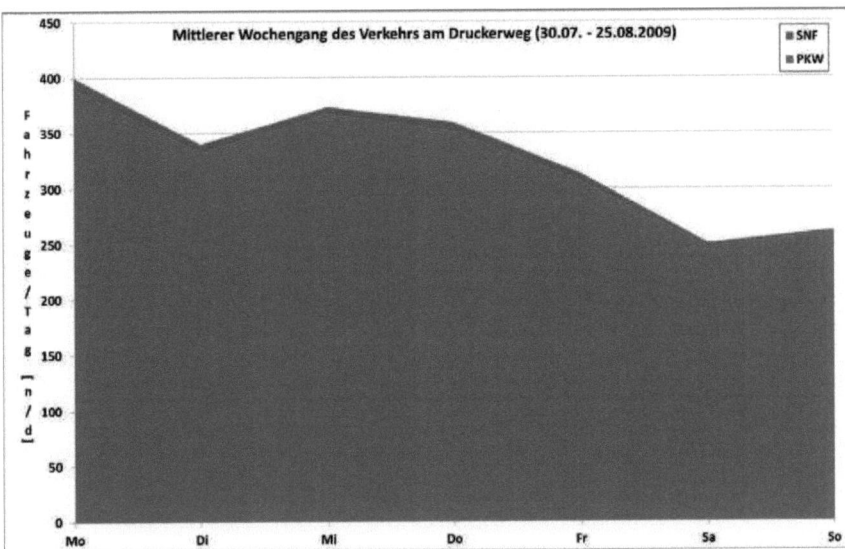

Abbildung 11-33: Mittlerer Wochengang des täglichen Verkehrsaufkommens beim Druckerweg für den Zeitraum 30.07. – 25.08.2009

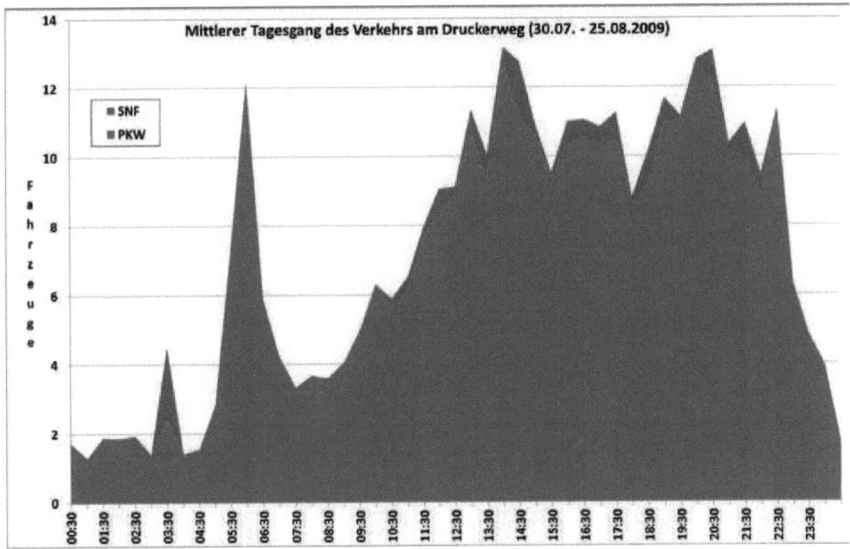

Abbildung 11-34: Mittlerer Tagesgang des Verkehrsaufkommens beim Druckerweg für den Zeitraum 30.07. – 25.08.2009

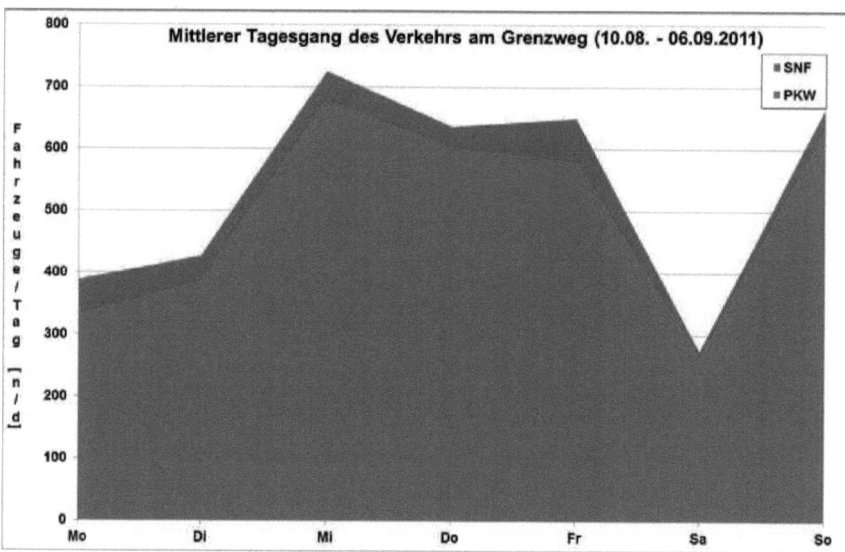

Abbildung 11-35: Mittlerer Wochengang des täglichen Verkehrsaufkommens beim Grenzweg für den Zeitraum 10.08. – 06.09.2011

Abbildung 11-36: Mittlerer Tagesgang des Verkehrsaufkommens beim Grenzweg für den Zeitraum 10.08. – 06.09.2011

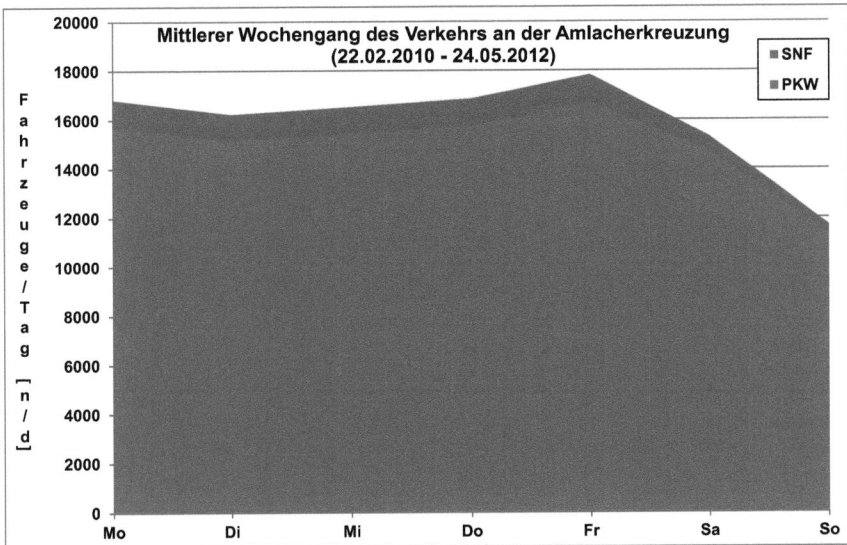

Abbildung 11-37: Mittlerer Wochengang des täglichen Verkehrsaufkommens an der Amlacherkreuzung für den Zeitraum 22.02.2010 – 24.05.2012

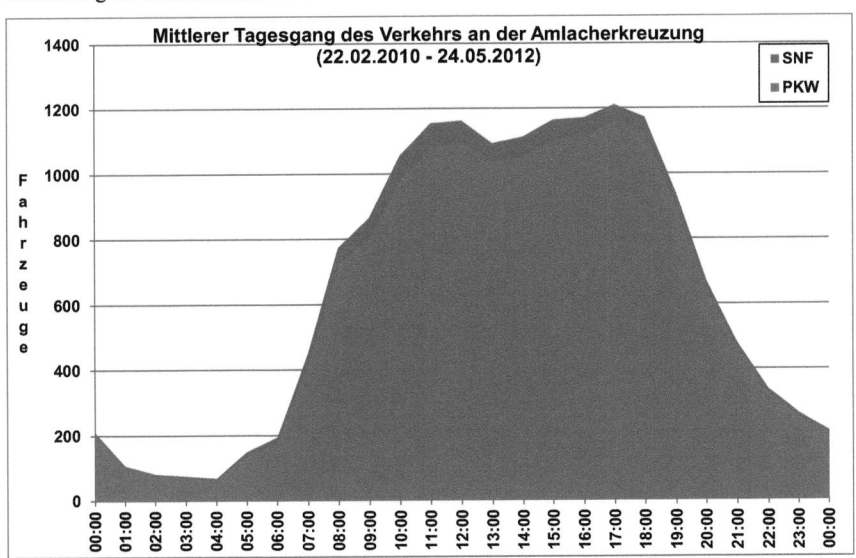

Abbildung 11-38: Mittlerer Tagesgang des Verkehrsaufkommens an der Amlacherkreuzung für den Zeitraum 22.02.2010 – 24.05.2012

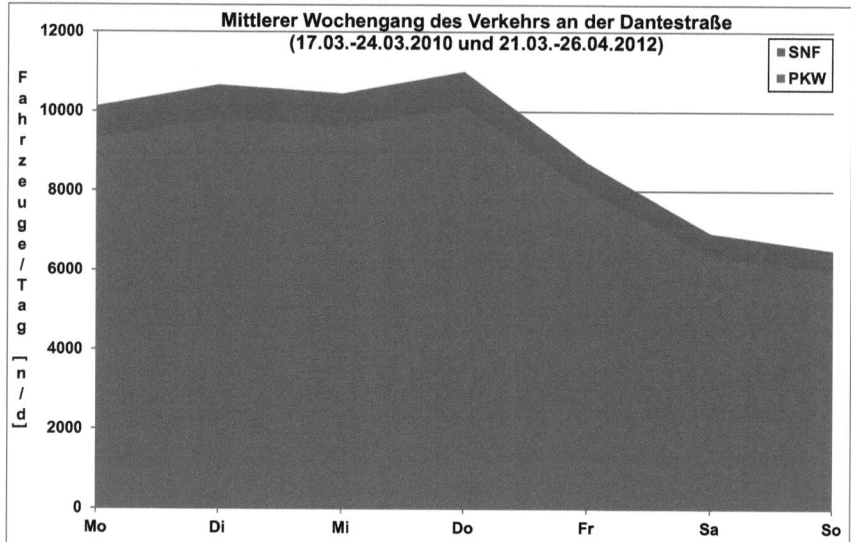

Abbildung 11-39: Mittlerer Wochengang des täglichen Verkehrsaufkommens an der Dantestraße für den Zeitraum 17.03.-24.03.2010 und 21.03.–26.04.2012

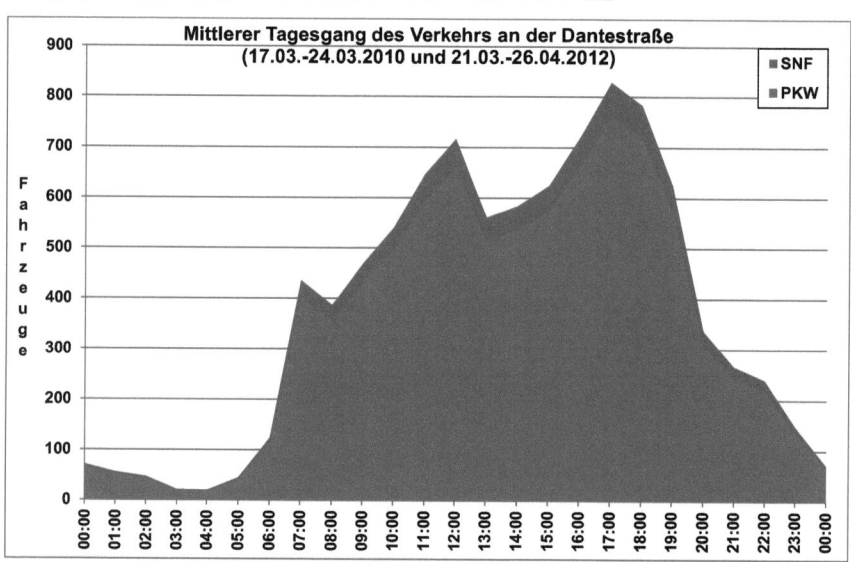

Abbildung 11-40: Mittlerer Tagesgang des Verkehrsaufkommens an der Dantestraße für den Zeitraum 17.03.-24.03.2010 und 21.03.–26.04.2012

11.5 Grundlagendaten - Luftgüte

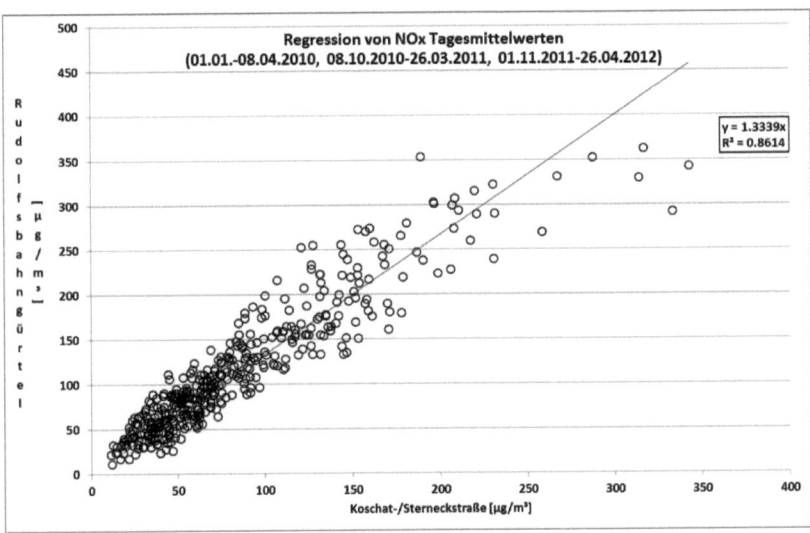

Abbildung 11-41: Regression der NO_x TMW zwischen Rudolfsbahngürtel und Koschat-/Sterneckstraße für den Zeitraum 01.01.-08.04.2010, 08.10.2010-26.03.2011 und 01.11.2011 - 26.04.2012

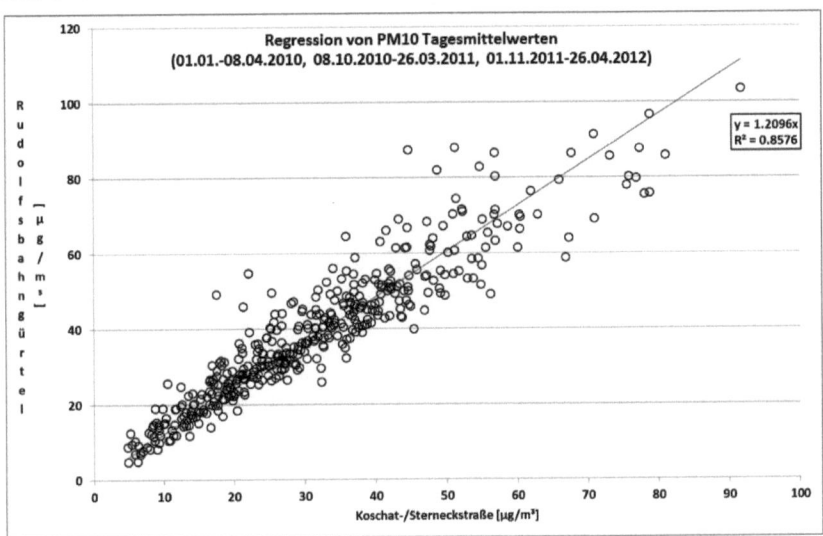

Abbildung 11-42: Regression der NO_x TMW zwischen Rudolfsbahngürtel und Koschat-/Sterneckstraße für den Zeitraum 01.01.-08.04.2010, 08.10.2010-26.03.2011 und 01.11.2011 - 26.04.2012

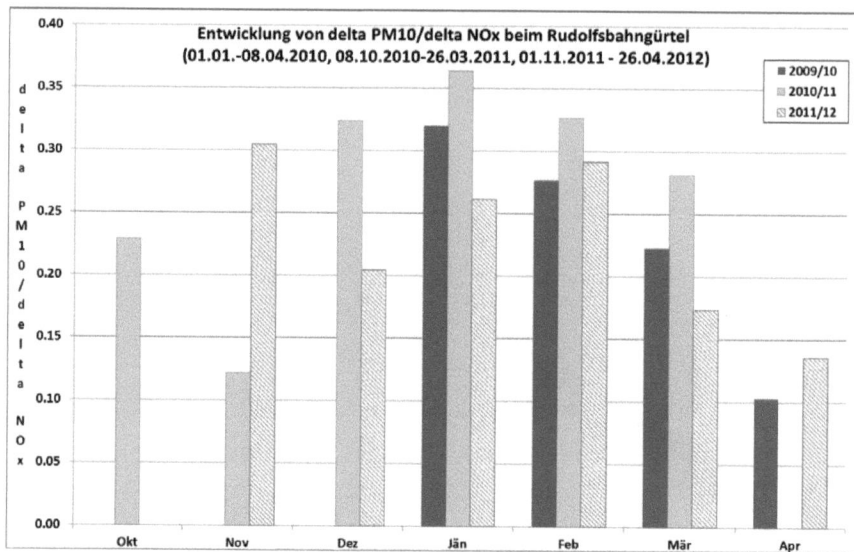

Abbildung 11-43: Entwicklung des Verhältnisses von $\Delta PM_{10}/\Delta NO_x$ beim Rudolfsbahngürtel für den Zeitraum 01.01.-08.04.2010, 08.10.2010-26.03.2011 und 01.11.2011 - 26.04.2012

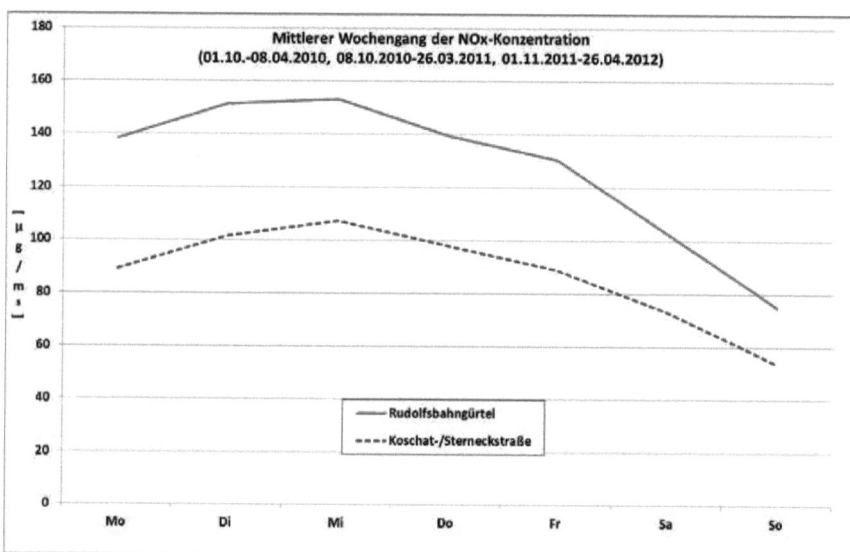

Abbildung 11-44: Mittlerer Wochengang der NO_x Konzentration beim Rudolfsbahngürtel und der Koschat-/Sterneckstraße für den Zeitraum 01.01.-08.04.2010, 08.10.2010-26.03.2011 und 01.11.2011 - 26.04.2012

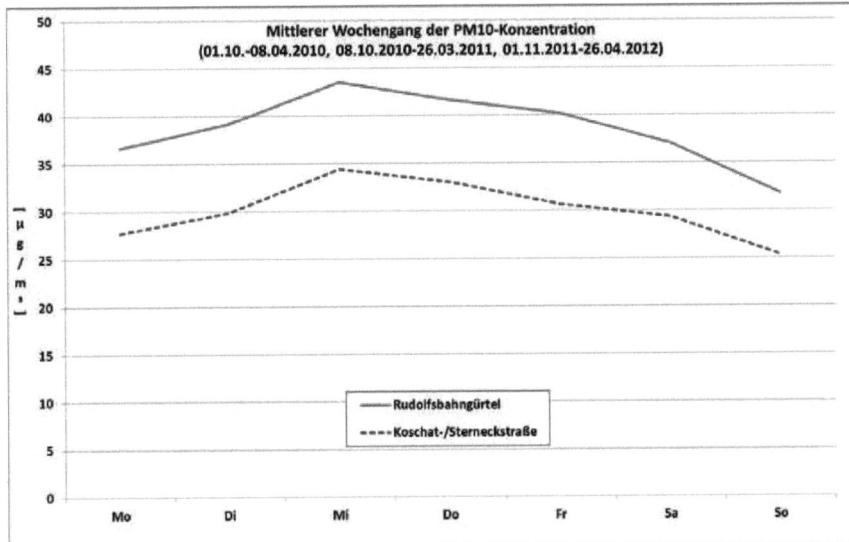

Abbildung 11-45: Mittlerer Wochengang der PM$_{10}$ Konzentration beim Rudolfsbahngürtel und der Koschat-/Sterneckstraße für den Zeitraum 01.01.-08.04.2010, 08.10.2010-26.03.2011 und 01.11.2011 - 26.04.2012

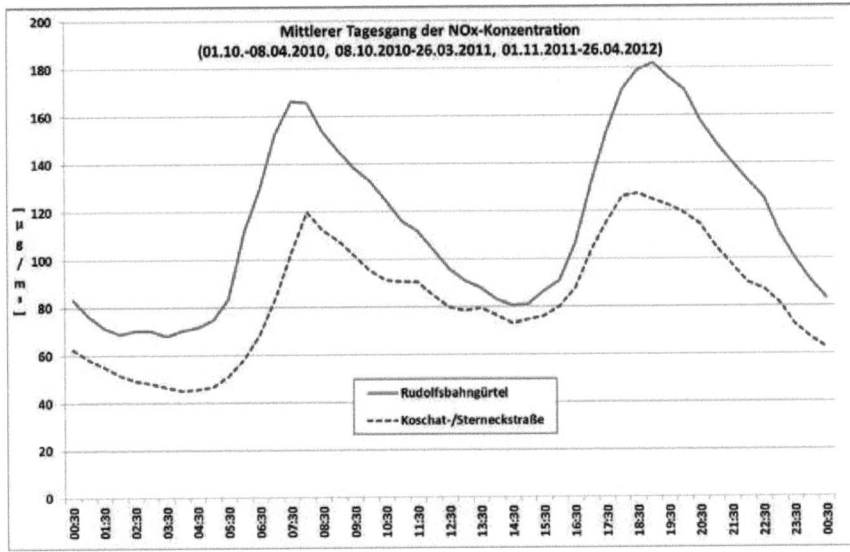

Abbildung 11-46: Mittlerer Tagesgang der NO$_x$ Konzentration beim Rudolfsbahngürtel und der Koschat-/Sterneckstraße für den Zeitraum 01.01.-08.04.2010, 08.10.2010-26.03.2011 und 01.11.2011 - 26.04.2012

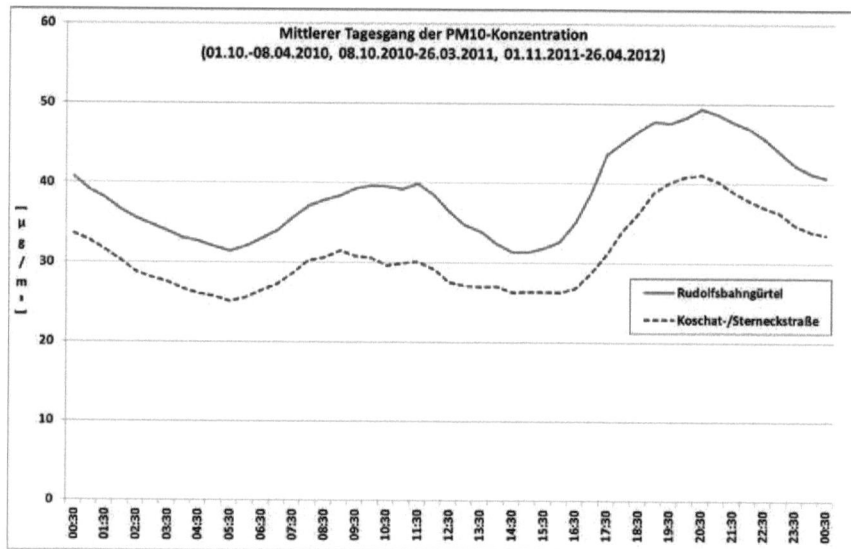

Abbildung 11-47: Mittlerer Tagesgang der PM_{10} Konzentration beim Rudolfsbahngürtel und der Koschat-/Sterneckstraße für den Zeitraum 01.01.-08.04.2010, 08.10.2010-26.03.2011 und 01.11.2011 - 26.04.2012

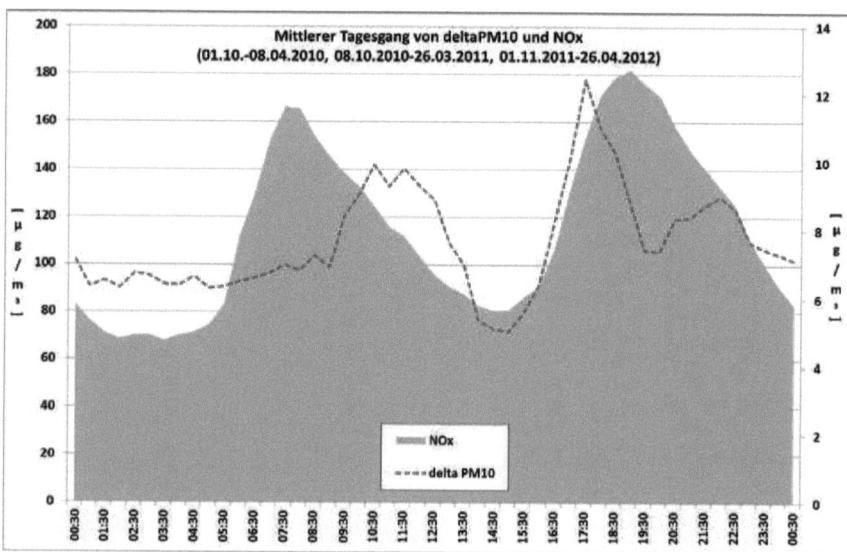

Abbildung 11-48: Mittlerer Tagesgang von ΔPM_{10} und NO_x beim Rudolfsbahngürtel und der Koschat-/Sterneckstraße für den Zeitraum 01.01.-08.04.2010, 08.10.2010-26.03.2011 und 01.11.2011 - 26.04.2012

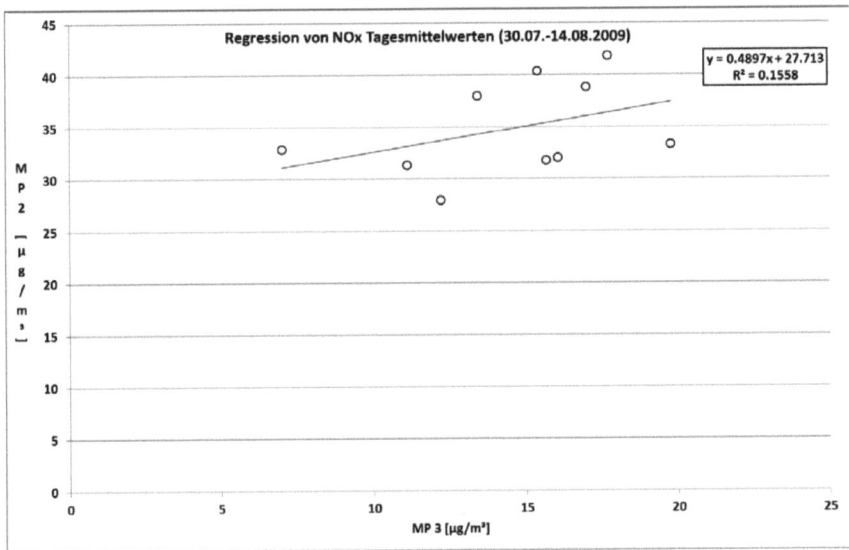

Abbildung 11-49: Regression der NO_x TMW zwischen MP2 und MP3 für den Zeitraum 30.07.-14.08.2009

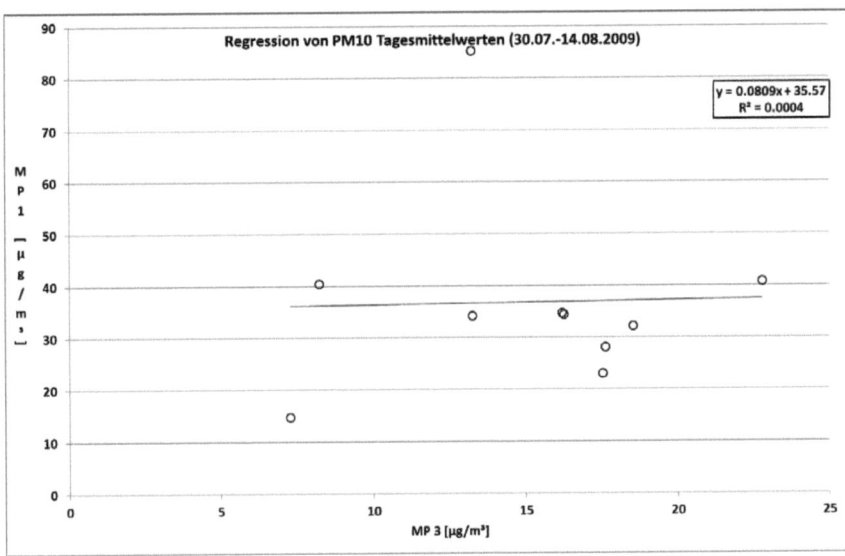

Abbildung 11-50: Regression der PM_{10} TMW zwischen MP1 und MP3 für den Zeitraum 30.07.-14.08.2009

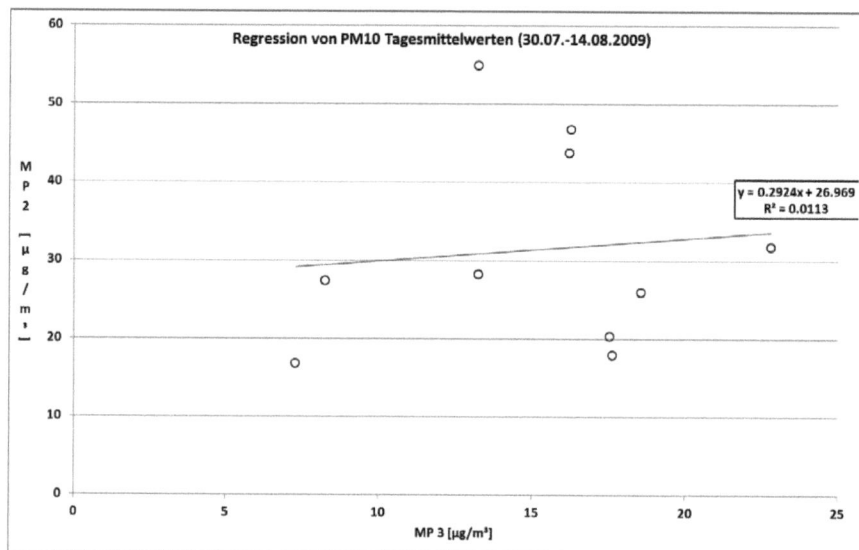

Abbildung 11-51: Regression der PM_{10} TMW zwischen MP2 und MP3 für den Zeitraum 30.07.-14.08.2009

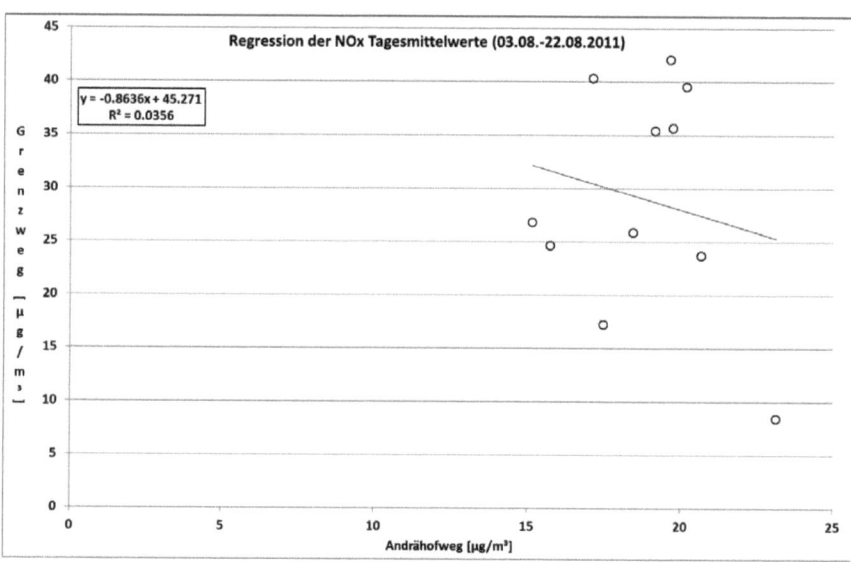

Abbildung 11-52: Regression der NO_x Tagesmittelwerte zwischen Grenzweg und Andrähofweg für den Zeitraum 03.08.-22.08.2011

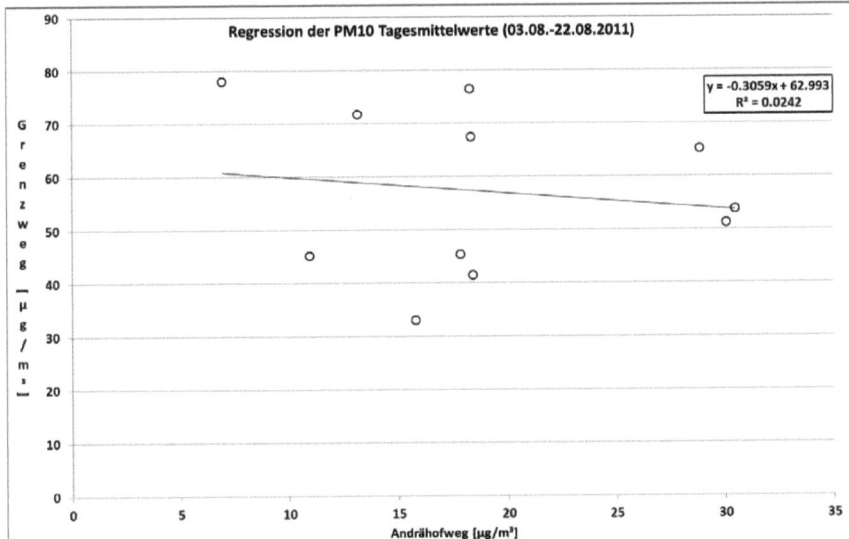

Abbildung 11-53: Regression der PM_{10} Tagesmittelwerte zwischen Grenzweg und Andrähofweg für den Zeitraum 03.08.-22.08.2011

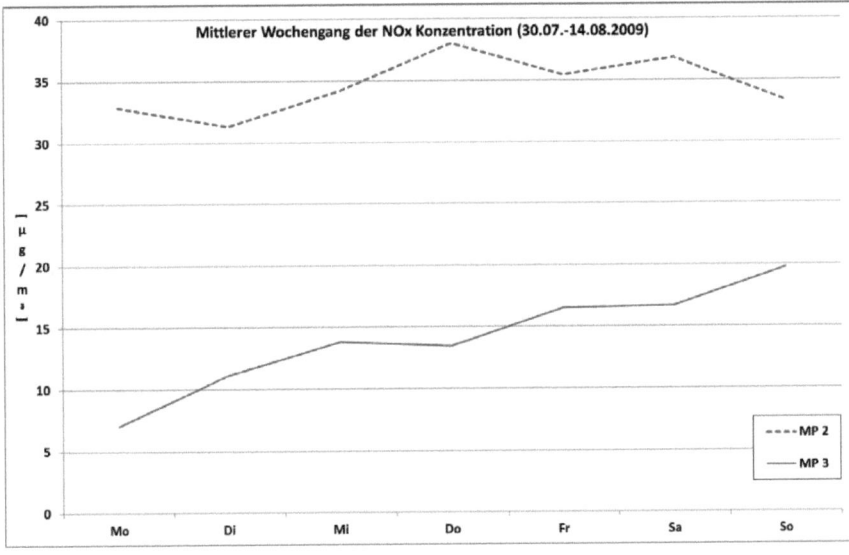

Abbildung 11-54: Mittlerer Wochengang der NO_x Konzentration bei MP2 und MP3 für den Zeitraum 30.07.-14.08.2009

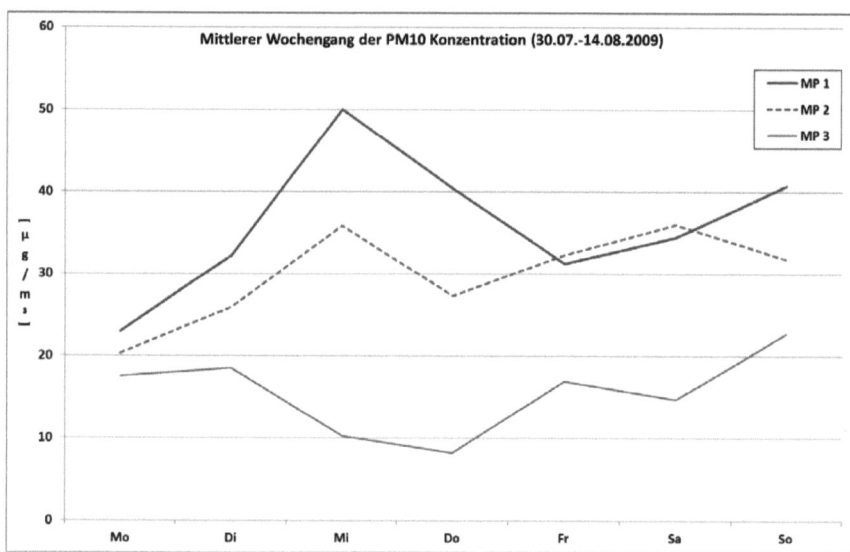

Abbildung 11-55: Mittlerer Wochengang der PM_{10} Konzentration bei MP1, MP2 und MP3 für den Zeitraum 30.07.-14.08.2009

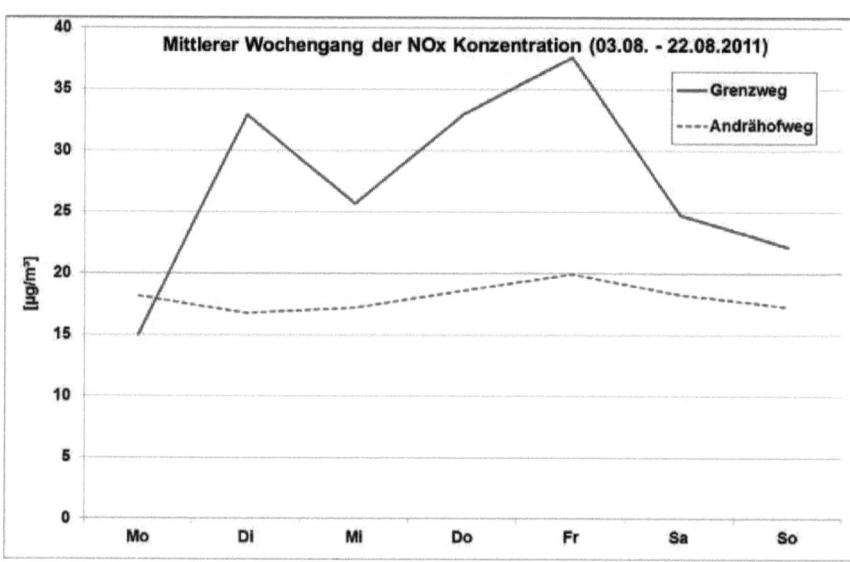

Abbildung 11-56: Mittlerer Wochengang der NO_x Konzentration beim Grenzweg und Andrähofweg für den Zeitraum 03.08.-22.08.2011

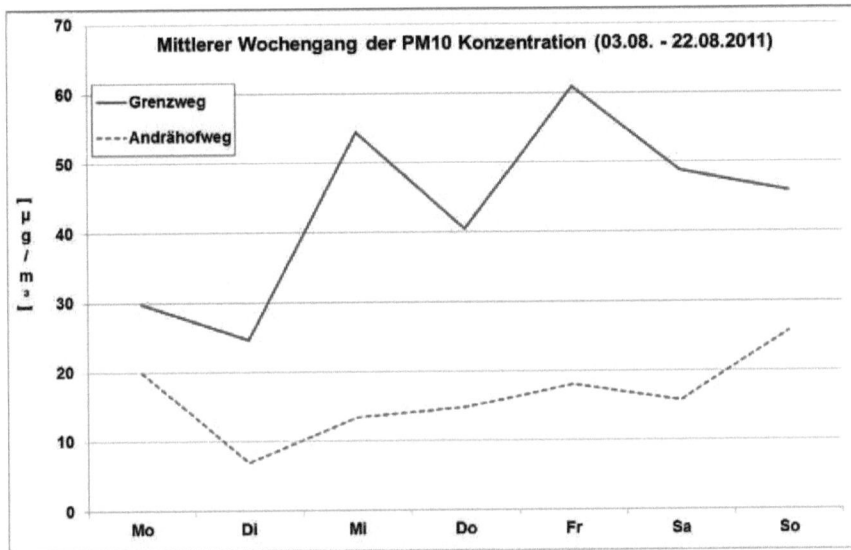

Abbildung 11-57: Mittlerer Wochengang der PM_{10} Konzentration beim Grenzweg und Andrähofweg für den Zeitraum 03.08.-22.08.2011

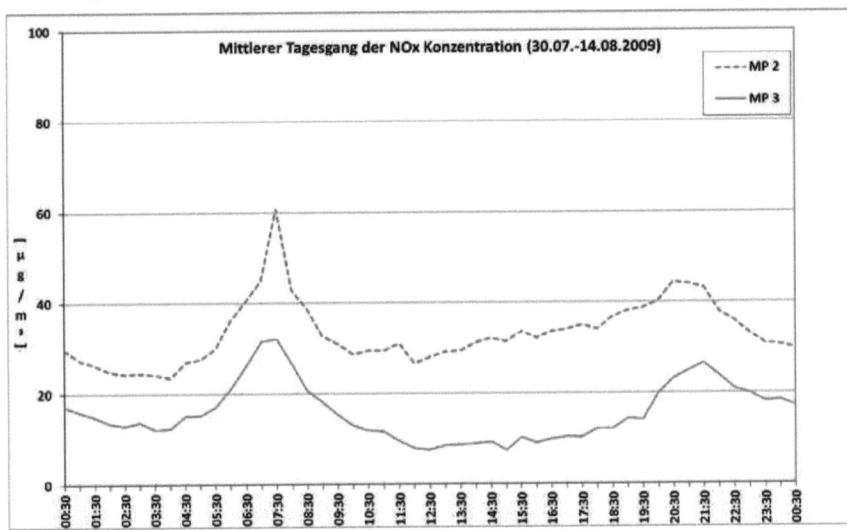

Abbildung 11-58: Mittlerer Tagesgang der NO_x Konzentration bei MP2 und MP3 für den Zeitraum 30.07.-14.08.2009

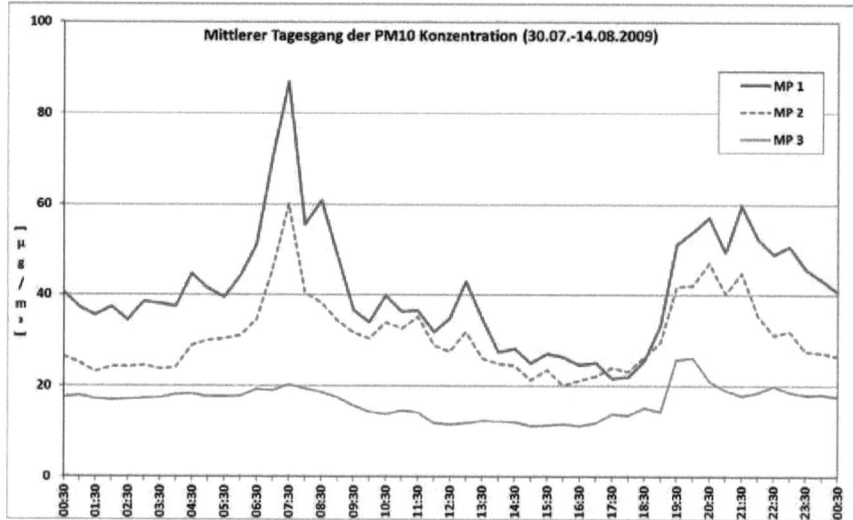

Abbildung 11-59: Mittlerer Tagesgang der PM_{10} Konzentration bei MP1, MP2 und MP3 für den Zeitraum 30.07.-14.08.2009

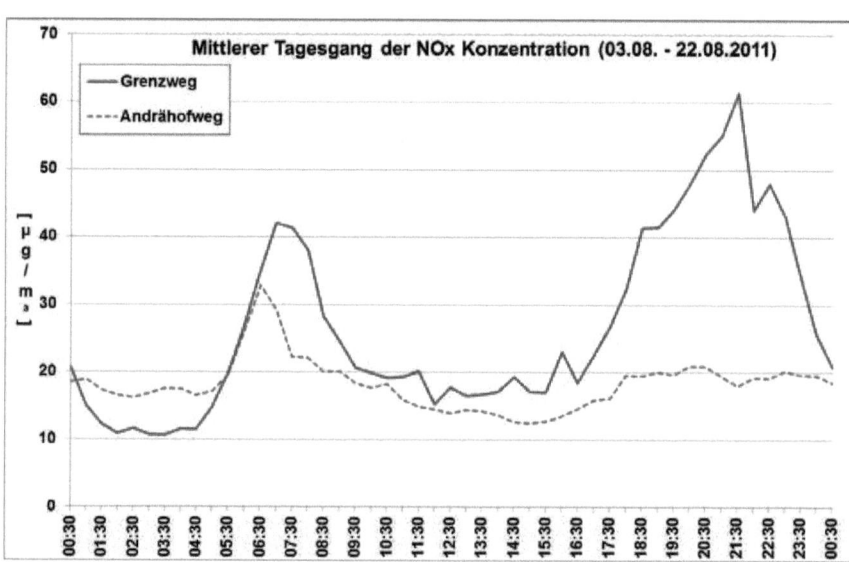

Abbildung 11-60: Mittlerer Tagesgang der NO_x Konzentration beim Grenzweg und Andrähofweg für den Zeitraum 03.08.-22.08.2011

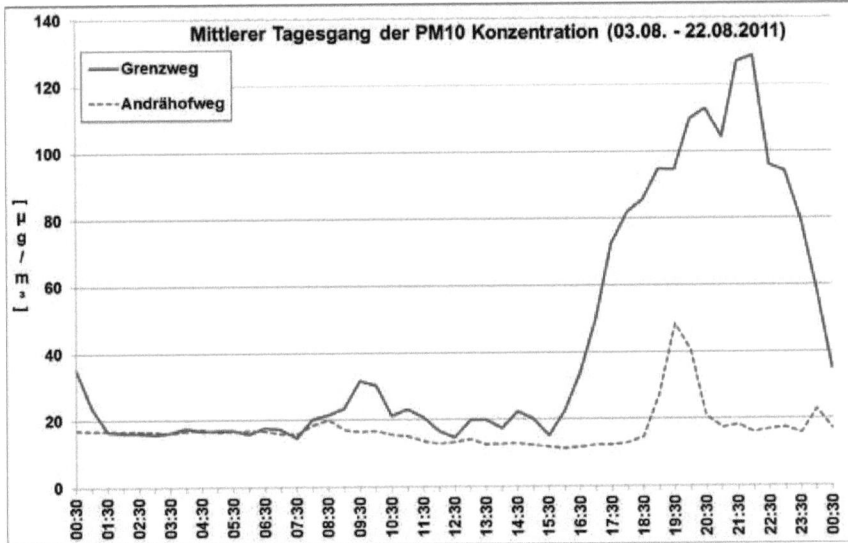

Abbildung 11-61: Mittlerer Tagesgang der PM_{10} Konzentration beim Grenzweg und Andrähofweg für den Zeitraum 03.08.-22.08.2011

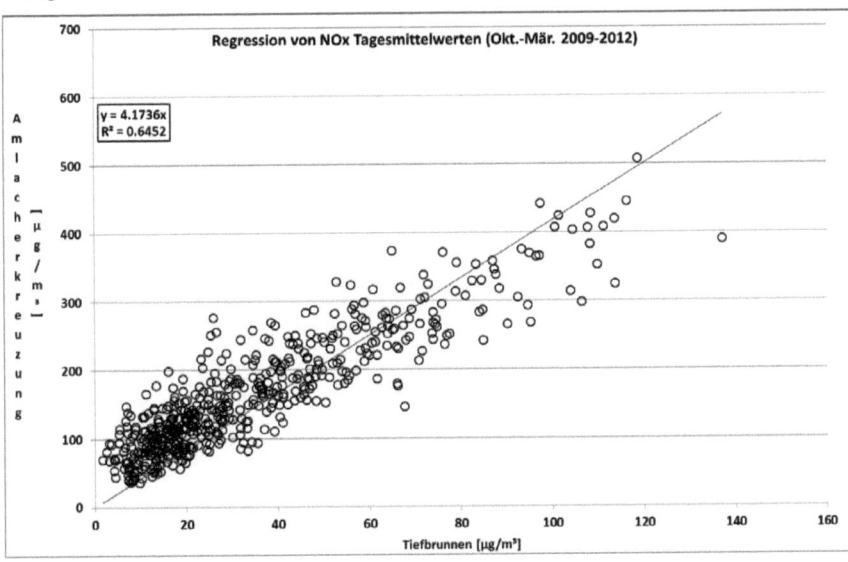

Abbildung 11-62: Regression der NO_x TMW zwischen Amlacherkreuzung und Tiefbrunnen für den Zeitraum 01.10.-31.03. 2009-2012

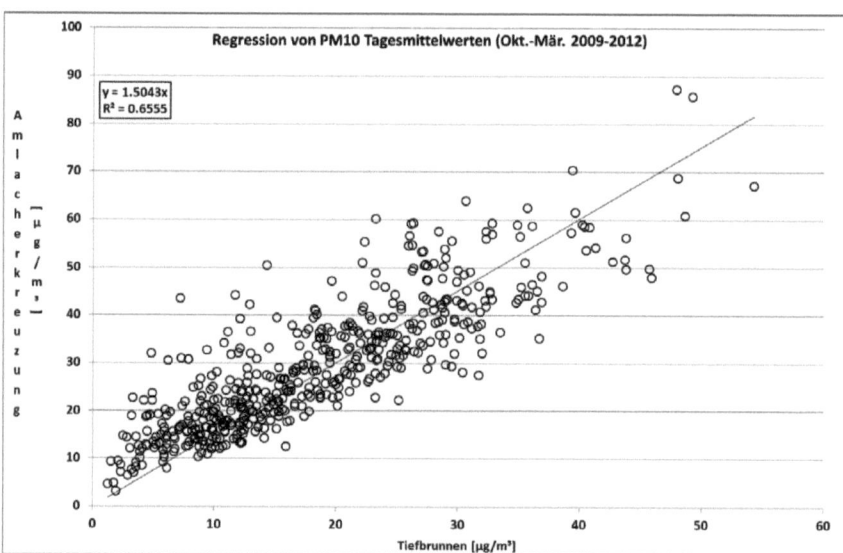

Abbildung 11-63: Regression der PM_{10} TMW zwischen Amlacherkreuzung und Tiefbrunnen für den Zeitraum 01.10.-31.03. 2009-2012

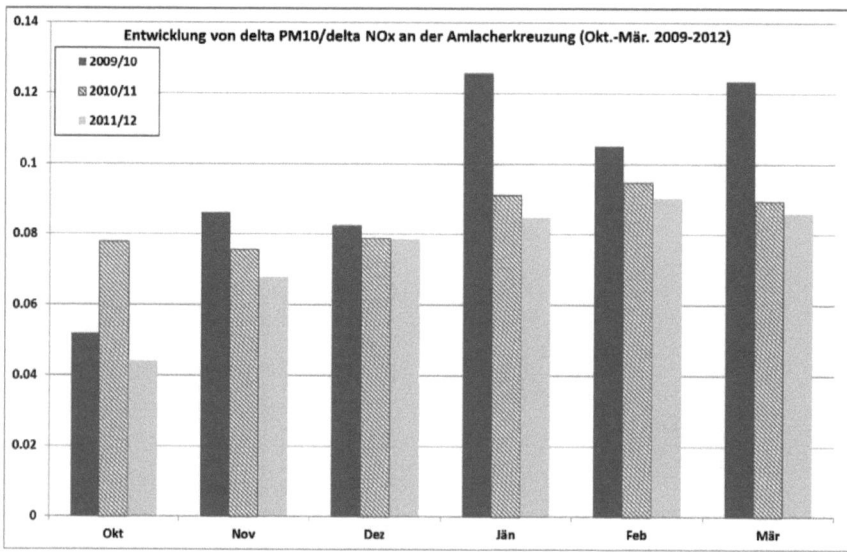

Abbildung 11-64: Entwicklung des Verhältnisses von $\Delta PM_{10}/\Delta NO_x$ an der Amlacherkreuzung für den Zeitraum 01.10.-31.03. 2009-2012

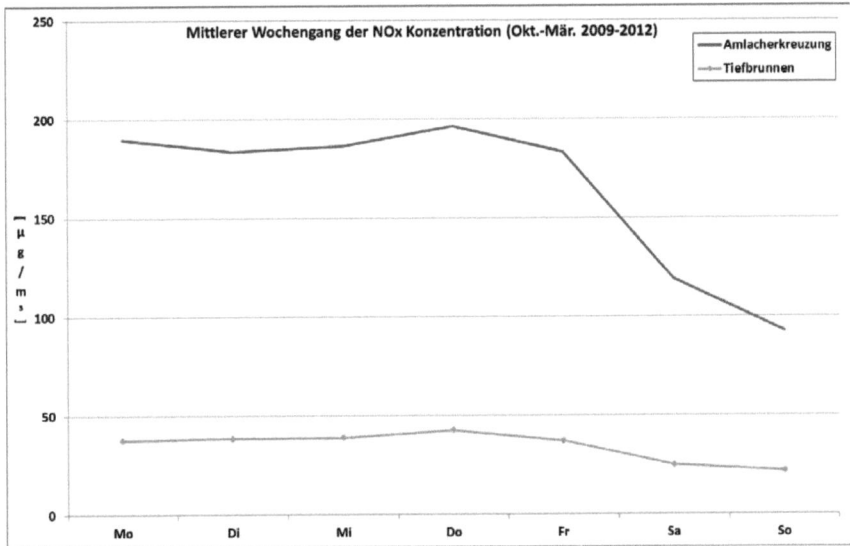

Abbildung 11-65: Mittlerer Wochengang der NO_x Konzentration an der Amlacherkreuzung und beim Tiefbrunnen für den Zeitraum 01.10.-31.03. 2009-2012

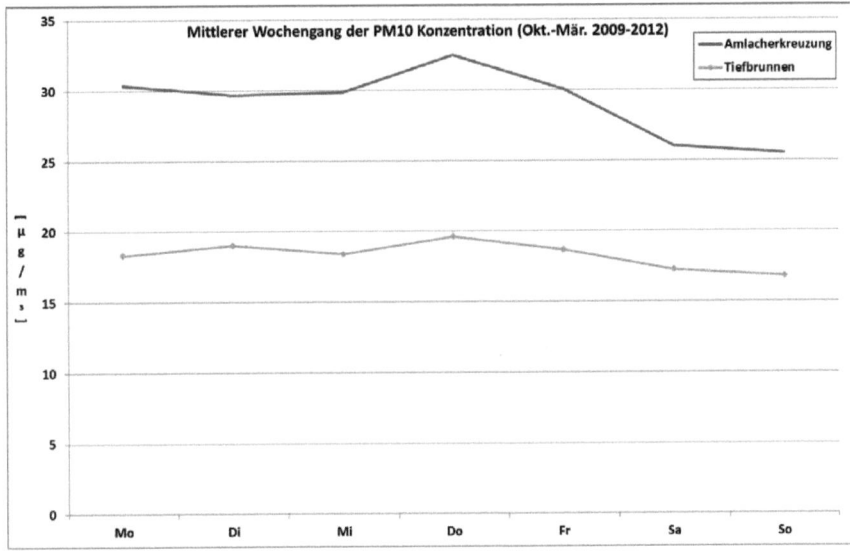

Abbildung 11-66: Mittlerer Wochengang der PM_{10} Konzentration an der Amlacherkreuzung und beim Tiefbrunnen für den Zeitraum 01.10.-31.03. 2009-2012

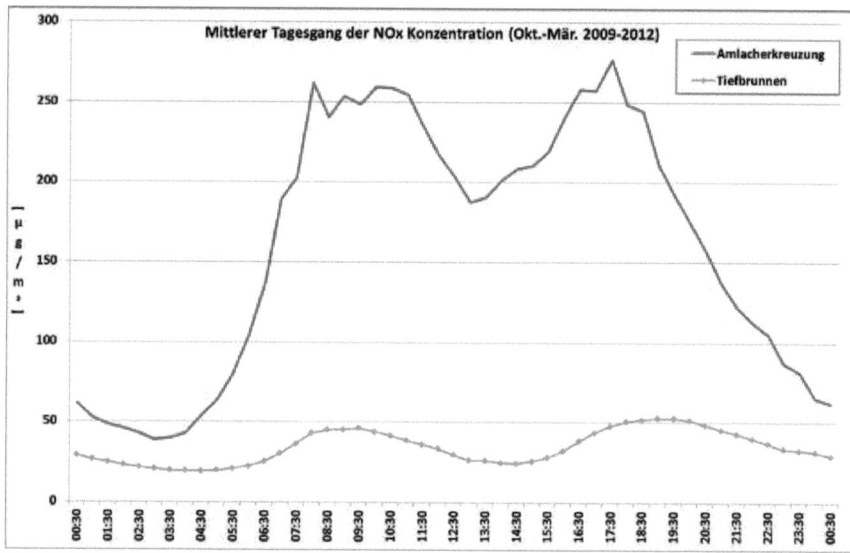

Abbildung 11-67: Mittlerer Tagesgang der NO_x Konzentration an der Amlacherkreuzung und beim Tiefbrunnen für den Zeitraum 01.10.-31.03. 2009-2012

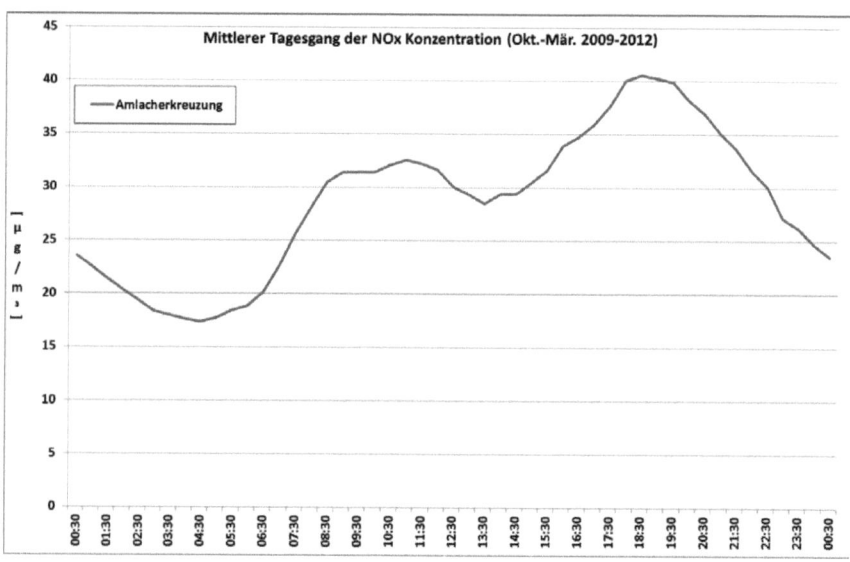

Abbildung 11-68: Mittlerer Tagesgang der PM_{10} Konzentration an der Amlacherkreuzung für den Zeitraum 01.10.-31.03. 2009-2012

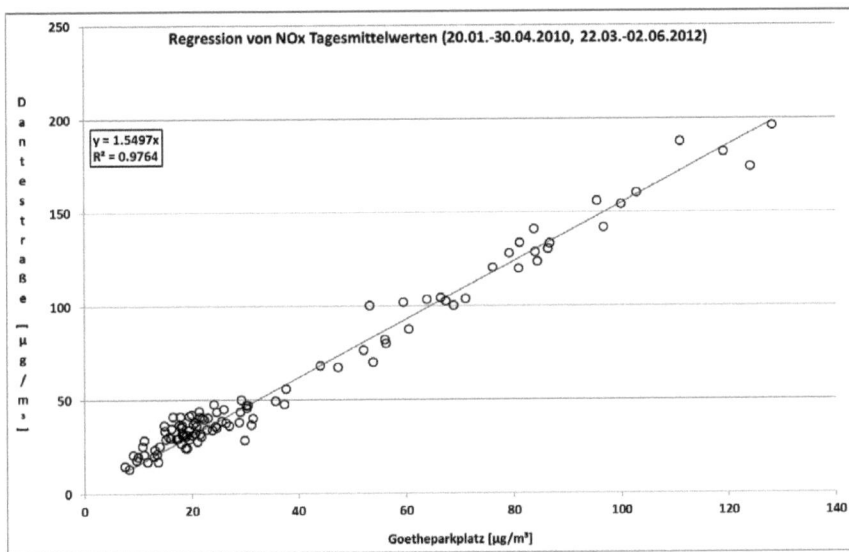

Abbildung 11-69: Regression der NO_x TMW zwischen Dantestraße und Goetheparkplatz für den Zeitraum 20.01.-30.04.2010, 22.03.-02.06.2012

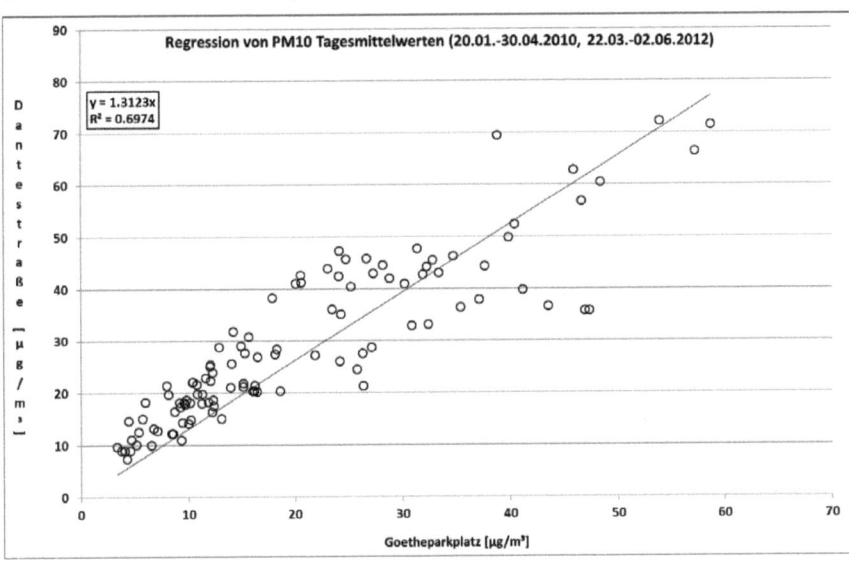

Abbildung 11-70: Regression der PM_{10} TMW zwischen Dantestraße und Goetheparkplatz für den Zeitraum 20.01.-30.04.2010, 22.03.-02.06.2012

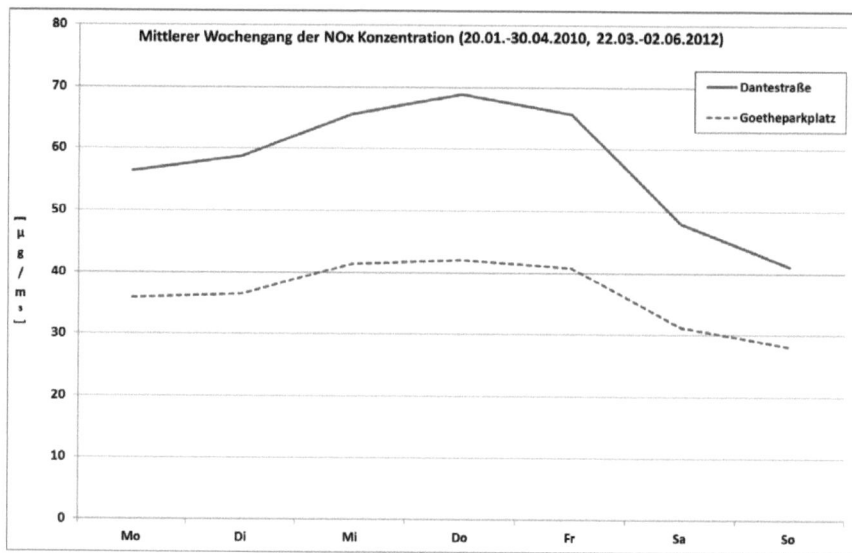

Abbildung 11-71: Mittlerer Wochengang der NO_x Konzentration an der Dantestraße und beim Goetheparkplatz für den Zeitraum 20.01.-30.04.2010, 22.03.-02.06.2012

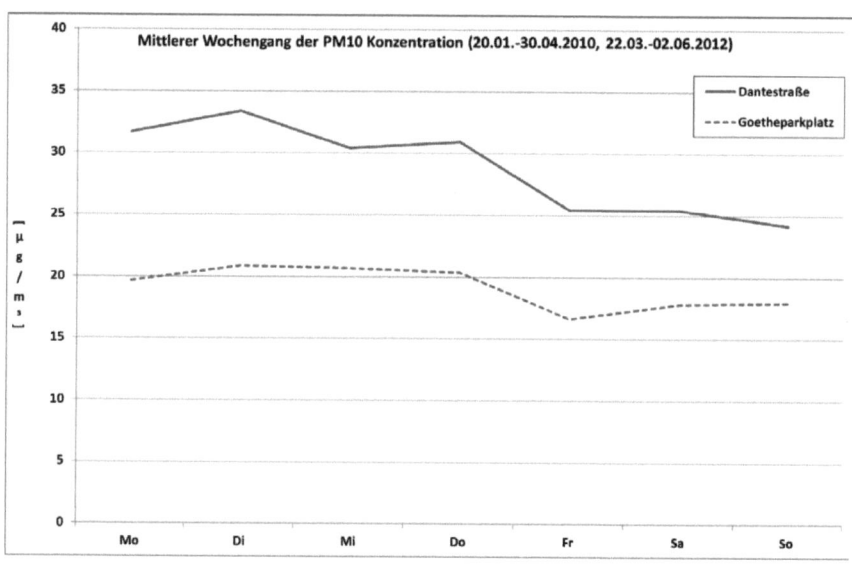

Abbildung 11-72: Mittlerer Wochengang der PM_{10} Konzentration an der Dantestraße und beim Goetheparkplatz für den Zeitraum 20.01.-30.04.2010, 22.03.-02.06.2012

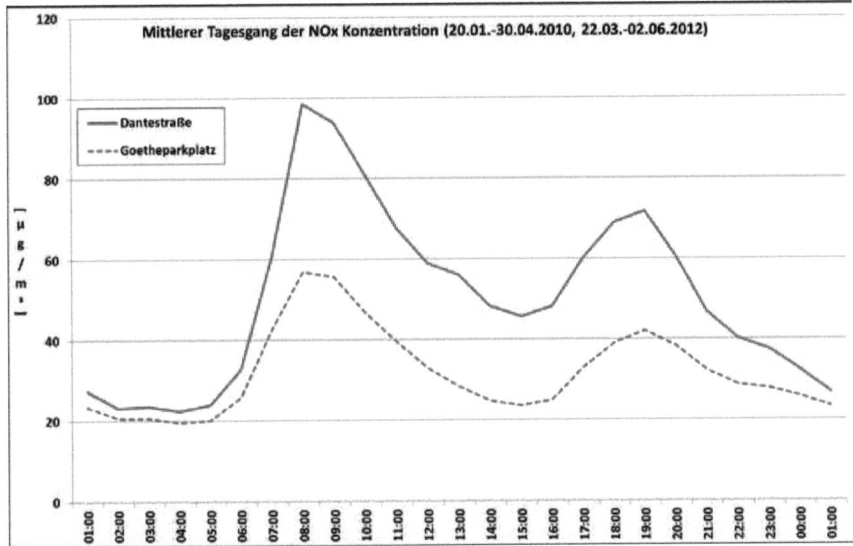

Abbildung 11-73: Mittlerer Tagesgang der NO_x Konzentration an der Dantestraße und beim Goetheparkplatz für den Zeitraum 20.01.-30.04.2010, 22.03.-02.06.2012

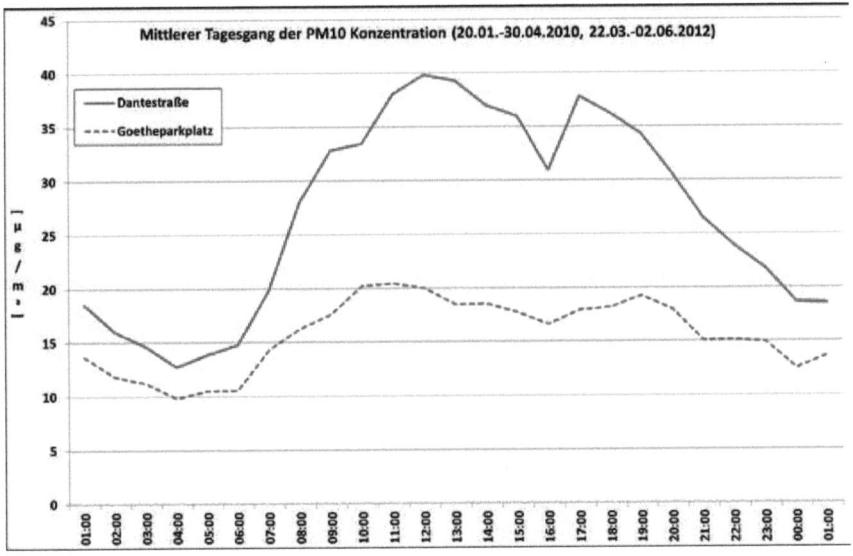

Abbildung 11-74: Mittlerer Tagesgang der PM_{10} Konzentration an der Dantestraße und beim Goetheparkplatz für den Zeitraum 20.01.-30.04.2010, 22.03.-02.06.2012

11.6 Statistik der spezifischen Emissionsfaktoren

Tabelle 11-22: Aufgenommene/entfernte Variablen im Rahmen der schrittweisen, multiplen Regressionsanalyse für MP1 entlang des Druckerweges (2009)

Modell	Aufgenommene Variablen	Entfernte Variablen	Methode
1	Pkw/Lnf	.	Schrittweise Selektion (Kriterien: Wahrscheinlichkeit von F-Wert für Aufnahme <= 0,050, Wahrscheinlichkeit von F-Wert für Ausschluss >= 0,100).
2	Snf	.	Schrittweise Selektion (Kriterien: Wahrscheinlichkeit von F-Wert für Aufnahme <= 0,050, Wahrscheinlichkeit von F-Wert für Ausschluss >= 0,100).

a. Abhängige Variable: PM_{10} non-exhaust

Tabelle 11-23: Modellzusammenfassung im Rahmen der schrittweisen, multiplen Regressionsanalyse für MP1 entlang des Druckerweges (2009)

Modell	R	R-Quadrat	Korrigiertes R-Quadrat	Standardfehler des Schätzers
1	0,320^a	0,103	0,101	12,99820
2	0,388^b	0,151	0,149	12,65255

a. Einflussvariablen : (Konstante), Pkw/Lnf

b. Einflussvariablen : (Konstante), Pkw/Lnf, Snf

c. Abhängige Variable: PM10 non-exhaust

Tabelle 11-24: Modellzusammenfassung im Rahmen der schrittweisen, multiplen Regressionsanalyse für MP1 entlang des Druckerweges (2009)

Änderungsstatistiken					Durbin-Watson-Statistik
Änderung in R-Quadrat	Änderung in F	df1	df2	Sig. Änderung in F	
0,103	81,778	1	715	0,000	
0,048	40,600	1	714	0,000	1,734

a. Einflussvariablen : (Konstante), Pkw/Lnf

b. Einflussvariablen : (Konstante), Pkw/Lnf, Snf

c. Abhängige Variable: PM10 non-exhaust

Tabelle 11-25: Modellzusammenfassung im Rahmen der schrittweisen, multiplen Regressionsanalyse für MP1 entlang des Druckerweges (2009)

Modell		Quadratsumme	df	Mittel der Quadrate	F	Sig.
1	Regression	13816,693	1	13816,693	81,778	0,000[a]
	Nicht standardisierte Residuen	120801,568	715	168,953		
	Gesamt	134618,261	716			
2	Regression	20316,202	2	10158,101	63,454	0,000[b]
	Nicht standardisierte Residuen	114302,059	714	160,087		
	Gesamt	134618,261	716			

a. Einflussvariablen : (Konstante), Pkw/Lnf
b. Einflussvariablen : (Konstante), Pkw/Lnf, Snf
c. Abhängige Variable: PM10 non-exhaust

Tabelle 11-26: Ausgeschlossene Variablen im Rahmen der schrittweisen, multiplen Regressionsanalyse für MP1 entlang des Druckerweges (2009)

Modell		Beta In	T	Sig.	Partielle Korrelation	Kollinearitätsstatistik Toleranz
1	Snf	0,224[a]	6,372	0,000	0,232	0,963

a. Einflussvariablen im Modell: (Konstante), Pkw/Lnf
b. Abhängige Variable: PM10 non-exhaust

Tabelle 11-27: Aufgenommene/entfernte Variablen im Rahmen der schrittweisen, multiplen Regressionsanalyse für MP2 entlang des Druckerweges (2009)

Modell	Aufgenommene Variablen	Entfernte Variablen	Methode
1	Pkw/Lnf	.	Schrittweise Selektion (Kriterien: Wahrscheinlichkeit von F-Wert für Aufnahme <= 0,050, Wahrscheinlichkeit von F-Wert für Ausschluss >= 0,100).
2	Snf	.	Schrittweise Selektion (Kriterien: Wahrscheinlichkeit von F-Wert für Aufnahme <= 0,050, Wahrscheinlichkeit von F-Wert für Ausschluss >= 0,100).

a. Abhängige Variable: PM_{10} non-exhaust

Tabelle 11-28: Modellzusammenfassung im Rahmen der schrittweisen, multiplen Regressionsanalyse für MP2 entlang des Druckerweges (2009)

Modell	R	R-Quadrat	Korrigiertes R-Quadrat	Standardfehler des Schätzers
1	0,302[a]	0,091	0,090	24,50260
2	0,356[b]	0,127	0,125	24,03047

a. Einflussvariablen : (Konstante), Pkw/Lnf
b. Einflussvariablen : (Konstante), Pkw/Lnf, Snf
c. Abhängige Variable: PM10 non-exhaust

Tabelle 11-29: Modellzusammenfassung im Rahmen der schrittweisen, multiplen Regressionsanalyse für MP2 entlang des Druckerweges (2009)

Änderungsstatistiken					Durbin-Watson-Statistik
Änderung in R-Quadrat	Änderung in F	df1	df2	Sig. Änderung in F	
0,091	76,179	1	759	0,000	
0,036	31,117	1	758	0,000	1,817

a. Einflussvariablen : (Konstante), Pkw/Lnf
b. Einflussvariablen : (Konstante), Pkw/Lnf, Snf
c. Abhängige Variable: PM10 non-exhaust

Tabelle 11-30: Modellzusammenfassung im Rahmen der schrittweisen, multiplen Regressionsanalyse für MP2 entlang des Druckerweges (2009)

	Modell	Quadratsumme	df	Mittel der Quadrate	F	Sig.
1	Regression	45736,361	1	45736,361	76,179	0,000[a]
	Nicht standardisierte Residuen	455686,435	759	600,377		
	Gesamt	501422,795	760			
2	Regression	63705,445	2	31852,723	55,160	0,000[b]
	Nicht standardisierte Residuen	437717,350	758	577,464		
	Gesamt	501422,795	760			

a. Einflussvariablen : (Konstante), Pkw/Lnf
b. Einflussvariablen : (Konstante), Pkw/Lnf, Snf
c. Abhängige Variable: PM10 non-exhaust

Tabelle 11-31: Ausgeschlossene Variablen im Rahmen der schrittweisen, multiplen Regressionsanalyse für MP2 entlang des Druckerweges (2009)

Modell		Beta In	T	Sig.	Partielle Korrelation	Kollinearitätsstatistik
						Toleranz
1	Snf	0,197[a]	5,578	0,000	0,199	0,922

a. Einflussvariablen im Modell: (Konstante), Pkw/Lnf
b. Abhängige Variable: PM10 non-exhaust

Tabelle 11-32: Aufgenommene/entfernte Variablen im Rahmen der schrittweisen, multiplen Regressionsanalyse für die Messung beim Grenzweg (2011)

Modell	Aufgenommene Variablen	Entfernte Variablen	Methode
1	Pkw/Lnf	.	Schrittweise Selektion (Kriterien: Wahrscheinlichkeit von F-Wert für Aufnahme <= 0,050, Wahrscheinlichkeit von F-Wert für Ausschluss >= 0,100).

Tabelle 11-33: Modellzusammenfassung im Rahmen der schrittweisen, multiplen Regressionsanalyse für die Messung beim Grenzweg (2011)

Modell	R	R-Quadrat	Korrigiertes R-Quadrat	Standardfehler des Schätzers
1	0,380[a]	0,144	0,138	271,96063

a. Einflussvariablen : (Konstante), Pkw/Lnf
b. Abhängige Variable: PM10 non-exhaust

Tabelle 11-34: Modellzusammenfassung im Rahmen der schrittweisen, multiplen Regressionsanalyse für die Messung beim Grenzweg (2011)

Änderungsstatistiken					Durbin-Watson-Statistik
Änderung in R-Quadrat	Änderung in F	df1	df2	Sig. Änderung in F	
0,144	22,593	1	134	0,000	1,031

a. Einflussvariablen : (Konstante), Pkw/Lnf
b. Abhängige Variable: PM10 non-exhaust

Tabelle 11-35: Modellzusammenfassung im Rahmen der schrittweisen, multiplen Regressionsanalyse für die Messung beim Grenzweg (2011)

	Modell	Quadratsumme	df	Mittel der Quadrate	F	Sig.
1	Regression	1671072,549	1	1671072,549	22,593	0,000[a]
	Nicht standardisierte Residuen	9910985,996	134	73962,582		
	Gesamt	1,158E7	135			

a. Einflussvariablen : (Konstante), Pkw/Lnf
b. Abhängige Variable: PM10 non-exhaust

Tabelle 11-36: Ausgeschlossene Variablen im Rahmen der schrittweisen, multiplen Regressionsanalyse für die Messung beim Grenzweg (2011)

Modell		Beta In	T	Sig.	Partielle Korrelation	Kollinearitätsstatistik Toleranz
1	Snf	-0,007[a]	-0,080	0,936	-0,007	0,903

a. Einflussvariablen im Modell: (Konstante), Pkw/Lnf
b. Abhängige Variable: PM10 non-exhaust

Tabelle 11-37: Korrelation nach Spearman für MP1 entlang des Druckerweges (2009)

		Korrelationen			
			Pkw/Lnf	Snf	PM_{10} non-exhaust
Spearman-Rho	Pkw/Lnf	Korrelationskoeffizient	1,000	0,228**	0,591**
		Sig. (2-seitig)	.	0,000	0,000
		N	717	717	717
	Snf	Korrelationskoeffizient	0,228**	1,000	0,375**
		Sig. (2-seitig)	0,000	.	0,000
		N	717	717	717
	PM_{10} non-exhaust	Korrelationskoeffizient	0,591**	0,375**	1,000
		Sig. (2-seitig)	0,000	0,000	.
		N	717	717	717

**. Die Korrelation ist auf dem 0,01 Niveau signifikant (zweiseitig).

Tabelle 11-38: Koeffizienten für Pkw/Lnf und Snf im Rahmen der multiplen Regressionsanalyse (Standard-Einschluss-Methode) für MP1 beim Druckerweg (2009)

Modell		**Koeffizienten**				
		Nicht standardisierte Koeffizienten		Standardisierte Koeffizienten	T	Sig.
		Regressionskoeffizient B	Standardfehler	Beta		
1	(Konstante)	0,925	0,835		1,108	0,268
	Pkw/Lnf	0,775	0,098	0,277	7,882	0,000
	Snf	6,285	0,986	0,224	6,372	0,000

a. Abhängige Variable: PM_{10} non-exhaust

Tabelle 11-39: Aufgenommene/entfernte Variablen bei der Standard-Einschluss-Methode für MP1 beim Druckerweg (2009)

Modell	Aufgenommene Variablen	Entfernte Variablen	Methode
1	Snf, Pkw/Lnf[a]	.	Einschluss

a. Alle gewünschten Variablen wurden eingegeben.

b. Abhängige Variable: PM_{10} non-exhaust

Tabelle 11-40: Modellzusammenfassung der multiplen Regressionsanalyse (Standard-Einschluss-Methode) für MP1 beim Druckerweg (2009)

Modell	R	R-Quadrat	Korrigiertes R-Quadrat	Standardfehler des Schätzers
1	0,388[a]	0,151	0,149	12,65255

a. Einflussvariablen : (Konstante), Snf, Pkw/Lnf

b. Abhängige Variable: PM10 non-exhaust

Tabelle 11-41: Modellzusammenfassung der multiplen Regressionsanalyse (Standard-Einschluss-Methode) für MP1 beim Druckerweg (2009)

Änderungsstatistiken				
Änderung in R-Quadrat	Änderung in F	df1	df2	Sig. Änderung in F
0,151	63,454	2	714	0,000

a. Einflussvariablen : (Konstante), Snf, Pkw/Lnf

b. Abhängige Variable: PM10 non-exhaust

Tabelle 11-42: Modellzusammenfassung der multiplen Regressionsanalyse (Standard-Einschluss-Methode) für MP1 beim Druckerweg (2009)

	Modell	Quadratsumme	df	Mittel der Quadrate	F	Sig.
1	Regression	20316,202	2	10158,101	63,454	0,000[a]
	Nicht standardisierte Residuen	114302,059	714	160,087		
	Gesamt	134618,261	716			

a. Einflussvariablen : (Konstante), Snf, Pkw/Lnf

b. Abhängige Variable: PM10 non-exhaust

Tabelle 11-43: Korrelation nach Spearman für MP2 entlang des Druckerweges (2009)

				Pkw/Lnf	Snf	PM$_{10}$ non-exhaust
Spearman-Rho	Pkw/Lnf	Korrelationskoeffizient		1,000	0,229**	0,527**
		Sig. (2-seitig)		.	0,000	0,000
		N		761	761	761
	Snf	Korrelationskoeffizient		0,229**	1,000	0,371**
		Sig. (2-seitig)		0,000	.	0,000
		N		761	761	761
	PM$_{10}$ non-exhaust	Korrelationskoeffizient		0,527**	0,371**	1,000
		Sig. (2-seitig)		0,000	0,000	.
		N		761	761	761
**. Die Korrelation ist auf dem 0,01 Niveau signifikant (zweiseitig).						

Tabelle 11-44: Koeffizienten für Pkw/Lnf und Snf im Rahmen der multiplen Regressionsanalyse (Standard-Einschluss-Methode) für MP2 beim Druckerweg (2009)

Modell		Nicht standardisierte Koeffizienten		Standardisierte Koeffizienten	T	Sig.
		Regressionskoeffizient B	Standardfehler	Beta		
1	(Konstante)	1,960	1,522		1,288	0,198
	Pkw/Lnf	1,257	0,180	0,247	6,987	0,000
	Snf	4,714	0,845	0,197	5,578	0,000
a. Abhängige Variable: PM$_{10}$ non-exhaust						

Tabelle 11-45: Aufgenommene/entfernte Variablen bei der Standard-Einschluss-Methode für MP2 beim Druckerweg (2009)

Modell	Aufgenommene Variablen	Entfernte Variablen	Methode
1	Snf, Pkw/Lnf[a]	.	Einschluss

a. Alle gewünschten Variablen wurden eingegeben.
b. Abhängige Variable: PM$_{10}$ non-exhaust

Tabelle 11-46: Modellzusammenfassung der multiplen Regressionsanalyse (Standard-Einschluss-Methode) für MP2 beim Druckerweg (2009)

Modell	R	R-Quadrat	Korrigiertes R-Quadrat	Standardfehler des Schätzers
1	0,356[a]	0,127	0,125	24,03047

a. Einflussvariablen : (Konstante), Snf, Pkw/Lnf

b. Abhängige Variable: PM10 non-exhaust

Tabelle 11-47: Modellzusammenfassung der multiplen Regressionsanalyse (Standard-Einschluss-Methode) für MP2 beim Druckerweg (2009)

Änderungsstatistiken				
Änderung in R-Quadrat	Änderung in F	df1	df2	Sig. Änderung in F
0,127	55,160	2	758	0,000

a. Einflussvariablen : (Konstante), Snf, Pkw/Lnf

b. Abhängige Variable: PM10 non-exhaust

Tabelle 11-48: Modellzusammenfassung der multiplen Regressionsanalyse (Standard-Einschluss-Methode) für MP2 beim Druckerweg (2009)

	Modell	Quadratsumme	df	Mittel der Quadrate	F	Sig.
1	Regression	63705,445	2	31852,723	55,160	0,000[a]
	Nicht standardisierte Residuen	437717,350	758	577,464		
	Gesamt	501422,795	760			

a. Einflussvariablen : (Konstante), Snf, Pkw/Lnf

b. Abhängige Variable: PM10 non-exhaust

Tabelle 11-49: Korrelation nach Spearman für die Messung beim Grenzweg (2011)

Korrelationen					
			Pkw/Lnf	Snf	PM_{10} non-exhaust
Spearman-Rho	Pkw/Lnf	Korrelationskoeffizient	1,000	0,222[**]	0,752[**]
		Sig. (2-seitig)	.	0,010	0,000
		N	136	136	136
	Snf	Korrelationskoeffizient	0,222[**]	1,000	0,283[**]
		Sig. (2-seitig)	0,010	.	0,001
		N	136	136	136
	PM_{10} non-exhaust	Korrelationskoeffizient	0,752[**]	0,283[**]	1,000
		Sig. (2-seitig)	0,000	0,001	.
		N	136	136	136

		Korrelationen			
			Pkw/Lnf	Snf	PM_{10} non-exhaust
Spearman-Rho	Pkw/Lnf	Korrelationskoeffi-zient	1,000	0,222**	0,752**
		Sig. (2-seitig)	.	0,010	0,000
		N	136	136	136
	Snf	Korrelationskoeffi-zient	0,222**	1,000	0,283**
		Sig. (2-seitig)	0,010	.	0,001
		N	136	136	136
	PM_{10} non-exhaust	Korrelationskoeffi-zient	0,752**	0,283**	1,000
		Sig. (2-seitig)	0,000	0,001	.
		N	136	136	136

**. Die Korrelation ist auf dem 0,01 Niveau signifikant (zweiseitig).

Tabelle 11-50: Koeffizienten für Pkw/Lnf und Snf im Rahmen der multiplen Regressionsanalyse (Standard-Einschluss-Methode) beim Grenzweg (2011)

		Koeffizienten				
Modell		Nicht standardisierte Koeffizienten		Standardisierte Koeffizienten	T	Sig.
		Regressions-koeffizientB	Standardfehler	Beta		
1	(Konstante)	83,384	35,446		2,352	0,020
	Pkw/Lnf	2,986	0,660	0,382	4,525	0,000
	Snf	-1,688	21,020	-0,007	-0,080	0,936

a. Abhängige Variable: PM_{10} non-exhaust

Tabelle 11-51: Aufgenommene/entfernte Variablen bei der Standard-Einschluss-Methode für die Messung beim Grenzweg (2011)

Modell	Aufgenommene Variablen	Entfernte Variablen	Methode
1	Snf, Pkw/Lnf[a]	.	Einschluss

a. Alle gewünschten Variablen wurden eingegeben.

b. Abhängige Variable: PM_{10} non-exhaust

Tabelle 11-52: Modellzusammenfassung der multiplen Regressionsanalyse (Standard-Einschluss-Methode) für die Messung beim Grenzweg (2011)

Modell	R	R-Quadrat	Korrigiertes R-Quadrat	Standardfehler des Schätzers
1	0,380[a]	0,144	0,131	272,97450

a. Einflussvariablen : (Konstante), Snf, Pkw/Lnf

b. Abhängige Variable: PM10 non-exhaust

Tabelle 11-53: Modellzusammenfassung der multiplen Regressionsanalyse (Standard-Einschluss-Methode) für die Messung beim Grenzweg (2011)

Änderungsstatistiken				
Änderung in R-Quadrat	Änderung in F	df1	df2	Sig. Änderung in F
0,144	11,216	2	133	0,000

a. Einflussvariablen : (Konstante), Snf, Pkw/Lnf

b. Abhängige Variable: PM10 non-exhaust

Tabelle 11-54: Modellzusammenfassung der multiplen Regressionsanalyse (Standard-Einschluss-Methode) für die Messung beim Grenzweg (2011)

	Modell	Quadratsumme	df	Mittel der Quadrate	F	Sig.
1	Regression	1671553,274	2	835776,637	11,216	0,000[a]
	Nicht standardisierte Residuen	9910505,272	133	74515,077		
	Gesamt	1,158E7	135			

a. Einflussvariablen : (Konstante), Snf, Pkw/Lnf

b. Abhängige Variable: PM10 non-exhaust

11.7 Parameter für die Ausbreitungsmodellierung mit GRAMM/GRAL

Tabelle 11-55: Parameter für die Strömungssimulationen mit GRAMM

Parameter Strömungssimulation	
Modell	GRAMM
Version (YY_MM)	12_08
Topographiedaten	Raster
Auflösung	10 m
Größe Modellgebiet	20x16,5 km
Horizontales Gitter	250 m
Höhe unterste Zelle	10 m
Stretchingfaktor	1.05
Initialisiert mit Messstation	Hörtendorf - Limmersdorferstraße
Koordinaten	14°23'18.8" geogr. Länge, 46°37'12.1" geogr. Breite,
Projektion	UTM 33N
Seehöhe	Seehöhe 426 müA
Auswertezeitraum	01.01.2010 - 31.12.2010
Zeitliche Auflösung	HMW
Windmesser	Ultraschall-Anemometer
Höhe über Grund	10 m
Methodik Ausbreitungsklassen	SRDT/ÖNORM 9440

Tabelle 11-56: Parameter für die Ausbreitungsrechnungen mit GRAL

Parameter Ausbreitungsmodell	
Modell	GRAL
Version (YY_MM)	12_10
Größe Modellgebiet	20x16,5 km
Horizontales Gitter	25 m
Vertikales Gitter	2 m
Auswerteebene	3 m
Rauhigkeitslänge	0.5 m
Gebäudeeinfluss	nein

12 Literatur

[1] Bundesministerium für Wirtschaft, Familie und Jugend (2013): Technische Grundlage zur Beurteilung diffuser Staubemissionen

[2] BGBl I Nr. 77/2010 Immissionsschutzgesetz Luft idF vom 18.08.2010

[3] ÖNORM M9440 (1992): Ausbreitung von luftverunreinigenden Stoffen in der Atmosphäre – Berechnung von Immissionskonzentrationen und Ermittlung von Schornsteinhöhen

[4] RVS 04.02.12 (Ausgabe 2014): Ausbreitung von Luftschadstoffen an Verkehrswegen und Tunnelportalen – Anforderungen an die Ausbreitungsmodellierung. Österreichische Forschungsgesellschaft Straße – Schiene – Verkehr (Wien).

[5] Richtlinie 96/62/EG des Rates vom 27. September 1996 über die Beurteilung und die Kontrolle der Luftqualität, Amtsblatt Nr. L 296 vom 21.11.1996. http://eur-lex.europa.eu/LexUriServ/LexUriServ.do?uri=CELEX:31996L0062:DE:HTML

[6] Richtlinie 99/30/EG des Rates vom 22. April 1999 über Grenzwerte für Schwefeldioxid, Stickstoffdioxid und Stickstoffoxide, Partikel und Blei in der Luft, Amtsblatt Nr. L 163 vom 29.06.1999. http://eur-lex.europa.eu/LexUriServ/LexUriServ.do?uri=OJ:L:1999:163:0041:0060:DE:PDF

[7] Richtlinie 08/50/EG des Europäischen Parlaments und des Rates vom 21. Mai 2008 über Luftqualität und saubere Luft für Europa, Amtsblatt Nr. L 152 vom 11.06.2008. http://eur-lex.europa.eu/LexUriServ/LexUriServ.do?uri=OJ:L:2008:152:0001:0044:de:PDF

[8] World Health Organization (2013): Review of evidence on health aspects of air pollution – REVIHAAP Project, final technical report, pp. 309.

[9] Almbauer, R.A., Oettl D., Bacher M., and Sturm P.J. (2000a): Simulation of the air quality during a field study for the city of Graz, Atmospheric Environment 34, 4581-4594.

[10] Almbauer, R.A., Piringer M., Baumann K., Öttl D., and Sturm P.J. (2000b): Analysis of the daily variations of wintertime air pollution concentrations in the city of Graz-Austria, Environmental Monitoring and Assessment 65 (1/2), 79-87.

[11] Amt der Steiermärkischen Landesregierung (2012): Documentation of the Lagrangian Particle Model GRAL (Graz Lagrangian Model) Vs. 13.3, Bericht Nr. LU-03-13

[12] Bauer H., Marr I., Kasper-Giebl A., Limbeck A., Caseiro A., Handler M., Jankowski N., Klatzer B., Pouresmaeil P., Dattler A., Handler M., Schmidl Ch., Puxbaum H. (2007): „AQUELLA" Steiermark Bestimmung von Immissionsbeiträgen in Feinstaubproben. Bericht-Nr. Lu-08-07 vom 17.08.2007.

[13] Bauer H., Marr I., Kasper-Giebl A., Limbeck A., Caseiro A., Handler M., Jankowski N., Klatzer B., Kotianova P., Pouresmaeil P., Schmidl Ch., Sageder M., Puxbaum H. (2007): „AQUELLA" Kärnten/Klagenfurt Aerosolquellenanalysen für Kärnten PM10-Filteranalysen nach dem „AQUELLA-Verfahren". US-Zahl: 436/1699/04 vom 28.12.2007.

[14] Bauer H., Kasper-Giebl A., Limbeck A., Ramirez - Santa Cruz C., Jankowski N., Klatzer B., Kotianova P., Pouresmaeil P., Schmidl Ch.,Sageder M., Puxbaum H. (2009): „AQUELLA" Graz Süd PM2.5 Quellenanalyse von PM10- und PM2.5-Belastungen in Graz. Bericht-Nr. Lu-03-09 vom 19.03.2009.

[15] Bauer H., Kasper-Giebl A., Ramirez-Santa Cruz C., Rzaca M., Sampaio Cordeiro Wagner L., Pouresmaeil P., Puxbaum H. (2010): Quellenanteile PM10 im Klagenfurter Becken. Technische Universität Wien. Bericht 22S.

[16] Bachler G. (2007): Ausbringung von CM Austrosafe als Maßnahme zur Reduktion der Wiederaufwirbelung von Straßenstaub in Klagenfurt. Bericht Nr. I-27/2007 VU 06/06/I-619 vom 20.11.2007

[17] Colorado Department of Transportation (2009): Evaluation of Alternative Anti-Icing and Deicing Compounds Using Sodium Choride and Magnesium Chloride as Baseline Deicers, DTD Applied Research and Innovation Branch, Report No. CDOT-2009-1, Final Report. 2009.

[18] Dippold M. (2012): User Manual Emissionsmodell NEMO Network Emission Model Version 2.0, Forschungsgesellschaft für Verbrennungskraftmaschinen und Thermodynamik mbH Graz, pp. 60

[19] Dippold M., Rexeis M., Hausberger S. (2012): NEMO – A Universal and Flexible Model for Assessment of Emissions on Road Networks. 19th International Conference „Transport and Air Pollution", 26. – 27.11.2012, Thessaloniki.

[20] Düring I. et al., 2004. Berechnung der Kfz-bedingten Feinstaubemissionen infolge Aufwirbelung und Abrieb für den Emissionskataster Sachsen. Endbericht, November 2004

[21] European Environment Agency (2013): EMEP/EEA Air Pollutant Emission Inventory Guidebook 2013. Published: 29.08.2013. http://www.eea.europa.eu//publications/emep-eea-guidebook-2013

[22] Gehrig R., Hill M., Buchmann B., Imhof D., Weingartner E., Baltensperger U. Verifikation von PM_{10}-Emissionsfaktoren des Straßenverkehrs. Abschlussbericht der Eidgenössischen Materialprüfungs- und Forschungsanstalt (EMPA) und des Paul Scherrer Institutes (PSI) zum Forschungsprojekt ASTRA 2000/415. s.l. : www.empa.ch/plugin/template/empa/700/5750/---/l=1, 2003.

[23] Gertler A. et al. (2006): A case study of the impact of Winter roads and/salt and street sweeping on road dust re-entrainment. Atmospheric Environment, Vol.40, Issue 31, p 5976-5985

[24] Handbook Emission Factors for Road Transport (HBEFA) Version 3.1 (January 2010); http://www.hbefa.net/

[25] Hausberger S. (1997): Globale Modellbildung für Emissions- und Verbrauchsszenarien im Verkehrssektor, Dissertation am Institut für Verbrennungskraftmaschinen und Thermodynamik der TU Graz

[26] Hausberger S., Rexeis M., Zallinger M., Luz R.: Emission Factors from the Model PHEM for the HBEFA Version 3. Report Nr. I-20/2009 Haus-Em 33/08/679 from 07.12.2009

[27] Hausberger S., Schwingshackl M. (2011): Straßenverkehrsemissionen und Emissionen sonstiger mobiler Quellen Österreichs für die Jahre 1990 bis 2009; Erstellt im Auftrag des Klima- und Energiefonds; Bericht Nr. Inst-03/11/ Haus-Em 09/10-679 vom 28.03.2011

[28] Hausberger S. (2012): Straßenverkehrsemissionen und Emissionen sonstiger mobiler Quellen Österreichs für die Jahre 1990 – 2011. Ber. Nr. FVT-67/05/ Haus-Em 28/05-6790 vom 19.12.2005.

[29] Hinterhofer M., Sturm P.J., Hübner C., Ellinger R. (2008): Diffuse PM_{10} Emission from Construction Activities, Proceedings of the 17th International Conference on Transport and Air Pollution 2008, ISBN: 987-3-85125-016-9, P.175-183

[30] IPCC (2006): 2006 IPCC Guidelines for National Greenhouse Gas Inventories, Prepared by the National Greenhouse Gas Inventories Programme, Eggleston H.S., Buendia L., Miwa K., Ngara T. and Tanabe K. (eds). Published: IGES, Japan.

[31] Kennelley, K. J. (1986): Corrosion Electrochemistry of Bridge Structural Metals in Calcium Magnesium Acetate, Ph.D. Dissertation., Diss. Abstr. Int. Vol. 47, no. 4, pp. 328

[32] Kromp-Kolb H. (1981): Ein normatives physikalisches Modell zur Simulierung der Ausbreitung von Schadstoffen in der Atmosphäre mit besonderer Berücksichtigung der Verhältnisse in Österreich, Institut für Meteorologie und Geophysik, Universität Wien, pp. 145

[33] Kurz C. (2008): Modellierung der Luftschadstoffe PM10 und NO2 in urbanen Gebieten. Dissertation am Institut für Verbrennungskraftmaschinen u. Thermodynamik, TU-Graz, pp. 124.

[34] Lohmeyer A., Schmidt W., Düring I: Einbindung des HBEFA 3.1 in das FIS Umwelt und Verkehr sowie Neufassung der Emissionsfaktoren für Aufwirbelung und Abrieb des Strassenverkehrs. Projekt 70675-09-10, Juni 2011

[35] Lükewille A., Bertok I., Amann M., Cofala J., Gyarfas F., Heyes C., Karvosenoja N., Klimont Z., Schöpp W. A Framework to Estimate the Potential and Costs for the Control of Fine Particulate Emissions in Europe. s.l. : IIASA - International Institute for Applied Systems Analysis, 2002. Interim Report IR-01-023.

[36] Norman M. and Johansson C. (2006): Studies of some measures to reduce road dust emissions from paved roads in Scandinavia. Atmospheric Environment, Vol.40, Issue 32, p 6154-6164

[37] Omstedt G, Bringfelt B., Johansson C. (2005): A model for vehicle-induced non-tailpipe emissions of particles along Swedish roads. Atmospheric Environment, Vol.39, Issue 33, p 6088-6097

[38] Öttl D. (2000): Weiterentwicklung, Validierung und Anwendung eines Mesoskaligen Modells. Diss., Institut für Geographie Universität Graz.

[39] PM10 reduction by the application of liquid Calcium-Magnesium-Acetate (CMA) in the Austrian an Italian cities Klagenfurt, Bruneck and Lienz (2009-2012). Letzter Zugriff: März 2013 unter: http://www.life-cma.at/index.asp

[40] Puxbaum H., Ellinger R., Greßlehner K. H., Mursch-Radlgruber E., Öttl D., Staudinger M., Sturm P.J. (2003): Messung und Modellierung der Schadstoffverteilung im Nahbereich von Tunnelportalen. BMVIT- GZl. 803.248/1-III/1/00

[41] Rexeis M., Hausberger S.: Calculation of Vehicle Emissions in Road Networks with the model "NEMO"; Transport and Airpollution Conference; ISBN: 3-902465-16-6, Graz 2005

[42] Rexeis M., Hausberger S., Zallinger M., Kurz C.: PHEM and NEMO: Tools for micro- and meso-scale emission modelling; 6th International Conference on Urban Air Quality; Cyprus, 27-29 March 2007.

[43] Rexeis M.: Ascertainment of Real World Emissions of Heavy Duty Vehicles. Dissertation, Institute for Internal Combustion Engines and Thermodynamics, Graz University of Technology. October 2009

[44] Rexeis M., Dippold M.: "Berechnung von Emissionen auf Straßennetzwerken mit dem Modell NEMO (Network Emission Model). Arbeitsgruppe Treibhausgase- und Luftschadstoffbilanzierung. Salzburg, 10.10.2012.

[45] Schwingshackl M., Hausberger S., Rexeis M., Dippold M.: Impacts of policy scenarios on vehicle stock and emissions: Linking CGE model and Network Emission Modell (NEMO), 25.08.2013.

[46] Sturm P.J., Henn M., Bachler G. (2010): Emission Factors for Paved and Unpaved Roads – Validation by Tunnel and Field Measurements, Proceedings of the 18th International Conference on Transport and Air Pollution 2010, ISBN: 978-3-905594-57-7, p 17-26

[47] Tabachnick B.G. & Fidell L.S. (2001): Using Multivariate Statistics (4th edition). Boston: Allyn and Bacon.

[48] Transportation Research Board (1991): Highway de-icing: comparing salt and calcium magnesium acetate. National Research Council. Special Report 235

[49] Umweltbundesamt (2006): Schwebestaub in Österreich. Fachgrundlage für eine kohärente österreichische Strategie zur Verminderung der Schwebestaubbelastung. BE-227

[50] Umweltbundesamt Berlin (2003): Machbarkeitsstudie zur Formulierung von Anforderungen für ein neues Umweltzeichen für Enteisungsmittel für Straßen und Wege, in Anlehnung an DIN EN ISO 14024, Forschungsbericht 200 95 308/04

[51] US-EPA (2000): Meteorological Monitoring Guidance for Regulatory Modeling Applications. EPA-454/R-99-005. Office of Air and Radiation. Office of Air Quality Planning and Standards. Research Triangle Park, NC 27711, p 171

[52] US-EPA (1998): Compilation of Air Pollutant Emission Factors AP-42 13.2.1 Paved Roads http://www.epa.gov/ttn/chief/ap42/ch13/final/c13s0201.pdf

[53] US-EPA (1998): Compilation of Air Pollutant Emission Factors AP-42 13.2.2 Unpaved Roads http://www.epa.gov/ttn/chief/ap42/ch13/final/c13s0202.pdf

I want morebooks!

Buy your books fast and straightforward online - at one of the world's fastest growing online book stores! Environmentally sound due to Print-on-Demand technologies.

Buy your books online at

www.get-morebooks.com

Kaufen Sie Ihre Bücher schnell und unkompliziert online – auf einer der am schnellsten wachsenden Buchhandelsplattformen weltweit! Dank Print-On-Demand umwelt- und ressourcenschonend produziert.

Bücher schneller online kaufen

www.morebooks.de

OmniScriptum Marketing DEU GmbH
Heinrich-Böcking-Str. 6-8
D - 66121 Saarbrücken
Telefax: +49 681 93 81 567-9

info@omniscriptum.com
www.omniscriptum.com

Printed by Books on Demand GmbH, Norderstedt / Germany